MCP 原理揭秘与开发指南

构建可扩展的AI智能体

严灿平 ◎ 著

电子工业出版社
Publishing House of Electronics Industry
北京·BEIJING

内 容 简 介

本书全面介绍了 MCP（模型上下文协议）及其开发与应用技术。本书首先系统地介绍了 MCP 与智能体的基础概念，让读者了解 MCP 在智能体架构中的角色，然后深入剖析了 MCP 的工作原理、传输模式与核心设计。本书也提供了详细的开发指南，手把手教读者使用 SDK 从零开始搭建 MCP 客户端与 MCP 服务端，完成基本功能的开发与调试，还介绍了 MCP 中的高级概念及高级开发技巧。本书用大量篇幅指导读者基于 MCP 开发智能体，包含了典型场景与主流开发框架下的多个实战案例，助力读者将理论与实践相结合，构建具备可扩展性与高性能的智能体系统。最后，本书介绍了 2025-03-26 版本的 MCP 规范与相应的 SDK。

本书适用于 AI 系统架构师、研究人员、应用开发者及其他对智能体感兴趣的技术人员，书中详细的原理剖析与实战技巧可以帮助读者全面提升对 MCP 的理解及智能体开发能力。

未经许可，不得以任何方式复制或抄袭本书之部分或全部内容。
版权所有，侵权必究。

图书在版编目（CIP）数据

MCP 原理揭秘与开发指南 : 构建可扩展的 AI 智能体 / 严灿平著. -- 北京 : 电子工业出版社, 2025. 7.
ISBN 978-7-121-50559-1

Ⅰ. TP18-62

中国国家版本馆 CIP 数据核字第 2025G05T55 号

责任编辑：石　悦
印　　刷：三河市双峰印刷装订有限公司
装　　订：三河市双峰印刷装订有限公司
出版发行：电子工业出版社
　　　　　北京市海淀区万寿路 173 信箱　　邮编：100036
开　　本：720×1000　1/16　印张：21　字数：336 千字
版　　次：2025 年 7 月第 1 版
印　　次：2025 年 7 月第 1 次印刷
定　　价：109.00 元

凡所购买电子工业出版社图书有缺损问题，请向购买书店调换。若书店售缺，请与本社发行部联系，联系及邮购电话：(010) 88254888，88258888。

质量投诉请发邮件至 zlts@phei.com.cn，盗版侵权举报请发邮件至 dbqq@phei.com.cn。
本书咨询联系方式：faq@phei.com.cn。

前　言

AI（Artificial Intelligence，人工智能）技术的快速演进正在深刻地改变着我们的世界，而 MCP（Model Context Protocol，模型上下文协议）正在成为这一变革中的核心角色之一。作为一种连接大语言模型（LLM）与外部世界（包括各种工具、资源与数据）的开放协议，MCP 被认为是为未来 AI 应用，特别是为智能体系统提供标准化、模块化与可扩展架构的基石。随着 MCP 迅速走红，越来越多的开发者、架构师、企业开始关注它。MCP 因此成为当下 AI 技术人员无法绕开的必修课，这正是本书诞生的动机。

本书不仅是为 MCP 初学者设计的入门手册，还是帮助读者深入理解 MCP 背后原理并实战应用的进阶指南。我始终认为，学习一项新技术不能只知其然，更要知其所以然。你只有愿意探寻"引擎盖下的秘密"，深入理解协议背后的设计动机与原理，了解更多 SDK 的内部细节，才能更自如地开发出高效、健壮、可扩展的系统，轻松地应对更复杂而真实的应用场景。毕竟在 AI 应用领域，从原型到真正的生产应用，往往还存在"十万八千里"的差距。

本书在介绍 MCP、SDK 开发的基础步骤与方法的同时，也用较大篇幅介绍了更深的内容，一方面对官方 SDK 开发指南做了大量补充，另一方面介绍了在实际应用中，特别是在企业级场景中需要的 MCP 高级开发技巧。另外，本书还重点介绍了集成主流智能体开发框架与 MCP 服务端的多个端到端实战案例，帮助读者将理论转化为应用能力。

本书的所有代码和开发示例都基于 Python 语言，采用 2025-03-26 版本的 MCP 规范的 Python SDK 和主流的大模型应用开发框架（如 LangGraph 等）。需要提醒的是，虽然 MCP 规范和 SDK 都会不断演进与更新版本，但其核心设计理念和机制相对稳定，因此本书的内容在未来相当长的时间内都具有参考价值。受到篇幅限制，对本书的有些代码只展示并讲解了核心部分，但完整的源代码与延伸材料会在读者群中提供，供读者参考、实践与验证。

  技术潮流奔涌向前，AI 的发展日新月异。我衷心希望本书能够帮助你系统化地理解 MCP，从入门到精通、从原理到实践，成为你探索、掌握、驾驭 MCP 和智能体开发的重要起点，陪伴你一路成长，紧跟时代步伐，共同掀开 AI 技术的新篇章。

严灿平

2025 年 5 月

目　　录

第1章　认识 AI 智能体与 MCP ·· 1

1.1　走进 AI 智能体时代 ·· 1
1.1.1　智能体的起源 ·· 1
1.1.2　大模型时代的智能体 ·· 2
1.1.3　两种类型的智能体系统 ·· 4
1.1.4　智能体面临的挑战与发展趋势 ·· 6

1.2　初步认识 MCP ·· 7
1.2.1　智能体时代 AI 应用集成的挑战 ·· 7
1.2.2　MCP：一种新的 AI 应用集成标准 ·· 9
1.2.3　基于 MCP 的集成架构 ·· 11

1.3　从第一个 MCP 示例开始 ·· 15
1.3.1　开发环境与配置 ·· 15
1.3.2　第一个 MCP 示例 ·· 19

第2章　揭秘 MCP 规范与原理 ·· 24

2.1　消息规范：互操作的基础 ·· 25
2.1.1　什么是 JSON-RPC 2.0 ·· 25
2.1.2　理解基于 JSON-RPC 2.0 的远程过程调用 ·· 27

2.2　传输模式：基于 HTTP 的远程传输 ·· 29
2.2.1　无状态的 HTTP POST 方法的不足 ·· 30
2.2.2　详解 MCP 规范中的 SSE 传输模式 ·· 31

2.3　传输模式：基于 stdio 的本地传输 ·· 40
2.3.1　stdio 传输模式的基本原理 ·· 41

		2.3.2	模拟实现 stdio 传输模式的 MCP 服务端 ································· 41
	2.4	基于 MCP 的集成架构下的会话生命周期 ··· 43
		2.4.1	连接与初始化 ··· 43
		2.4.2	交互与调用 ··· 46
		2.4.3	连接关闭 ·· 46
	2.5	MCP 服务端功能 ··· 47
		2.5.1	工具：可执行的复杂逻辑 ·· 47
		2.5.2	资源：动态的上下文信息 ·· 54
		2.5.3	提示：预置的模板 ··· 60
	2.6	客户端功能 ··· 65
		2.6.1	Root：控制 MCP 服务端的访问范围 ································· 66
		2.6.2	Sampling：控制大模型的安全使用 ··································· 69

第 3 章　基于 SDK 开发 MCP 服务端 ··· 74

	3.1	认识 MCP SDK ··· 74
		3.1.1　关于 MCP SDK 及准备 ·· 74
		3.1.2　了解 MCP SDK 的层次结构 ··· 75
	3.2	使用 FastMCP 框架开发 MCP 服务端 ··· 77
		3.2.1　创建 FastMCP 实例 ·· 77
		3.2.2　开发工具功能 ·· 78
		3.2.3　开发资源功能 ·· 83
		3.2.4　开发提示功能 ·· 86
		3.2.5　启动 MCP 服务端 ·· 88
	3.3	MCP 服务端的调试、跟踪与部署 ·· 93
		3.3.1　调试与跟踪 MCP 服务端 ··· 93
		3.3.2　部署远程 MCP 服务端 ··· 103

第 4 章　基于 SDK 开发客户端 ··· 111

	4.1	用 Python 库模拟客户端 ··· 111
		4.1.1　模拟在远程模式下运行的客户端 ··· 112
		4.1.2　模拟在本地模式下运行的客户端 ··· 122

目　录 | VII

4.2　基于 SDK 开发客户端实战案例 125
　　4.2.1　实战准备 126
　　4.2.2　远程模式的连接与初始化 127
　　4.2.3　本地模式的连接与初始化 128
　　4.2.4　工具的发现与调用 129
　　4.2.5　资源的发现与调用 132
　　4.2.6　提示的发现与调用 136
　　4.2.7　优化：缓存 MCP 服务端的功能列表 137
4.3　MCP SDK 开发小结 140

第 5 章　MCP 高级开发技巧 142

5.1　基于低层 SDK 开发 MCP 服务端 142
　　5.1.1　创建低层 Server 实例 143
　　5.1.2　开发与注册 MCP 服务端功能 143
　　5.1.3　启动低层 Server 实例 147
5.2　使用生命周期管理器 152
　　5.2.1　预备知识：上下文管理器 152
　　5.2.2　生命周期管理器 153
　　5.2.3　在 Server 实例中使用 lifespan 154
　　5.2.4　在 Starlette 实例中使用 lifespan（SSE 传输模式） 159
5.3　实现应用层的 ping 机制 161
　　5.3.1　预备知识：MCP 服务端的 ServerSession 161
　　5.3.2　ping 请求的消息格式 163
　　5.3.3　实现 ServerSession 类的 ping 任务 164
　　5.3.4　验证 ping 机制 168
5.4.　MCP 服务端通知消息的应用 171
　　5.4.1　认识通知消息 171
　　5.4.2　常见的通知消息的类型 172
　　5.4.3　实现列表变更通知消息 173
　　5.4.4　实现 MCP 服务端任务的"进度条" 182
5.5　实现 MCP 服务端的工具调用缓存 189

5.5.1　实现 MCP 服务端的工具缓存类 ··· 189
　　　5.5.2　用装饰器给工具增加缓存 ··· 193
　　　5.5.3　测试 MCP 服务端工具缓存 ··· 196
　5.6　切换 WebSocket 的传输层 ··· 198
　　　5.6.1　MCP 服务端 WebSocket 传输的实现 ··· 198
　　　5.6.2　客户端 WebSocket 连接的实现 ··· 201
　　　5.6.3　测试 WebSocket 传输模式 ··· 202
　5.7　客户端功能（Sampling 等）的应用 ·· 203
　　　5.7.1　实现客户端的 Root 与 Sampling 功能 ··· 204
　　　5.7.2　MCP 服务端调用客户端的 Sampling 功能 ··································· 207
　　　5.7.3　测试 MCP 服务端调用客户端的 Sampling 功能 ···························· 209
　5.8　MCP 服务端的安全机制 ··· 212
　　　5.8.1　基于安全 Token 的认证 ··· 212
　　　5.8.2　基于 OAuth 的安全授权 ·· 213

第 6 章　基于 MCP 开发智能体系统 ·· 215

　6.1　发现与配置共享 MCP 服务端 ··· 215
　　　6.1.1　发现共享 MCP 服务端 ··· 216
　　　6.1.2　如何获取与启动 MCP 服务端 ·· 217
　　　6.1.3　在客户端中配置与使用 MCP 服务端 ··· 219
　6.2　集成大模型与 MCP 服务端 ··· 222
　　　6.2.1　准备：多 MCP 服务端连接管理组件 ··· 223
　　　6.2.2　集成函数调用（Function Calling）与 MCP 服务端的工具 ··············· 228
　6.3　集成智能体开发框架与 MCP 服务端 ··· 236
　　　6.3.1　集成 LangGraph 框架与 MCP 服务端 ··· 236
　　　6.3.2　集成其他主流的智能体开发框架与 MCP 服务端 ··························· 242
　6.4　实战：基于 MCP 集成架构的多文档 Agentic RAG 系统 ························· 249
　　　6.4.1　整体架构设计 ··· 249
　　　6.4.2　实现 MCP 服务端 ·· 251
　　　6.4.3　实现客户端的智能体 ··· 258
　　　6.4.4　效果测试 ··· 264

6.4.5　后续优化空间 ·· 268
6.5　实战：基于 MCP 集成架构的多智能体系统 ···························· 270
　　　6.5.1　整体架构设计 ·· 270
　　　6.5.2　MCP 服务端准备 ·· 272
　　　6.5.3　工作智能体准备 ·· 274
　　　6.5.4　构建多智能体工作流 ·· 278
　　　6.5.5　客户端（支持 API 模式） ······································ 285
　　　6.5.6　效果测试 ·· 287
　　　6.5.7　后续优化空间 ·· 291

第 7 章　解读 2025-03-26 版本的 MCP 规范与相应的 SDK ·················· 293

7.1　解读 2025-03-26 版本的 MCP 规范 ···································· 293
　　　7.1.1　新的 Streamable HTTP 传输模式 ·································· 293
　　　7.1.2　引入基于 OAuth 2.1 的授权框架 ································· 297
　　　7.1.3　支持 JSON-RPC 批处理 ·· 302
　　　7.1.4　增加工具注解 ·· 304
　　　7.1.5　增强其他方面的功能 ·· 307
7.2　解读与使用 MCP SDK 1.9.0 版本 ······································ 310
　　　7.2.1　Streamable HTTP 传输模式 ······································· 311
　　　7.2.2　其他的功能增强 ·· 322
7.3　对 MCP 的未来展望 ··· 324

第 1 章 认识 AI 智能体与 MCP

欢迎加入 MCP（Model Context Protocol，模型上下文协议）开发之旅！本章将为你介绍学习 MCP 所必备的基础知识，助你了解其诞生的背景与动机，为更加深入地学习其原理与开发做好准备。在本章的最后，我们将为 MCP 的开发实践准备好环境。

1.1 走进AI智能体时代

MCP 是在生成式 AI 时代，随着 AI 智能体（AI Agent，简称为智能体）的兴起而诞生的一个全新的概念。因此，学习 MCP 的前提是对智能体的概念、应用及挑战有必要的认知。若你已经对智能体有深入的了解，那么可以直接看 1.2 节。

1.1.1 智能体的起源

智能体并非大模型时代的产物，其概念早在 AI 学科初创阶段便已被提出。在 AI 发展的早期，智能体的定义较为抽象，通常被描述为一种能够感知环境、通过推理做出决策并采取行动以实现特定目标的实体，具有"感知—推理—行动"能力，如图 1-1 所示。

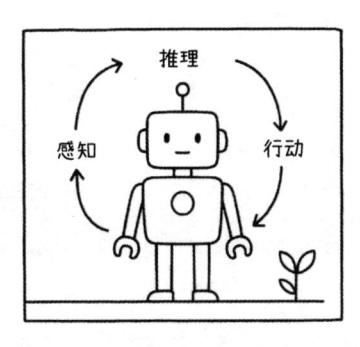

图 1-1

20 世纪 80 年代至 90 年代，人们对智能体的研究逐步深入，其以专家系统、符号系统等形式出现，其原理主要是通过规则与知识库，模拟专家的决策过程。这些智能体通常具有计算能力受限、数据量不足、环境适应性较差等问题，从而限制了在实际环境中的应用。这时的智能体技术研究大多停留在理论探索阶段与受限的小规模应用场景。

整体来说，在深度学习出现之前，智能体面临着各种显著瓶颈。比如，依赖于规则很难覆盖更多场景、泛化能力非常有限、语言与交互能力薄弱等。尽管存在这些限制，但智能体的基本理念——具有自主感知环境、自主推理与决策、自主行动的能力，始终被学术界与工业界视为 AI 的重要组成部分，持续推动着 AI 技术演进。直到近年来，LLM（Large Language Model，大语言模型，简称为大模型）的出现，重塑了智能体的技术范式，为其在更广泛的场景中应用提供了新的可能性。

1.1.2 大模型时代的智能体

随着 Transformer 架构在 2017 年出现，以及以 GPT-3.5、GPT-4 为代表的大模型迅速发展，人们对智能体的研究热情爆发式增长。大模型时代的智能体，不再局限于传统的规则和符号系统，而是具备了更强的理解与泛化能力、更丰富的知识库、更复杂的推理机制及更强的记忆能力，从而能够完成更复杂的任务。

以 GPT、Claude、DeepSeek 为代表的大模型，赋予了智能体以下 3 个革命性的能力。

（1）自主推理与规划。通过以链式思考（Chain-of-Thought）为代表的提示范式，智能体可以把复杂任务拆解为子任务。例如，当用户输入"帮我规划东南亚三日游"时，智能体自动生成行程规划→景点调研→预算评估的推理链条，并在此基础上进一步生成行动步骤。

（2）推理与工具使用。借助函数调用（Function Calling）或者推理—行动（ReAct）范式，智能体能推理并使用工具（Tool）完成实时操作。例如，先调用 Google API 获得位置信息，再通过图像模型生成旅游路线图等；工具使用也是智能体与聊天机器人相比最核心的能力。现在，智能体不仅有聪明的"大脑"（大模型），还有灵活的手和脚（工具）。

（3）记忆与知识库检索。结合向量数据库的存储与语义检索能力，再加上大模型的理解能力，智能体可以实现跨会话的上下文继承与长期记忆。同时，结合 RAG（Retrieval-Augmented Generation，检索增强生成）技术的知识库检索，智能体可以更聪明地针对不同的使用者与不同的环境做出个性化的决策。

如果说大模型像一位博览群书的智者，智能体就像这个智者的一个具有极强的记忆与办事能力的管家。它们会根据你的需求，把任务拆解成多个子任务，并主动找到资源或工具来完成。比如：

"对比 A 公司与我公司产品的差异，把报告发送到我的邮箱。"

智能体会借助大模型规划任务步骤并执行：

（1）从互联网上搜索 A 公司的产品信息（使用 Web 搜索工具）。
（2）从企业知识库中检索我公司的产品信息（使用本地 RAG 工具）。
（3）设计并生成对比报告（借助大模型辅助完成）。
（4）发送邮件到邮箱（使用邮件发送工具）。

可以看到，基于大模型的智能体，把强大的语言模型和一套可以主动行动的机制结合起来，让大模型不仅能"懂"、能"想"，而且会"做"。

一个典型的基于大模型的智能体的工作范式如图 1-2 所示。

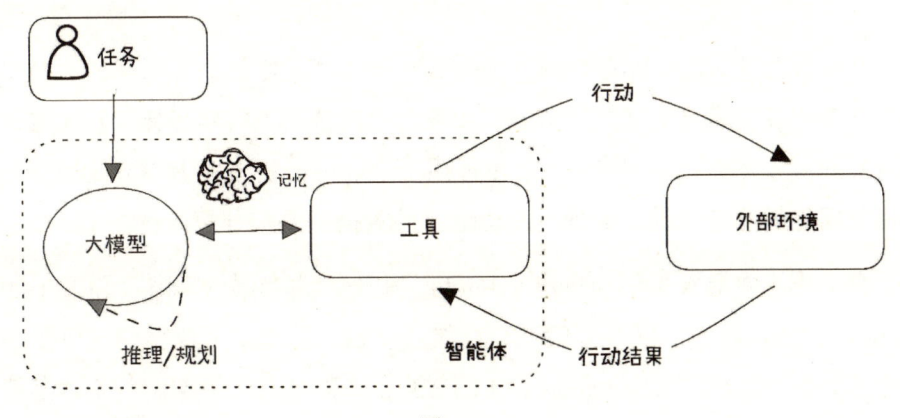

图 1-2

所以，一个现代的基于大模型的智能体通常会由大模型、工具（Tool）、记忆（Memory）等部分组成。有了具备超强理解能力的大模型做"大脑"，智能体才具备了更多的想象力并蓬勃发展，被一致认为是未来重要的 AI 应用形式之一。

1.1.3　两种类型的智能体系统

智能体仍然是一个高速发展的 AI 应用形式。尽管在整体概念与发展方向上，大多数企业或组织已经达成一致，但是智能体的类型在划分上目前并没有权威的标准，处于"百花争鸣"的状态。在诸多对智能体的定义与划分上，Anthropic 公司（也就是提出 MCP 的公司）在 2024 年发表的文章"Build Effective Agents"（《构建有效智能体》）中提出的观点是笔者认为比较清晰且务实的。

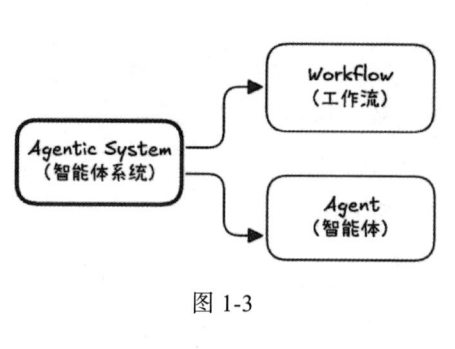

Anthropic 公司把我们目前所说的智能体统称为"智能体系统"（Agentic System），并把它从架构上分成两类（如图 1-3 所示）。

图 1-3

1. Workflow（工作流）

这也称为 Agentic Workflow。这一类智能体系统通常具备明确的、预先编排的任务路径，通过定义好的流程、步骤与工具链实现特定目标。其优点是具有更好的可预测性且结果更可控，更适用于企业中需要借助大模型提升智能化且相对固化的业务流程，比如一个标准化的数据抽取与分析流程。

在工作流中最常见的构建块（Building Block）是大模型调用（LLM Call）。Anthropic 公司认为，随着大模型自身能力增强，这里的大模型调用可以是增强型的大模型调用（Augmented LLM Call）。增强型的大模型调用不再是简单的你问我答，还可以带有简单的知识检索与工具使用能力，或者你可以认为，增强型的大模型调用是以一种"微缩版"的智能体形式参与到一个更大的工作流中。

比如，一个典型的顺序型模式的工作流（如图1-4所示）包含了3个增强型的大模型调用。

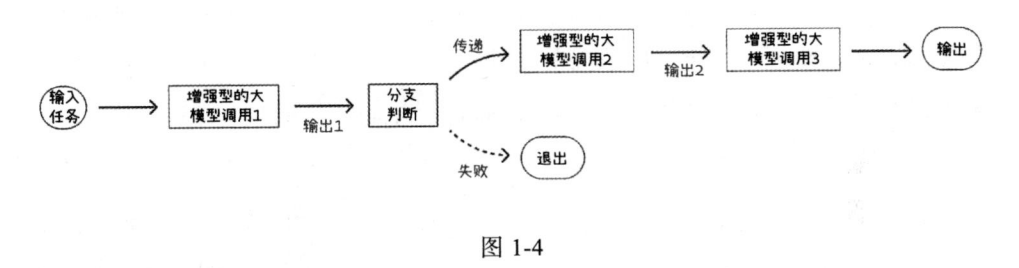

图1-4

2. Agent（智能体）

这被称为真正的、最理想化的智能体系统。它强调自主性与灵活性，通过动态推理、自主决策、与环境交互实现目标。与Workflow相比，Agent适合更开放的环境，适合更通用、更动态、更难以预测的任务。比如，面向个人的通用型助手，因为你无法简单地穷举并编排出所有可能的任务流程。

既然Agent可以更自主地规划并完成任务，为什么还需要Workflow呢？答案就是大模型的能力还远远不够。

即使当前大模型的理解与推理能力已经非常令人惊艳，但对于人类任务的复杂性，也仍然不够。在一些模拟人类任务的AI准确率测试中，大模型的准确率最高仅能达到接近人类的50%。所以，这种"黑盒"Agent的不确定性，在很多复杂场景特别是关键应用中是致命的。正因为如此，Workflow目前作为有效的补充很有必要：一种遵循预定义的工作流程，但仍然会以大模型为核心来完成多步骤任务的系统。这是一种牺牲灵活性换来可靠性的做法。

最后，用一个比喻来总结这两种类型的智能体系统。Workflow像一个听话的员工，会按照你设定的工作步骤来完成任务，在完成任务的过程中会借助大模型提升智能；Agent则更像一个被赋予了足够权限的代理人，你给Agent安排任务，Agent 会借助大模型自主规划任务步骤并完成。它们的共同点是，都需要借助工具等来提升自己的行动能力。

1.1.4　智能体面临的挑战与发展趋势

当前，各种类型的智能体已经开始涌现并逐渐获得应用。在个人应用端，智能体以个人助理、智能家居助手等形式逐步融入人们的日常生活，提供智能服务；在企业应用端，智能体则更多出现在智能客服、智能营销、智能财务、智能 HR 等流程自动化领域。

然而，我们必须认识到，目前的智能体仍处于技术积累和成长阶段。众多智能体平台和商店所提供的"产品"主要集中在个人助理、娱乐、写作等对可靠性要求不那么严格的领域。在真正的生产力应用领域，智能体仍面临诸多挑战。其中，核心问题之一是大模型的局限性。在那些对准确性、可预测性和可追溯性要求极高的场景中，大模型尚不能完全满足需求。任务步骤规划的错误、不恰当的建议、涉及风险的内容及不确定的输出结果等，都表明大模型仍需持续进化。

尽管智能体尚处于发展的早期阶段，但是其未来的潜力是巨大的。下面简单展望一下其发展趋势。

1. 更强的自主性与智能化

随着技术不断进步，智能体将具备更强大的人类意图理解、逻辑推理，以及复杂任务处理能力。这将使它们能够在更多场景下自主做出决策，并执行多样化任务。

2. 深度行业化与定制化

越来越多的领域和行业将定制自己的智能体。例如，IT 行业的开发助手、医疗领域的诊断助手、智能家居领域的家庭助手，以及智能实体机器人等。

3. 更强的个性化与人性化

　　智能体将拥有更强大的个性化能力，通过与用户长期互动学习用户的习惯、个人信息及兴趣偏好，从而提供更加贴心的服务。

4. 持续学习与自适应能力

　　智能体将具备持续学习的能力，能够根据环境变化和新数据自我调整与优化，不断提高智能水平。

5. 重视伦理与法规考量

　　随着智能体广泛应用，人们对隐私、安全、伦理的关注将推动相关法规和标准的制定，确保AI技术负责任的发展。

1.2　初步认识MCP

1.2.1　智能体时代AI应用集成的挑战

　　智能体系统的兴起让AI应用的集成环境愈加复杂。应用不再是简单的与大模型对话以获得响应的聊天机器人，而需要更加自主地协调任务、调取外部数据、使用外部工具，甚至与其他智能体协作来完成工作流程。这种与纷杂的外部资源之间交互的能力，构成了智能体落地的关键挑战之一。

　　我们来假设一个具体的场景。比如，你作为一名技术博客的主理人，可能曾经想拥有一个"AI秘书"。你希望它能够帮你定期采集行业的最新动态、GitHub上最热门项目的排名及所关注的科技巨头的社交媒体新闻等，将其整理与编辑后发送到你的邮箱，并通过OA（办公自动化）系统自动提醒你。为了创建这样的AI秘书（很显然，这就是一个智能体），你可能需要与很多应用建立连接，实现集成。例如，借助搜索引擎或浏览器自动获得必要的搜索结果、与社交媒体平台或专业社区的开放API平台集成、访问文件系统并使用文件编辑与排版工具、访问云端的邮件系统以发送电子邮件、通过企业OA系统的接口给你推送通知。

于是，你去研究各种各样的软件模块与第三方API，并把它们与你的AI秘书连接起来。在这个过程中，你学会了如何调用搜索引擎的API、如何使用Playwright自动浏览互联网、如何使用云服务商的邮件接口、如何使用Python的文档编辑库……在经历重重磨难与各种Bug的折磨以后，这个智能体终于上线了！

在使用一段时间以后，你发现了以下新的问题。

（1）为了给你的AI秘书增加新功能，你需要研究新的对接平台的协议。

（2）某个调用的API调整了安全机制与数据格式，你不得不重新集成并测试。

（3）你在与某位同事聊天时发现，其实你做的大量集成工作他已经做过一遍！

（4）在经过反复修改后，你的应用变得难以维护，频繁出错。

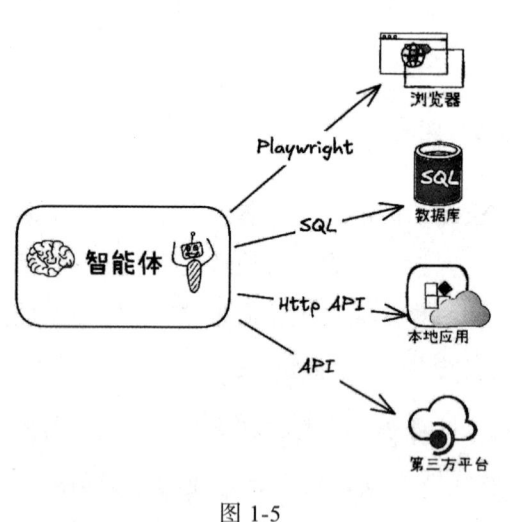

问题出在哪里？为了让AI秘书能够拥有足够的"动手能力"，每当AI秘书需要访问一个新的数据源、外部工具或服务时，开发者都需要为其"牵线搭桥"——编写定制的集成代码，处理消息格式，设计身份认证等安全策略，做大量的"黏合"工作（如图1-5所示）。

图1-5

这种方式在实际部署中难以维持。接口标准各异、工具更新频繁、集成代码重复与冗长，导致系统脆弱、扩展性差、维护成本高。在这种背景下，一个统一、高效、标准化的集成架构成了智能体生态发展的迫切需求。

1.2.2 MCP：一种新的 AI 应用集成标准

Anthropic 公司在 2024 年年末提出的 MCP，就是一种用来简化智能体与外部资源集成的标准。它定义了一种统一的方式，让智能体能够访问、管理与共享所需的外部数据源与工具，从而改变固有的、逐个适配的碎片化集成方案。其核心思想就是在传统集成架构中引入一个中间层，如图 1-6 所示。

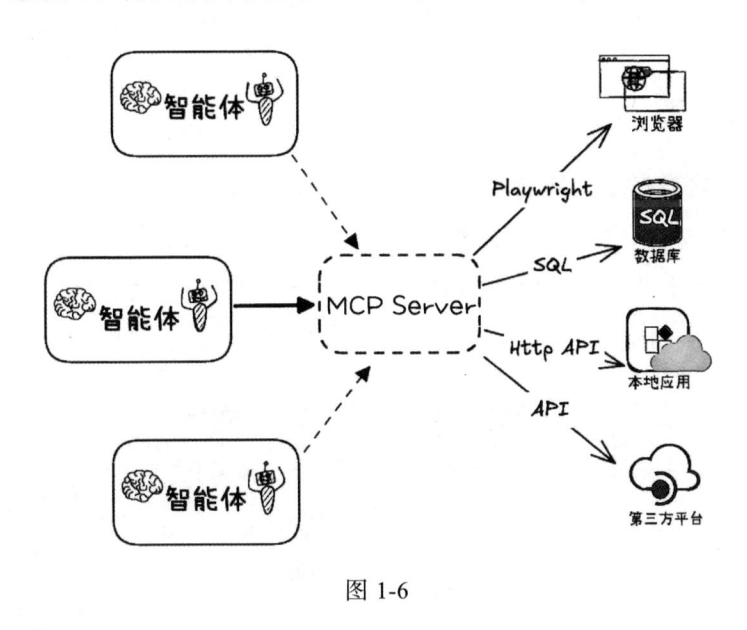

图 1-6

在这样的集成架构中，智能体通过统一的 MCP 连接一个可以共享的中间层（称为 MCP Server，即 MCP 服务端），以访问外部数据源与工具。这个中间层负责处理与不同的外部资源的适配和对接。

这样做的好处是什么呢？其实这是软件架构中的一种常见的设计范式，它的具体意义体现在以下几个方面。

1. 简化 AI 应用的开发与集成

在 MCP 的集成架构下，你无须让智能体来适配各种不同的私有协议，只需要了解如何用统一的方式连接到 MCP 服务端，并调用其公开的外部资源。这极大地简化了 AI 应用的开发与集成，缩短了 AI 应用的上线时间。

2. 有效提高系统间的互操作性

不同的智能体在使用了相同的 MCP 集成后，就具备了良好的互操作性。比如，你的智能体可以在不同的提供商、不同的 MCP 服务端之间灵活切换，以使用最佳的外部工具或性能，而只需要极少量的集成工作。

3. 良好的可扩展性与应用弹性

由于大家遵循了相同的集成标准，说了同一种"语言"，因此你可以随时"插拔"新的外部资源。这就像只要外部设备遵循了 USB 的接口标准，就可以插在你的电脑上使用。因此，你插入新的 MCP 服务端，可以随时为智能体扩展新的能力（如图 1-7 所示）。

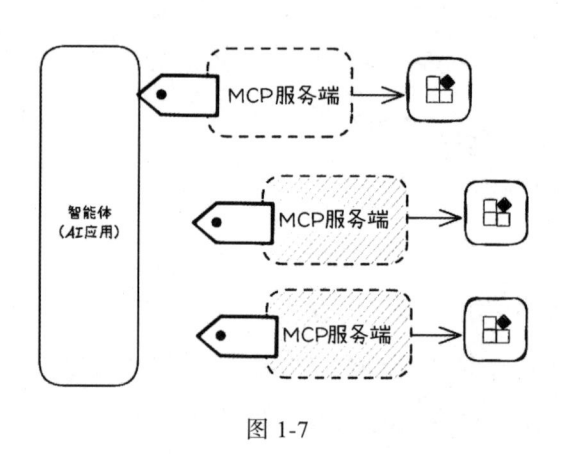

图 1-7

Anthropic 公司旗下的 AI 桌面工具 Claude Desktop 正是通过这种方式来支持客户自行扩充其"工具箱"，从而实现能力无缝延伸的。

4. 快速地适应变化，提高可维护性

在这样的集成架构中，你可以想象一下，如果一个外部资源的接口发生变

化，那么你只需要访问它的 MCP 服务端对数据格式、通信协议、安全机制做相应的适配与修改，所有对接它的 AI 应用就都可以无缝切换与适应（当然，MCP 服务端对应用侧开放的使用接口保持不变）。

5. 一种新的 AI 能力共享生态

遵循了统一标准的集成架构可以极大地提高模块的可复用性与共享性。现在，通过不断开发与共享 MCP 服务端，新的 AI 应用可以快速地连接各种外部数据与工具。这减少了重复开发与资源冗余，形成了一种全新的 AI 应用生态环境，极大地提高了整体效率，有利于 AI 应用蓬勃发展。

生成式 AI 应用领域的另一个类似的案例是大模型 API 网关服务（比如，OpenRouter、开源的 One-API 等），通过把不同的大模型厂家的 API 接入协议统一成 OpenAI 的兼容协议，方便大模型应用的接入，极大地提高了应用的开发效率与灵活性。只是由于各个大模型厂家的开放 API 本身差异不大且数量有限，因此无法产生 MCP 的巨大效应。

1.2.3 基于 MCP 的集成架构

基于 MCP 的集成架构如图 1-8 所示。

基于 MCP 的集成架构是一种基于 Client/Server（客户端/服务端）模式的经典架构。最核心的组成部分有 3 个，分别为 MCP Server（MCP 服务端）、MCP Client（与 MCP 服务端通信的 MCP 客户端）、MCP Host（使用 MCP 客户端的应用，简称为宿主）。

先用一个简单的例子来初步介绍三者之间的关系：宿主好比一个需要打印文档的应用软件。它需要使用打印机（MCP 服务端）提供的服务，但需要借助打印机驱动程序（MCP 客户端）才能把文档转换成打印机能理解的格式。

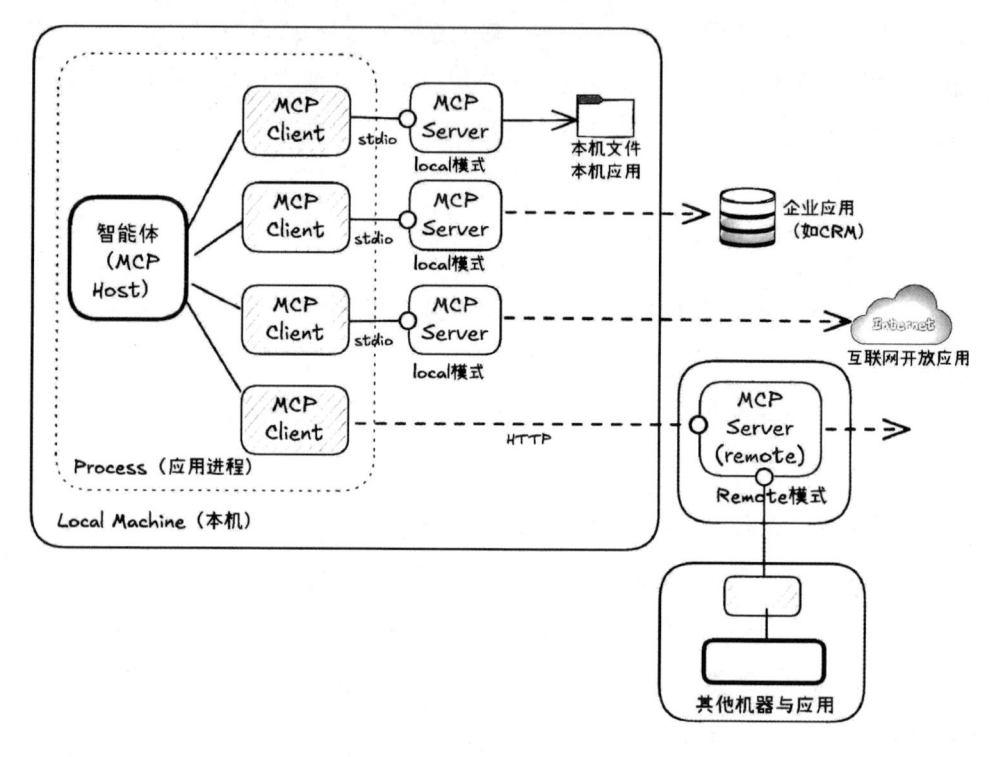

图 1-8

1. MCP 服务端

MCP 服务端是基于 MCP 的集成架构中的核心,是独立运行的。MCP 服务端通过标准的协议公开特定的功能接口,帮助智能体连接与访问外部数据源与工具。这些功能可以是访问本机文件系统与软件模块、访问数据库、调用企业应用与互联网开放 API 等。

MCP 服务端类似于一个服务的"网关",以一致与安全的方式为智能体提供连接外部世界的能力。它通过标准化的消息格式与传输协议来处理客户端的请求与响应,就像一个外部设备严格遵循 USB 标准,因此具备了极大的通用性与共享性。

关于 MCP 服务端,你首先需要知道以下内容。

1）MCP 服务端在哪里运行

MCP 服务端有两种典型的部署模式，借助以下两种不同的通信协议与客户端实现交互。

（1）部署在客户端的本机上（本地模式），通过 IPC（Inter-Process Communication，进程间通信）与客户端交互。

（2）部署在远程 MCP 服务端上（远程模式），通过 HTTP（Hypertext Transfer Protocol，超文本传输协议）与客户端交互。

我们将在第 2 章详细阐述这两种通信协议的原理。

2）MCP 服务端公开哪些类型的服务

在目前的 MCP 规范中，MCP 服务端可以有选择性地公开以下几类常见的服务。

（1）工具（Tool）。工具是指提供给应用使用的工具服务。比如，谷歌搜索。

（2）资源（Resource）。资源是指提供给应用访问的任何类型的数据。比如，一张截图。

（3）提示（Prompt）。提示是指提供给应用的一些大模型提示词模板。比如，反思的提示词。

3）MCP 服务端从哪里来

你可以使用 MCP 官方提供的 SDK（Software Development Kit，软件开发工具包）开发 MCP 服务端，将其提供给自己或在企业内共享使用。当然，你可以从他人共享的大量 MCP 服务端中"挑选"，然后直接下载使用，也可以把自己开发的 MCP 服务端贡献给他人使用。图 1-9 所示为一个优秀的 MCP 服务端共享社区。[1]

4）MCP 服务端是使用什么语言开发的

从理论上来说，你可以在理解 MCP 的基础上使用任何语言自行开发符合

---

[1] 图 1-9 中的服务器就是 MCP 服务端。

标准的 MCP 服务端。但实际上，你应该基于 MCP 官方提供的 SDK 来简化开发过程。目前，已经开放的 SDK 有 Python、TypeScript、C#、Java 等几个语言版本。

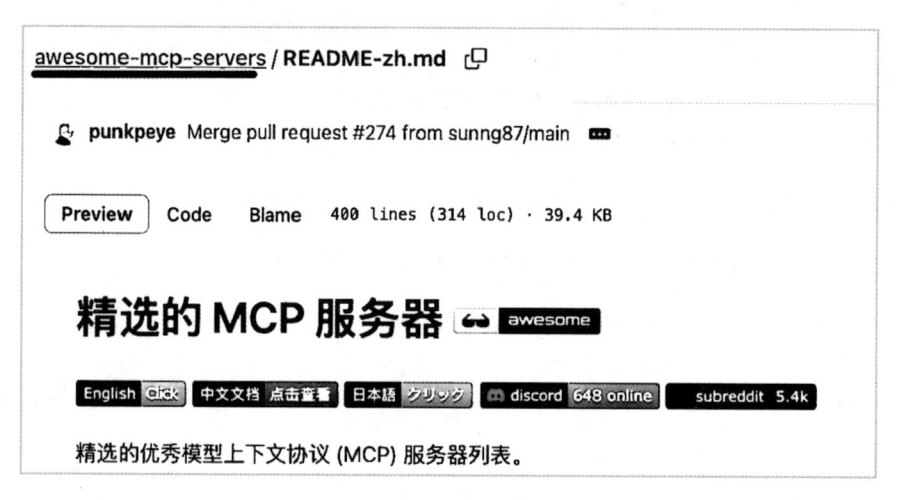

图 1-9

5）MCP 服务端如何启动

由于 MCP 服务端可以使用不同的语言开发，因此有不同的启动方式与命令（比如，使用 TypeScript 编写的 MCP 服务端可能使用 npx 命令启动，而使用 Python 编写的 MCP 服务端则可能使用 uvx 命令启动）。在使用第三方的 MCP 服务端时，你需要阅读并参考其说明文档。此外，如果你选择本地模式运行 MCP 服务端，那么客户端会自动启动 MCP 服务端。

这种使用 MCP 服务端的方式的确带来了一定的混淆而且烦琐，相信在未来可能会有更加简洁的方式。

2. MCP 客户端

这里的 MCP 客户端不是一个独立运行的程序，而是一个负责与 MCP 服务端连接与通信的模块，用来简化智能体对 MCP 服务端的访问，并确保其请求和响应过程遵循标准化的格式与协议。在智能体运行时，我们可以把 MCP 客户端看作智能体创建并维护的一个会话连接，就像你使用 MySQL 数据库的客户端组件发起 SQL 请求一样。借助 MCP 客户端，你可以发起一个请求给 MCP 服务端并取得响应。

在 MCP 中，定义了少量 MCP 客户端提供给 MCP 服务端使用的功能。

3. 宿主

宿主是需要访问外部资源的智能体或任何形式的 AI 应用，也可以被看作一种特殊的"用户"：它需要访问外部数据源与工具来完成任务。宿主借助 MCP 客户端，通过标准的协议与 MCP 服务端实现交互，调用其公开的功能接口访问外部数据源与工具，完成智能体任务。

总之，MCP 定义了一种标准化的 AI 应用集成架构，即规定了 MCP 客户端、MCP 服务端及外部资源等如何组合与连接，以实现高效、可扩展、安全的集成。简单总结如下。

（1）MCP 服务端。独立运行的应用，向客户端开放可用的工具等。

（2）MCP 客户端。嵌入宿主中的模块，与 MCP 服务端保持一对一连接。

（3）宿主。完整的客户端应用（如一个智能体），连接 MCP 服务端，使用其开放的功能。

为了方便理解，减少混淆，本书后面所提及的"客户端"，除非做特殊说明，否则均代表包含了 MCP 客户端模块的完整的客户端应用。

1.3 从第一个MCP示例开始

1.3.1 开发环境与配置

本节将介绍如何安装与配置开发 MCP 应用（包括 MCP 服务端与客户端）的完整环境。遵循这些步骤与指南，你可以为开发基于 MCP 的端到端应用做好准备。由于本书中所有的开发示例都借助简洁与强大的 Python 语言生态来实现，因此这里重点说明基于 Python 开发 MCP 应用的环境的准备过程。

1. 基本环境要求

（1）操作系统可以是 Windows、macOS 或者 Linux 操作系统。

（2）稳定的互联网连接，用于下载必要的依赖库。

（3）Python 3.10+。你可以访问 Python 的官方网站下载并安装最新的稳定版本，也可以使用必要的包管理工具（比如，macOS 操作系统的 Homebrew 等）来安装。

（4）IDE（Integrated Development Environment，集成开发环境）。选择一个适合你的编程风格与使用习惯的开发工具可以大大提高开发效率。开发 MCP 应用对 IDE 没有特别要求，你可以选择最常见的 Python 开发工具，比如 VS Code、Cursor、Windsurf 等。

2. 准备 MCP 开发环境

1）确认安装了 Python

在安装 Python 后，使用以下命令对 Python 的可用性与版本进行确认：

```
> python --version
```

请确认输出的版本为 3.10 版或更高的版本。

2）安装 uv

uv 是 Python 生态环境下的一个便捷的包管理工具。与 Python 的 pip 工具相比，uv 更快速且自带虚拟环境管理的功能。uvx 则是 uv 下的一个便捷命令，用来在临时隔离的环境中一次性运行任务。这非常适合用来运行第三方的 MCP 服务端，可以减少对环境的"污染"。

使用以下命令安装 uv：

```
> pip install uv
```

验证一下 uvx 命令：

```
>uvx --version
```

如果你更习惯使用 conda 来管理 Python 环境，那么可以忽略这一步。

3）创建开发环境

创建一个工作目录，如/username/mcp-dev。现在进入你的工作目录，运行以下命令，安装一个开发专用的虚拟环境：

```
#创建并激活虚拟环境
> uv venv
#尽管 uv 会在工作目录下自动查找虚拟环境，但是仍然可以手动激活
> source .venv/bin/activate
```

如果你需要退出虚拟环境，那么运行：

```
> deactivate
```

4）安装 MCP SDK

安装 MCP 官方 Python 版本的 SDK 来简化 MCP 服务端与客户端的开发：

```
>uv pip install "mcp[cli]"
```

如果你需要 uv 更智能地管理项目与依赖，那么可以使用：

```
>uv init
>uv add "mcp[cli]"
```

等待安装完成。此时，CP Python-SDK 及相关依赖会自动安装到虚拟环境中。

5）验证 MCP SDK 的安装

MCP SDK 在安装后带有一个 mcp 命令工具，我们可以运行它来验证是否安装成功：

```
>uv run mcp
```

你应该可以看到如图 1-10 所示的输出结果，这意味着 MCP SDK 已经成功安装！

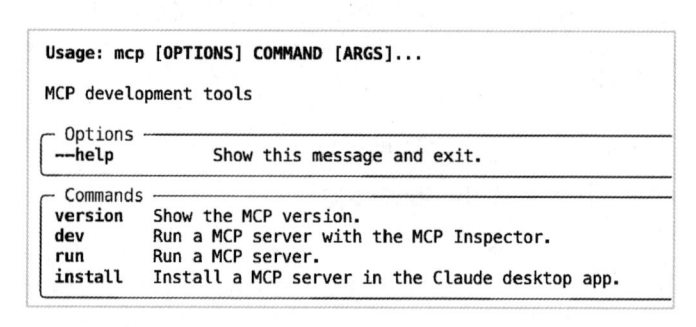

```
Usage: mcp [OPTIONS] COMMAND [ARGS]...

MCP development tools

┌─ Options ─────────────────────────────────────────┐
│ --help          Show this message and exit.       │
└───────────────────────────────────────────────────┘
┌─ Commands ────────────────────────────────────────┐
│ version    Show the MCP version.                  │
│ dev        Run a MCP server with the MCP Inspector.│
│ run        Run a MCP server.                      │
│ install    Install a MCP server in the Claude desktop app.│
└───────────────────────────────────────────────────┘
```

图 1-10

3. 智能体开发框架

AI 应用（特别是智能体）是最主要的 MCP 使用者。在第 6 章你将会逐渐看到如何基于 MCP 架构开发更具扩展性的智能体。开发智能体通常会借助强大的第三方开发框架。这些框架的最新版本基本上都具备了 MCP 服务端的适配器，包括但不限于 OpenAI Agents SDK、LangGraph、LlamaIndex Workflow、Microsoft AutoGen。

在实际开发中，你可以根据需要选择一个或多个框架协作完成应用构建。我们将在应用到这些具体框架时另行安装。

4. 推荐的最佳实践

最后，我们建议你在开发过程中遵循一些常见的最佳实践。这可以帮助你在更高效与更安全的工作空间中完成项目的开发，减少不必要的冲突与风险。这些建议如下。

（1）使用虚拟环境隔离项目，减少依赖冲突。

（2）使用 requirements.txt 或 pyproject.toml 配置文件有效地管理依赖。

（3）借助强大的 AI 编程工具来提高开发效率，优化代码质量。

（4）使用 .env 文件管理环境变量，特别是 API 密钥等敏感信息。

1.3.2 第一个 MCP 示例

在开始真正的 MCP 开发旅程之前,我们先用一个简单的示例来帮助你建立对 MCP 开发的直观印象。

在这个示例中,我们将构建简单的客户端来调用 MCP 服务端公开的一个工具——计算器,完成计算任务。注意:这里不会引入大模型的应用,以便更聚焦在对 MCP 的理解上。

1. 创建 MCP 服务端

使用 MCP SDK 来快速实现这个 MCP 服务端,提供一个计算器工具。请在前面准备的虚拟环境目录下创建名为"sample_server.py"的代码文件,代码如下:

```python
import click
import logging
from mcp.server.fastmcp import FastMCP

# 配置日志
logging.basicConfig(level=logging.INFO, format='%(asctime)s - %(name)s - %(levelname)s - %(message)s')
logger = logging.getLogger(__name__)

# 创建一个 FastMCP 实例
mcp = FastMCP("演示",port=5050)

# 添加一个计算器工具
@mcp.tool(name="calculate", description="计算数学表达式")
def calculate(expression: str) -> float:
    """计算四则运算表达式
    参数:
        expression: 数学表达式字符串,如 "1 + 2 * 3"
    返回:
        计算结果
    """
```

```python
    print('进入计算函数...')
    try:
        # 使用eval函数安全地计算表达式
        result = eval(expression, {"__builtins__": {}}, {})
        return float(result)
    except Exception as e:
        return f"计算错误: {str(e)}"

def main() -> int:
    logger.info("正在初始化MCP演示服务...")

    # 启动SSE服务
    logger.info("使用SSE传输模式启动MCP服务端")
    print(f"使用SSE传输模式启动MCP服务端   在端口http://127.0.0.1:5050")

    try:
        #启动MCP服务端
        mcp.run(transport="sse")
    except Exception as e:
        logger.error(f"MCP服务端运行失败: {str(e)}", exc_info=True)
        print(f"MCP服务端运行失败: {str(e)}")

if __name__ == "__main__":
    main()
```

对这段代码的解释如下：

（1）引入 FastMCP 模块。这是 SDK 中代表 MCP 服务端的高层抽象，也是在低层 SDK 之上的一个封装层。这里首先创建一个名为"演示"的 FastMCP 实例，并使用 5050 端口侦听。

（2）使用@tool 这个装饰器创建了一个 MCP 服务端的工具及 calculate 计算器函数。这个函数输入一个四则运算表达式，输出运算结果。

（3）在主函数 main 中，调用 FastMCP 模块的 run()方法启动 MCP 服务端。这里的启动参数"transport="sse""代表使用的传输模式为 SSE，也就是远程模式。

在创建完 MCP 服务端后，使用以下命令来启动这个 MCP 服务端（如果你未手动激活虚拟环境，那么需要使用 uv run python sample_server.py 命令，下文不再做特别说明）：

```
> python sample_server.py
```

不出意外，你应该看到如图 1-11 所示的启动提示。

```
2025-04-02 00:16:46,460 - __main__ - INFO - 正在初始化MCP演示服务...
2025-04-02 00:16:46,460 - __main__ - INFO - 使用SSE传输模式启动MCP服务端
使用SSE传输模式启动MCP服务端 在端口 http://127.0.0.1:5050
INFO:     Started server process [19421]
INFO:     Waiting for application startup.
INFO:     Application startup complete.
INFO:     Uvicorn running on http://0.0.0.0:5050 (Press CTRL+C to quit)
```

图 1-11

这代表 MCP 服务端已经成功启动！

2. 创建客户端

有了 MCP 服务端，我们还需要一个客户端来测试这个 MCP 服务端的功能（这里是一个工具）。在工作目录下创建名为"sample_sse_client.py"的代码文件，代码如下：

```python
import asyncio
from mcp.client.sse import sse_client
from mcp.client.session import ClientSession

async def main():
    print("启动使用 SSE 传输模式的客户端...\n")

    async with sse_client(
        url="http://localhost:5050/sse",
        headers={"Content-Type": "text/event-stream"},
    ) as (read, write):
        async with ClientSession(read, write) as session:
            await session.initialize()

            # 列出可用工具
            result = await session.list_tools()
            print(f"可用工具: {[tool.name for tool in result.tools]}\n")

            # 直接计算表达式 10*2-13
            expression = "10*2-13"
            print(f"计算表达式: {expression}")
```

```
            try:
                result = await session.call_tool("calculate", 
{"expression": expression})
                print(f"结果: {result.content}")
            except Exception as e:
                print(f"错误: {str(e)}")
if __name__ == "__main__":
    asyncio.run(main())
```

对这段代码的解释如下：

（1）客户端代码使用的核心组件为 sse_client 与 ClientSession。

（2）这里首先使用 sse_client 建立连接，在成功后获得两个读写流（read, write），并用它们构造客户端的 ClientSession 对象，此时代表会话创建成功。

（3）调用 session 对象的 initialize() 方法进行会话初始化。这是一个双方"握手"的过程，用来确认双方的 MCP 版本的兼容性等。

（4）代码中演示了 list_tools() 方法。这个方法用来查询 MCP 服务端公开的工具。

（5）调用 call_tool() 方法来调用 MCP 服务端公开的工具，传入一个工具名字（calculate），以及工具的输入参数（expression），最后获得返回结果。

这里的客户端必须使用代码所示的异步编程方式，且必须先建立 SSE 连接，再进行后续的会话。这和 MCP 中的 SSE 传输模式（非简单的 HTTP POST）有关。关于 MCP 传输模式的原理将在第 2 章详细介绍。

3. 测试第一个示例

一切准备就绪。现在你可以在命令行界面直接运行这个客户端：

```
> python sample_sse_client.py
```

正常的输出结果如图 1-12 所示。

```
启动使用SSE传输模式的客户端...
可用工具：['calculate']

计算表达式：10*2-13
结果：[TextContent(type='text', text='7.0', annotations=None)]
```

图 1-12

通过 list_tools() 方法，我们可以看到 MCP 服务端公开的可用工具只有一个（calculate）。call_tool() 方法成功地帮助客户端使用了 MCP 服务端提供的 calculate 工具，返回的结果类型是文本（type='text'），内容是"7.0"，也就是表达式的结果。

这样，我们就实现了一个简单的 MCP 示例。这个示例包含了完整的 MCP 服务端与客户端。你或许会觉得这种方式与基于 HTTP 的 RESTful API 非常类似，但基于 AI 应用的独有特点及对一些其他因素的综合考虑，MCP 开发目前并没有采用 RESTful API 及相关标准（OpenAPI），我们将在第 2 章深入理解这一点。

第 2 章　揭秘 MCP 规范与原理

MCP 展示了一种将智能体与外部资源集成的标准化方式。其目的是降低智能体与外部资源集成的强耦合性与复杂性，提高互操作性与扩展能力。所以，MCP 的本质是一个面向 AI 应用集成领域的开放标准。你需要在两个层面去认识与学习 MCP，如图 2-1 所示。

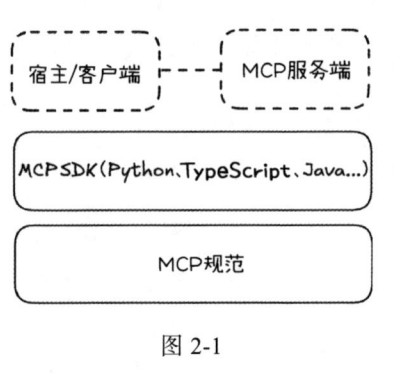

图 2-1

（1）MCP Specification（MCP 规范）。这是指对基于 MCP 的集成架构及其关键模块的功能、通信协议、消息格式、安全机制等制定的标准。遵循该规范实现的 MCP 模块可以实现互操作。

（2）MCP SDK。这是指在 MCP 规范基础上实现的不同语言的开发框架与工具，旨在帮助开发者快速构建符合 MCP 规范的模块并完成集成。

本章首先深入探讨 MCP 的底层规范和设计逻辑。我们不只是列举规范的条款，而是力求深入理解其背后的动机。值得注意的是，尽管本章的许多内容在开发过程中无须直接处理或实现，但对这些底层原理的了解将极大地帮助你在未来的开发中进行调试、优化与排障，甚至在必要时能够帮助你对 MCP SDK 进行修改与扩展。

下面将按照消息与通信、MCP 服务端、客户端的顺序依次解析 MCP 的规范与原理。

2.1 消息规范：互操作的基础

MCP 作为用来简化集成与实现互操作的标准，最基础的是消息协议。这就像在一个国际交流会议中，只有大家说相同的"语言"，交流的效率才会更高。在 MCP 规范中，唯一的消息协议是 JSON-RPC 2.0。

2.1.1 什么是 JSON-RPC 2.0

JSON-RPC 2.0 是一种轻量级的、用于远程过程调用（Remote Procedure Call，RPC）的消息协议，其使用 JSON 作为数据格式。注意，它不是一个底层传输协议，只是一种应用层的消息格式标准。形象地说，就像两个人需要交换包裹，它规定了包裹应该如何打包、如何在内部分区、如何贴标签等，但并不规定如何运送。

比如，你需要调用远程 MCP 服务端上的一个计算器函数来计算"5+3"。这是一次远程过程调用。JSON-RPC 2.0 规定了你发送给 MCP 服务端的请求（Request）消息需要遵循类似这样的格式：

```
{
  "jsonrpc": "2.0",        // 协议版本，固定为 "2.0"
  "method": "calculate",   // 要调用的方法（工具）名
  "params": {              // 方法参数，可以是对象或数组
    "expression": "5+3"
  },
  "id": 1                  // 请求标识符，用于匹配响应
}
```

在 MCP 服务端处理完后，JSON-RPC 2.0 又规定了 MCP 服务端的响应（Response）消息必须类似于：

```
{
    "jsonrpc": "2.0",        // 协议版本
    "result": 8,             // 调用结果
    "id": 1                  // 对应请求的标识符
}
```

如果 MCP 服务端在处理时发生了异常（比如，你要求调用一个不存在的方法），那么你会收到这样的响应消息：

```
{
    "jsonrpc": "2.0",
    "error": {
        "code": -32601,
        "message": "请求的方法不存在"
    },
    "id": 1
}
```

还有一种情况，当 MCP 服务端需要向客户端发送一个通知（Notification）消息时，需使用以下格式：

```
{
  "jsonrpc": "2.0",
  "method": "notifications",
  "params": {
    "message": "This is a message from server..."
  }
}
```

因为这是一种单向的通知，不需要对方回复，所以不携带请求标识符（id）。

所以，有了这样的消息协议做约定，通信双方就可以非常顺畅地完成请求与响应过程。上述的请求消息、响应消息、通知消息也是目前 MCP 规范所定义的 3 种基础消息类型，并对部分内部字段进行了必要的扩充。

很显然，这种消息协议的优势如下。

（1）与语言无关。几乎所有的语言都支持 JSON 数据格式。

（2）简单、易用。结构简单，天然可读，易于调试。

（3）轻量、灵活。可以适配各种传输模式，不绑定某种特殊的传输协议。

2.1.2　理解基于 JSON-RPC 2.0 的远程过程调用

一旦确定了消息的标准，选择了一种传输模式，我们就能轻松地模拟 MCP 的远程过程调用流程。你可能会首先想到易于使用的 HTTP，下面编写简易的 MCP 服务端代码（这段代码存储于名为"mcp_server_raw.py"的文件中）来模拟处理上述请求：

```python
......
app = FastAPI()     #使用FastAPI快速开发一个MCP服务端

#可调用的工具
def calculate(expression: str) -> float:
    ......

@app.post('/jsonrpc')
async def jsonrpc_endpoint(request: Request):
    """处理所有JSON-RPC请求的FastAPI端点"""
    try:
        content = await request.json()
        
        #解析请求与参数
        method_name = content.get("method")
        params = content.get("params", {})
        request_id = content.get("id", None)
        
        if method_name == "calculate":
            try:
                expression = params.get("expression", "")
                result = calculate(expression)
                response = {"jsonrpc": "2.0","result": result,"id": request_id}
            except ValueError as ve:
                response = {
                    "jsonrpc": "2.0",
                    "error": {"code": -32603,"message": str(ve)},
                    "id": request_id
```

```
            }
        else:
            ……处理其他错误……
        return JSONResponse(content=response)

except Exception as e:
#处理其他异常
……
```

对这段代码的解释如下：

在实现这个模拟 MCP 服务端时，使用 HTTP 端点/jsonrpc 提供一个 MCP 服务端的"工具"（calculate）的调用接口。这个接口需要使用 HTTP POST 方法来访问。

此处的"calculate"工具仅为模拟演示，实际上 MCP 服务端的工具调用会通过统一的 tools/call 方法实现，具体参考 2.5.1 节。

然后，使用以下代码创建一个客户端来模拟调用 MCP 服务端的"工具"（这段代码存储于名为"mcp_client_raw.py"的文件中）：

```
#模拟一个客户端，基于简单的 HTTP POST 方法
……
class MCPClient:
    ……
    def call(self, method, params=None, timeout=10):
        """调用远程方法"""
        #注意这里的请求格式，遵循 JSON-RPC 2.0
        payload = {
            "jsonrpc": "2.0",
            "method": method,
            "params": params if params is not None else {},
            "id": self.request_id
        }
        self.request_id += 1

        headers = {'Content-Type': 'application/json'}

        try:
            response = requests.post(
```

```
            self.server_url,
            data=json.dumps(payload),
            headers=headers,
            timeout=timeout
        )
        response.raise_for_status()
        return response.json()

    except Exception as e:
        ……
……client.call("calculate",{"expression":"3+5"})
```

对这段代码的解释如下：

这样就模拟了一个基于 JSON-RPC 2.0 的客户端与 MCP 服务端交互的原型。

（1）客户端构建符合 JSON-RPC 2.0 的请求消息。

（2）通过 HTTP POST 方法将请求消息发送至 MCP 服务端的指定端点（即 /jsonrpc）。

（3）MCP 服务端接收请求消息并进行解析，以确定客户端请求调用的方法（calculate）。

（4）MCP 服务端依据请求消息的参数执行相应的处理逻辑（calculate 方法）。

（5）在处理完毕后，MCP 服务端构造符合 JSON-RPC 2.0 的响应消息并返回，客户端随后接收到此消息。

JSON-RPC 2.0 是一种专为网络环境设计的用于远程过程调用的消息协议。它能够与多种消息传输协议协同工作，以实现请求与响应的交互模式。

2.2 传输模式：基于HTTP的远程传输

如果将消息比作快递中的"包裹"，传输模式就是运输方式。具体使用哪种运输方式需考虑实际的业务需求、效率、安全等多方面因素。在 MCP 规范中，客户端与 MCP 服务端的远程通信协议是 HTTP，但其具体工作机制包含许多复杂的细节。

2.2.1 无状态的 HTTP POST 方法的不足

在前面我们通过 HTTP POST 方法模拟了对 MCP 服务端的远程过程调用，并采用了广泛使用且简便的 RESTful API 标准。尽管这种方式简洁且易于操作，但 MCP 服务端与客户端之间的传输是否仅限于简单的 RESTful HTTP POST 传输模式呢？答案是否定的。

如果你已经使用 FastMCP 框架开发过 MCP 服务端，那么可能无法察觉到这一点，因为 FastMCP 是一个在底层 SDK 上进行封装的高级框架，隐藏了内部的复杂性。

单一的、无状态的 RESTful HTTP POST 传输模式可以用图 2-2 表示。

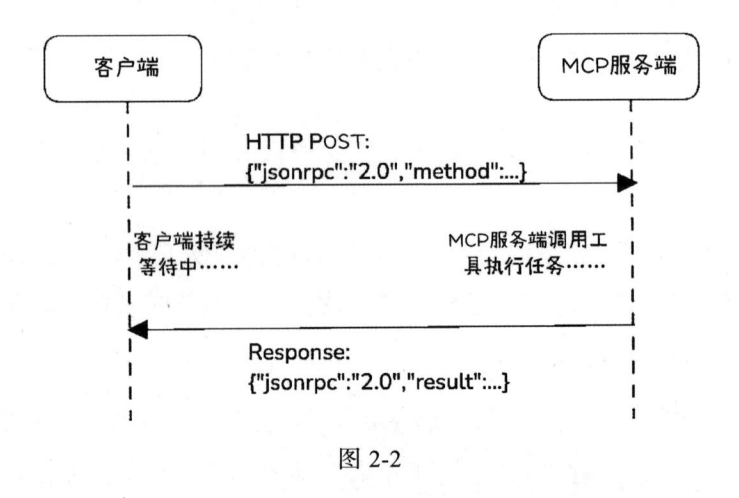

图 2-2

鉴于智能体的实际特性，我们可以预见一些潜在的局限性。

1. 同步阻塞的模式不适用于长时间运行的任务

在单一请求与响应模式下，客户端必须等待 MCP 服务端处理完毕，这适用于需要快速响应的 RESTful API，但对于长时间运行的任务则显得力不从心。例如，当你将一个复杂的工作流部署到 MCP 服务端的工具上时，这种模式可能会导致客户端长时间阻塞甚至超时。

2. 无 MCP 服务端推送能力，缺少双向通信功能

MCP 服务端无法主动向客户端推送消息，数据流动必须由客户端发起。然而，正如之前提到的任务场景，如果你的 MCP 服务端正在执行一个长时间运行的任务，那么你可能需要定期向客户端报告处理进度或输出中间结果，而简单的 HTTP POST 方法无法主动通知客户端。

3. 无状态的短连接不适合连续的多次对话

在 RESTful HTTP POST 传输模式中，请求完成后就会断开连接，以避免长期占用资源。但在实际应用中，客户端可能需要在一次会话中频繁地与 MCP 服务端进行交互以使用工具，这种持续的交互更适合采用有状态的长连接模式，而不是无状态的交互。

4. 无法适应 AI 应用场景中流式输出的需求

在智能体等 AI 应用场景中，经常需要进行流式（Streaming）输出，尤其对于 MCP 服务端延迟时间较长的任务，流式输出有助于改善客户端的体验，这也需要 MCP 服务端的支持。

鉴于上述原因，MCP 规范采用了带有 SSE（Server-Sent Events，服务端发送事件）的 HTTP 作为远程传输的标准机制（称为 HTTP with SSE）。

在 2025-03-26 版本的 MCP 规范中，这一机制被进一步增强为一种新的 Streamable HTTP 传输模式。

2.2.2 详解 MCP 规范中的 SSE 传输模式

1. 了解 SSE

SSE 是一种基于 HTTP 的单向传输技术。它允许 HTTP 服务端主动、实时

地向客户端（可以是浏览器或者自定义的客户端）推送消息，而客户端仅需建立一次连接即可持续接收消息。其基本传输流程如图 2-3 所示。

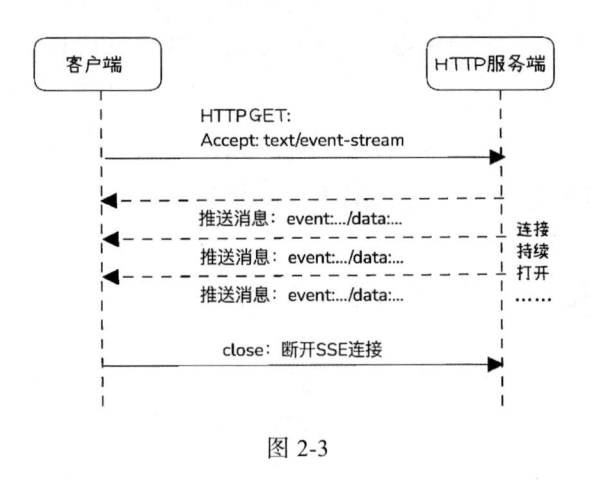

图 2-3

过程描述如下：

（1）客户端发起请求以建立 SSE 连接。这通常通过一次 HTTP GET/POST 请求实现。在请求头中设置"Accept: text/event-stream"参数，以指示需要建立一个 SSE 通道。

（2）HTTP 服务端一旦接收到此类请求，就会成功地建立 SSE 连接。该连接将保持活跃状态，直到客户端发出关闭请求。

（3）在连接保持活跃的期间，HTTP 服务端可以利用这一通道不断地向客户端推送消息块（流式响应的实现原理正是基于此），而客户端负责解析这些接收到的消息块。

（4）在所有的请求与响应过程完成后，客户端将关闭连接。此时，通信结束。

从这里可以看出，基于 HTTP 的 SSE（简称为 SSE）传输模式具有以下特点。

① 单向通信：仅支持从 HTTP 服务端向客户端推送消息。

② 基于 HTTP，需要通过一次 HTTP GET 或 POST 请求来建立连接。

③ 适用于实时推送消息的场景（例如，进度更新、实时数据流等）。

2. 用 SSE 实现流式传输

由于 SSE 是一种单向传输技术，因此通常需要与 HTTP 的 GET 或 POST 方法结合使用。在遵循 RESTful 风格的 API 设计中，一种常见的实践是在单次 HTTP POST 请求中要求 HTTP 服务端提供流式数据响应。

你是否还记得 OpenAI 风格的大模型 API？当客户端向端点（通常是 xx/completion）发起 POST 请求时，通过设置参数可以启用流式响应（例如，设置"Streaming=True"），API 服务端随后会以数据流的形式逐步返回数据，从而避免了客户端长时间等待。实际上，这是在发送 POST 请求时要求采用 event- stream（事件流）响应方式来实现的，而这种事件流响应方式是基于 SSE 的。

你可以通过浏览器来追踪 xx/completion 请求以验证这一点。例如，在 DeepSeek 网站上发起一个请求，并使用调试工具，你将观察到请求方法为 POST，而响应头中的 Content-Type（内容类型）被设置为"text/event-stream"，如图 2-4 所示。

```
请求网址:            https://chat.deep●●●k.com/api/v0/chat/completion
请求方法:            POST
状态代码:            ● 200 OK
远程地址:            127.0.0.1:7890
引荐来源网址政策:     strict-origin-when-cross-origin

▼ 响应标头
Access-Control-Allow-    true
Credentials:
Content-Type:            text/event-stream; charset=utf-8
Date:                    Fri, 04 Apr 2025 06:52:22 GMT
```

图 2-4

观察响应的数据，你会发现它不是一个连续的文本，而是一个源源不断的数据块，如图 2-5 所示。

```
event: ready
data: {}

event: update_session
data: {"updated_at":1743749542.972303}

data: {"v": {"response": {"message_id": 2, "parent_id": 1,

data: {"v": "好", "p": "response/thinking_content"}

data: {"v": ", ", "o": "APPEND"}

data: {"v": "用户"}
```

图 2-5

在这里你能看到 HTTP POST 方法与 SSE 实现"配合"的一种方式。但是，在 MCP 规范的传输模式中，这两者配合的方式有所不同。

3. MCP 规范中的 SSE 传输模式

在 MCP 规范中，SSE 传输模式虽然使用 HTTP POST 与 SSE 相结合的方式，但与单纯地使用 HTTP POST 方法有所不同。

它不是在单次的 POST 请求中直接用 SSE 响应，而是首先建立一个 SSE 的长连接通道。随后，在处理 POST 请求时，MCP 服务端会选择已有的 SSE 通道进行数据推送。因此，可以将其视为一种 HTTP POST（客户端→服务端）与 HTTP SSE（服务端→客户端）相结合的伪双工传输模式。

在这种传输模式下，实际上存在以下两个连接通道。

（1）第一个是 HTTP POST 的短连接通道，用于客户端发送请求。例如，当调用 MCP 服务端的某个工具时，MCP 服务端会立即返回一个确认消息。

（2）第二个是 HTTP SSE 的长连接通道，用于 MCP 服务端推送数据。例如，工具调用结果、更新处理进度、发送 MCP 服务端请求与通知等。

在这种模式下，请求与响应是异步的，而且在两个不同的通道上完成。两个通道之间通过 Request ID（请求 ID）的机制来实现消息对应。

在这种传输模式下，一次完整的会话过程如图 2-6 所示。

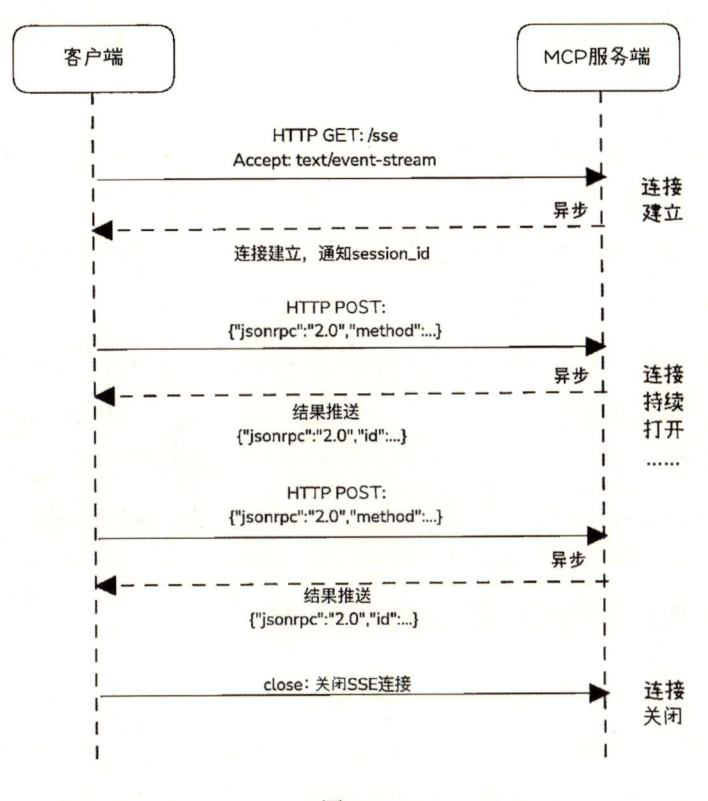

图 2-6

该过程详细描述如下：

（1）连接建立。客户端首先发起建立 SSE 连接的请求，MCP 服务端"同意"并建立连接。

（2）请求发送。客户端通过 HTTP POST 方法发送请求（例如，调用某个工具），请求中会包含 Request ID。

（3）请求确认。MCP 服务端接收请求后立即返回 202（Accepted）状态码，表示请求已被接受。

（4）异步处理。MCP 服务端继续处理请求，根据请求中的参数，决定调用哪个工具。

（5）结果推送。调用完成后，MCP 服务端通过 SSE 连接推送结果，其中包含 Request ID。

（6）结果匹配。客户端的 SSE 连接接收到响应消息后，根据 Request ID 将接收到的响应消息与之前的请求进行匹配，然后将响应消息返回给 MCP 服务端。

（7）重复处理。循环执行上述步骤（2）至步骤（6）（其中包括一个连接的初始化过程）。

（8）连接关闭。客户端在完成所有请求后，可以选择关闭 SSE 连接，会话随之结束。

这正是 MCP 规范中定义的 HTTP 结合 SSE 的传输模式，可以概括为客户端通过 HTTP POST 方法发送请求，并通过 SSE 连接异步接收 MCP 服务端的响应结果，同时 MCP 服务端可以利用 SSE 连接主动向客户端发起请求和通知。这种机制构成了 MCP 服务端与客户端交互功能的底层通信基础。

4. 模拟实现 SSE 传输模式的 MCP 服务端

在理解了 MCP 规范中的 SSE 传输模式后，我们用以下代码来模拟远程模式下 MCP 服务端的处理过程（这段代码存储于名为"mcp_server_raw_sse.py"的文件中），这有助于深入理解其内部原理。

需要有一个端点来接收 SSE 连接请求，使用 HTTP GET 方法。

```
......
@app.get("/sse")
async def sse_endpoint(request: Request):
    """建立 SSE 连接的端点"""
    client_id = str(uuid4())
    logger.info(f"新的 SSE 连接: {client_id}")

    return StreamingResponse(
        event_generator(client_id),
        media_type="text/event-stream",
        headers={
            'Cache-Control': 'no-cache',
            'Connection': 'keep-alive',
            'X-Accel-Buffering': 'no'           }
    )
```

对这段代码的解释如下：

（1）为每个新建立的连接都分配独一无二的客户端 ID，以便后续进行消息推送。

（2）StreamingResponse 是 FastAPI 底层的流响应机制，通过自定义 event_generator 函数来创建一个流响应，象征着 SSE 连接的建立。

（3）event_generator(client_id)函数不仅会立即生成一个流响应，还会创建一个专属的消息队列，并持续监控该队列以向客户端推送消息。

（4）SSE 协议头配置了关键的 HTTP 头部信息，以确保连接的正确维护和顺畅运作。

在建立连接后，需要有一个持续的机制向客户端发送事件流。这通过一个队列来模拟，代码如下（这段代码存储于名为"mcp_server_raw_sse.py"的文件中）：

```python
async def event_generator(client_id: str) -> AsyncGenerator[str, None]:
    """为SSE连接生成事件流"""
    connection_event = {
        "event": "connection",
        "data": json.dumps({"client_id": client_id, "status": "connected"})
    }
    yield f"event: {connection_event['event']}\ndata: {connection_event['data']}\n\n"

    # 创建此客户端的消息队列，后续请求的响应结果将被放到这里供发送
    queue = asyncio.Queue()
    active_connections[client_id] = queue

    try:
        # 持续从队列中获取消息并发送
        while True:
            try:
                # 等待队列中的消息，但允许被中断
                message = await asyncio.wait_for(queue.get(), timeout=60)
```

```
            # 格式化为SSE事件
            yield f"event: message\ndata:
{json.dumps(message)}\n\n"

            # 标记任务完成
            queue.task_done()
        except asyncio.TimeoutError:
            # 发送心跳以保持连接
            yield ": heartbeat\n\n"
            continue
    finally:
        # 清理连接
        if client_id in active_connections:
            del active_connections[client_id]
            logger.info(f"SSE连接关闭: {client_id}")
```

对这段代码的解释如下：

理解这个事件生成器函数（event generator）需要一定的技巧，它的主要工作过程如下。

（1）当建立连接时（当上面的sse_endpoint方法被调用时），生成并发送连接确认事件（包括client_id），为客户端创建专属的消息队列（queue），将队列添加到全局连接管理字典（connections）。

（2）进入消息处理循环，持续等待队列中的新消息到达。一旦有新消息，就将消息格式化为SSE格式并推送。

（3）资源清理。当连接关闭时（异常或者客户端断开）自动移除队列。

这时，SSE长连接通道已经准备就绪。现在需要一个处理HTTP POST请求的方法（注意，SSE通道一旦连接，就只能单向发送，无法接收客户端请求），代码如下（这段代码存储于名为"mcp_server_raw_sse.py"的文件中）：

```
@app.post('/messages')
async def handle_post_messages(request: Request):
    """处理计算请求的HTTP POST端点"""
    try:
        ……解析与校验请求参数……
```

```
        # 异步处理计算并通过SSE通道发送结果
        asyncio.create_task(process_messages(client_id,
request_id,...))

        # 立即返回接受请求的响应结果，注意状态码是202
        # 表示我接受了请求，但响应结果要另外发送
        return JSONResponse(
            status_code=202,  # Accepted
            content={
                "status": "processing",
                "request_id": request_id
            }
        )
......

async def process_messages(client_id: str, request_id: str...):
    """处理请求并通过SSE通道发送结果"""

    try:
        ……处理请求，比如实现工具调用……
        result = ...

        # 构造JSON-RPC响应
        response = {
            "jsonrpc": "2.0",
            "result": result,
            "id": request_id
        }

        # 获取对应客户端的消息队列并发送结果
        if client_id in active_connections:
            queue = active_connections[client_id]
            await queue.put(response)
            logger.info(f"结果已发送给客户端 {client_id}: {response}")
```

对这段代码的解释如下：

（1）通过使用/messages端点，可以处理客户端随后发起的POST请求。例如，调用一个工具。

（2）系统将立即返回202状态码，并在后台异步任务中继续处理请求。

（3）process_messages方法对请求进行异步处理，处理完毕后将消息放到

对应的客户端队列。

（4）event_generator 方法在侦听到队列中的消息后，通过 SSE 连接将消息推送给客户端。

上面展示的是一个模拟 SSE 传输模式的简易 MCP 服务端，其流程如图 2-7 所示。在该 MCP 服务端中，/messages 端点在接收到请求后的处理逻辑（process_messages）是需要实现各种 MCP 服务端功能（比如，路由给某个工具等）。当然，官方 MCP SDK 中的实现要复杂得多，因为它必须兼顾模块化、性能、扩展性等多方面因素。

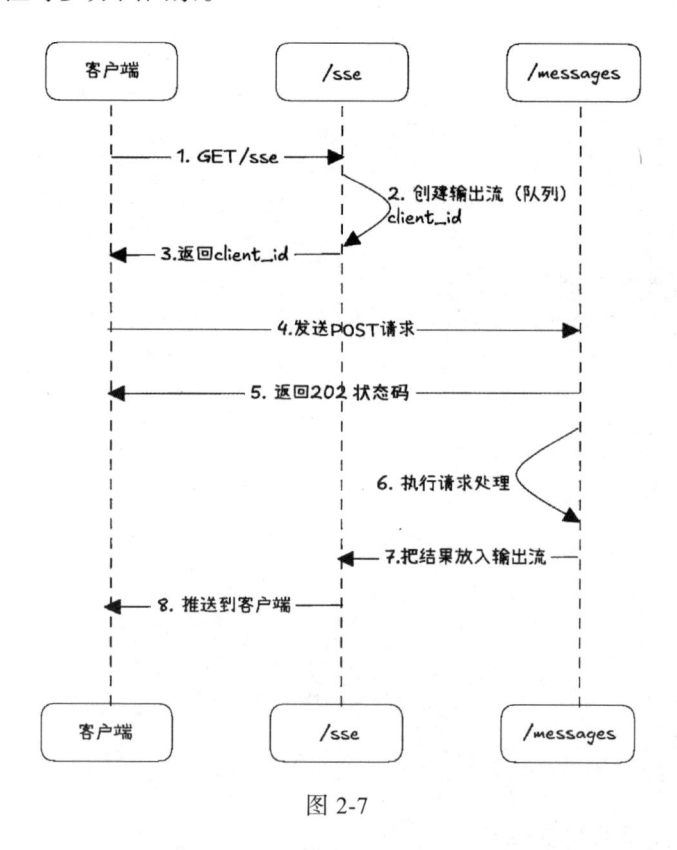

图 2-7

2.3　传输模式：基于stdio的本地传输

与复杂的远程传输模式相比，MCP 在传输标准上还支持一种更为简单且成熟的本地传输模式。在这种模式下，MCP 服务端与客户端在同一个物理机器上运行，并通过标准输入/输出（stdin/stdout）来实现进程间传输。

2.3.1　stdio 传输模式的基本原理

在该传输模式下，客户端与 MCP 服务端通过进程的标准输入（stdin）和输出（stdout）进行传输，从而实现高效的进程间传输。MCP 服务端的核心工作原理可以概括如下。

（1）将 stdin 用作接收消息的输入通道。
（2）将 stdout 用作发送消息的输出通道。
（3）客户端同样通过这两个通道与 MCP 服务端进行传输。

这种传输模式的优势如下。

（1）无须网络配置、端口管理或复杂的建立连接过程。
（2）依赖性更小，几乎所有环境都支持标准输入/输出。
（3）无须额外的网络协议支持，启动和使用的开销极小，且父子进程模型天然支持此类传输，非常适合将 MCP 服务端嵌入客户端中。

2.3.2　模拟实现 stdio 传输模式的 MCP 服务端

在了解了基本原理后，我们同样可以用以下简单的 Python 代码来模拟出 stdio 传输模式下的 MCP 服务端的处理过程（这段代码存储于名为"mcp_server_raw_stdio.py"的文件中），这有助于深入理解 stdio 传输模式。

```
import asyncio
import json
from contextlib import asynccontextmanager

@asynccontextmanager
async def simple_stdio_server():
    """创建一个简单的基于标准输入/输出的异步MCP服务端"""
```

```python
async def read_stdin():
    while True:
        line = await asyncio.to_thread(input)
        if not line:
            continue
        try:
            message = json.loads(line)

            # 处理消息，此处仅模拟
            response = {"jsonrpc": "2.0", "id": message.get("id"),
                        "result": f"处理了: {message.get('method')}"}
            print(json.dumps(response))

        except Exception as e:
            error_resp = {"jsonrpc": "2.0", "id": None,
                          "error": {"code": -32700, "message": str(e)}}
            print(json.dumps(error_resp))

    task = None
    try:
        # 创建并启动读取任务
        task = asyncio.create_task(read_stdin())
        yield
    finally:
        if task and not task.done():
            task.cancel()
            await task

async def main():
    async with simple_stdio_server():
        await asyncio.Future()
if __name__ == "__main__":
    asyncio.run(main())
```

对这段代码的解释如下：

（1）程序在启动时，会创建一个异步任务，用于监听标准输入（stdin）。

（2）一旦从 stdin 中接收到消息，程序就进行解析并执行模拟处理，随后生成符合 JSON-RPC 2.0 的响应消息。

（3）生成的响应消息将通过标准输出（调用 print 函数）返回。

（4）程序将不断循环，持续等待下一次输入，直至被手动中断。

至此，我们已经详细阐述了 MCP 规范中定义的 MCP 服务端与客户端之间的两种传输模式。在实际开发中，如果你使用高级 SDK，那么通常无须直接操作这些传输过程。然而，对这些底层传输模式的理解，将有助于在必要时进行更精确的控制。

2.4 基于MCP的集成架构下的会话生命周期

MCP 规范定义了客户端与 MCP 服务端之间的会话生命周期。该生命周期详细描述了客户端与 MCP 服务端之间从连接建立、持续交互直至最终连接关闭的各个阶段和标准操作。

基于 MCP 的集成架构下的会话生命周期如图 2-8 所示。

图 2-8

2.4.1 连接与初始化

在客户端和 MCP 服务端开始正常交互之前，必须完成连接初始化，其核心任务是建立客户端与 MCP 服务端之间的传输通道（例如 stdio 或 SSE）、进行 MCP 的兼容性检查，以及声明双方各自的功能和基本信息。其过程大致如下。

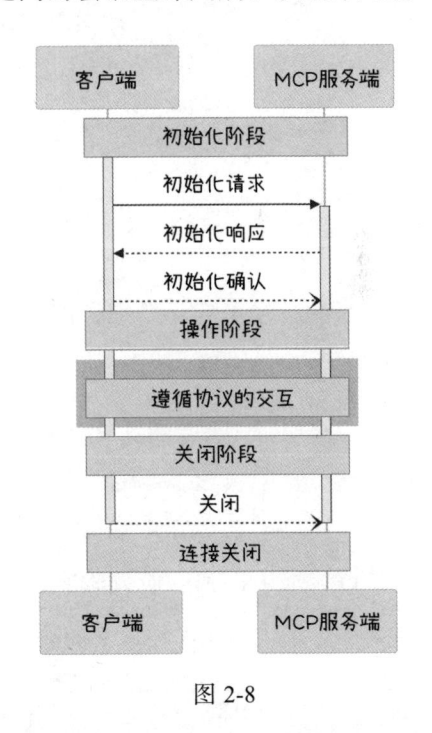

（1）在所有操作启动之前，MCP 服务端首先启动，可能使用 stdio 传输模式（由客户端启动）或者 SSE 传输模式（人工或自动启动）。具体支持的模式由 MCP 服务端决定，而客户端则根据需求和 MCP 服务端的说明来选择适当的

连接方式。

（2）一旦连接成功建立，双方就可以开始会话。此时，首先需要进行初始化操作，由客户端发送初始化请求，在请求中将声明客户端的功能（如Root/Sampling等）、协议版本等信息。请求的JSON-RPC 2.0消息示例如下：

```
{
  "jsonrpc": "2.0",
  "id": 1,
  "method": "initialize",
  "params": {
    "protocolVersion": "2024-11-05",
    "capabilities": {
      "roots": {
        "listChanged": true
      },
      "sampling": {}
    },
    "clientInfo": {
      "name": "MyClient",
      "version": "1.0.0"
    }
  }
}
```

当然，在实际开发中，借助SDK，通常只需要简单调用session.initialize()这样的客户端API即可。

（3）MCP服务端在接收到初始化请求后，会向客户端发送一个初始化响应消息，其中包含了MCP服务端所支持的协议版本及功能声明等信息。如果这里的协议版本与客户端请求中指定的版本相匹配，那么意味着MCP服务端支持该请求中提到的协议版本；若不匹配，则表明这是MCP服务端支持的协议版本。以下是MCP服务端响应的一个典型消息示例：

```
{
  "jsonrpc": "2.0",
  "id": 1,
  "result": {
    "protocolVersion": "2024-11-05",
    "capabilities": {
      "logging": {},
```

```
    "prompts": {
      "listChanged": true
    },
    "resources": {
      "subscribe": true,
      "listChanged": true
    },
    "tools": {
      "listChanged": true
    }
  },
  "serverInfo": {
    "name": "MyServer",
    "version": "1.0.0"
  },
  "instructions": "Optional instructions for the client"
  }
}
```

在实际开发中，MCP 服务端响应通常也由 SDK 自动完成，但开发者需提供必要的配置选项，例如：

```
......
            await app.run(
                streams[0], streams[1],
app.create_initialization_options(
                notification_options=NotificationOptions(
                    prompts_changed=True,
                    tools_changed=True,
                    resources_changed=True,
                ))
            )
```

（4）一旦客户端接收到 MCP 服务端的响应消息，并确认版本兼容，就必须发送一个确认通知消息。MCP 服务端在接收到此通知消息后，便明白初始化过程已经完成，并将开始接受后续的调用请求。在开发过程中，这一过程通常由 SDK 自动执行。

2.4.2 交互与调用

在完成初始化后，双方进入正常的请求与响应交互过程。

首先，客户端可以调用 MCP 服务端的方法（通常是 list 方法）以获取 MCP 服务端的功能列表，从而了解可调用的功能（如工具）。

随后，客户端可能会执行以下常见操作（根据不同的应用形态）。

（1）展示可用功能给用户或大模型。例如，在 UI（User Interface，用户界面）上以列表形式展示功能供用户选择，或者将工具提供给大模型进行推理使用。

（2）发起调用请求。例如，当大模型在响应中表示需要调用工具时（通过函数调用或 ReAct 推理），客户端即可调用 MCP 服务端的某个工具，并接收响应结果。

（3）通过这种持续的交互，客户端最终可以利用 MCP 服务端的功能来完成自己的任务，如智能体任务或简单的用户请求。

在某些情况下，MCP 服务端也可能向客户端发起请求，如要求客户端进行大模型调用。对于 MCP 服务端发起的请求，客户端通过相应的回调进行处理，并可能涉及用户界面的唤起，如要求用户审批与确认。MCP 服务端在获取结果后，继续进行后续处理。

此外，如果 MCP 服务端支持列表变更通知，则在功能列表发生变化后，可能会向客户端发送通知消息，客户端可以重新发起请求，更新功能清单。

2.4.3 连接关闭

在交互完成后，双方可以关闭协议连接。在 MCP 规范中并没有规定具体的关闭请求消息，一般通过底层的传输断开来发起连接关闭。比如，断开对应的 HTTP 连接或者关闭 stdio 的输入流，通常无须做特别处理。

2.5 MCP服务端功能

MCP 规范定义了 MCP 服务端向客户端提供的 3 大核心功能：工具（Tool）、资源（Resource）和提示（Prompt），它们分别对应不同类型的上下文供给方式。本节将逐一解析这 3 种功能的作用、消息格式、标准及使用流程。

2.5.1 工具：可执行的复杂逻辑

1. 概念与设计原则

工具指的是 MCP 服务端提供的可执行函数或操作，供大模型调用以执行外部系统交互和计算等任务。

怎样的功能应该暴露成"工具"呢？你可以简单地认为需要交给大模型来决定是否使用的外部功能就是工具，即工具的设计遵循**"大模型控制"**原则。当然，在实际应用中，对某些工具的使用可能需要人审核以确保安全。借助这些工具，大模型能够在确保安全的前提下执行诸如数据库查询、第三方 API 调用、计算等操作，从而扩展其功能范围。

工具使用也是智能体最重要的功能之一，通常也是 MCP 服务端最重要的功能。常见的工具类型如下。

（1）各种类型的数据和文件系统的访问，包括数据库、向量数据库、Excel 文件等。

（2）外部工具的使用，如用于代码托管的 GitHub 访问、Git 工具使用等。

（3）基于本机操作系统的用户界面与浏览器的自动化打开。

（4）企业内部应用的访问，如 ERP 模块的访问与功能提供。

（5）基于互联网提供的各种开放 API 的访问，如搜索引擎、社交媒体、数据供应等。

（6）AI 接口与工具的访问，例如图像生成、自然语言处理、数据挖掘算法等。

2. 工具功能声明

若 MCP 服务端支持工具功能，那么在初始化阶段必须声明具备工具功能，并且可以指定是否启用列表变更（**listChanged**）通知功能。MCP 服务端的功能一般在客户端发起初始化请求时进行声明，典型的消息格式示例如下：

```
{
    'jsonrpc': '2.0',
    'id': 1743843513349,
    'result': {
        'protocolVersion': '2024-11-05',
        'capabilities': {
            'tools': {'listChanged': false}
        }
    }
}
```

其中，"capabilities"字段指的是功能声明部分。例如，"tools"部分代表 MCP 服务端支持的工具功能，而"listChanged"则代表当工具列表发生变更时，MCP 服务端是否会发送相应的通知消息。

3. 工具的发现

客户端为了让大模型了解可用的工具列表，需要调用 MCP 服务端的 **tools/list** 方法以请求工具清单。请求的 JSON-RPC 2.0 消息格式示例为：

```
{
 "jsonrpc": "2.0",
 "id": 1,
 "method": "tools/list"
}
```

MCP 服务端在 tools/list 方法中应当提供包含多个工具的详细信息的数组。

每个工具都具有唯一的"name"（名称），并附带额外的元数据以阐述其功能和参数要求，如"description"（描述）和"inputSchema"（输入参数，使用 JSON Schema 格式进行定义）。下面是一个 tools/list 方法返回的消息示例。可以看到，这里列出了一个名为"summarize_document"的工具：

```
{
  "jsonrpc": "2.0",
  "id": 1,
  "result": {
    "tools": [
      {
        "name": "summarize_document",
        "description": "生成文档内容的摘要",
        "inputSchema": {
          "type": "object",
          "properties": {
            "text": { "type": "string" },
            "max_length": { "type": "integer" }
          },
          "required": ["text"]
        }
      },
      { …… 更多工具 …… }
    ]
  }
}
```

当接收到工具列表时，客户端（例如，一个智能体）会将这些信息传递给大模型。大模型随后会根据上下文动态地决定使用哪一个工具，并向客户端发出指示。例如，"我需要调用 summarize_document 工具，参数为……"客户端在接收到大模型的指令后，将执行实际的调用操作。这一过程完美地展示了前面提及的设计原则：工具的使用是由"大模型控制"的。

在实际开发过程中，当你选择使用 SDK 的高层框架进行开发时，tools/list 方法的实现通常由 SDK 自动处理。这需要开发者利用 SDK 提供的标准方法（例如，Python 中的装饰器）将自己开发的工具（通常是一个函数）"注册"到 MCP 服务端。以示例中的工具为例，可以通过以下代码将其"注册"为一个工具：

```python
from mcp.server.fastmcp import FastMCP
mcp = FastMCP("DocumentServer")
@mcp.tool()
def summarize_document(text: str, max_length: int = 200) -> str:
    """生成文档摘要"""
    # 实现简单的摘要逻辑（例如，取前 max_length 个字符）
    summary = text[:max_length] + "..."
return summary
```

在 TypeScript 中则类似于：

```
server.tool("summarize_document",
  {text: z.string(),max_length: z.number()},
  async ({ text, max_length }) => {
    //实现简单的摘要逻辑
    const summary = ...
    return {content: [{ type: "text", text: summary }]};
  }
);
```

示例注册了一个名为"summarize_document"的工具，用于提供文档摘要功能。SDK 会根据工具注册时的函数签名生成 inputSchema 等元数据结构，并实现 tools/list 方法。

如果你使用 SDK 中的低层 API 进行开发，那么需要自行实现 tools/list 方法。这在开发部分将具体讲解。

4. 工具的调用

1）发起工具调用

当需要调用某个工具时，MCP 服务端需要提供 **tools/call** 方法（注意不是工具名称）给客户端，客户端指定工具名称和参数即可。例如，客户端可以发送以下示例请求：

```
{
  "jsonrpc": "2.0",
  "id": 2,
```

```
  "method": "tools/call",
  "params": {
    "name": "summarize_document",
    "arguments": {
      "text": "（这里是文档内容）",
      "max_length": 150
    }
  }
}
```

MCP 服务端接收到调用请求后，查找已注册的名为"summarize_document"的工具，传入提供的参数执行。MCP 服务端需要做好参数校验——如果出现未知的工具名或参数不符合 inputSchema 定义，那么 MCP 服务端应返回错误。

2）获得工具响应

在工具调用阶段（也就是运行你注册的函数）完成后，MCP 服务端需要通过 JSON-RPC 2.0 返回响应消息。一个工具的返回结果包含一个"content"（内容）列表，里面可以有不同类型的内容，以及一个用于标识工具执行错误的 isError 字段。常见的内容类型如下。

（1）文本内容。{ "type": "text", "text": "...结果文本..." }。

（2）图像内容。{ "type": "image", "data": "...Base64 数据...", "mimeType": "image/png" }。

（3）嵌入资源引用。{ "type": "resource", "resource": { "uri": "resource://example", ... } }。

比如，若前面的摘要工具调用成功，则响应消息可能是：

```
{
  "jsonrpc": "2.0",
  "id": 2,
  "result": {
    "content": [
      {
        "type": "text",
        "text": "这是一段文档摘要..."
      }
```

```
    ],
    "isError": False
  }
}
```

如果工具在执行过程中发生错误，那么有以下两种情况（在实际使用时以 SDK 或第三方框架的遵循情况为准）。

一种是协议级错误（无未知工具），此时 MCP 服务端会返回 JSON-RPC 2.0 规定的标准错误码，一般类似于：

```
{
  "jsonrpc": "2.0",
  "id": 3,
  "error": {
    "code": -32602,
    "message": "Unknown tool: invalid_tool_name"
  }
}
```

另一种是应用级错误（例如，某个外部 API 调用失败），此时 MCP 服务端会返回一个正常的结果，但"content"中会描述错误信息，并带有""isError": True"标识，提示工具调用失败。如：

```
{
  "jsonrpc": "2.0",
  "id": 4,
  "result": {
    "content": [
      {
        "type": "text",
        "text": "调用 xxx API 失败"
      }
    ],
    "isError": True
  }
}
```

工具调用是 MCP 服务端的核心功能，与 tools/list 方法类似，在实际开发中如果你使用高层 SDK，那么无须自行实现 tools/call 方法，只需要"注册"

并实现工具函数即可。

5. 工具的使用流程示例

下面通过一个典型的智能体场景来概述工具的使用流程：设想一位用户上传了一个长篇文档，并期望通过客户端来提取其核心要点。在分析了用户的需求后，大模型决定直接调用我们已注册的"summarize_document"工具来完成这项任务（这里不考虑该工具的适用性）。接下来，我们将展示其交互流程，如图 2-9 所示。

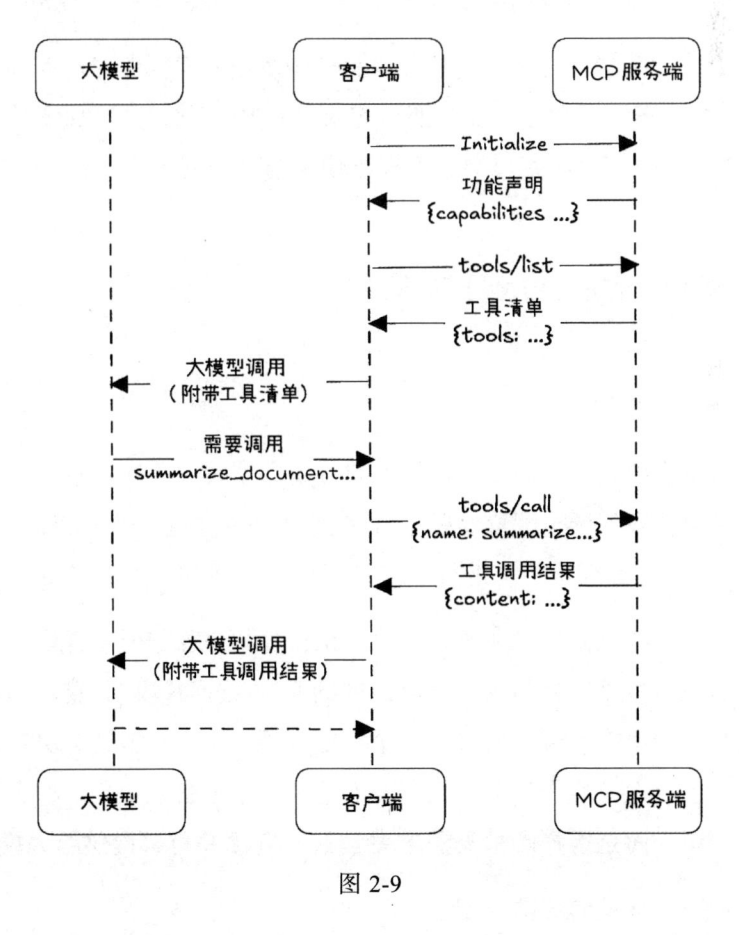

图 2-9

（1）在初始化阶段，双方进行协议协商与功能声明。此时，MCP 服务端会声明其具备工具功能。

（2）客户端向 MCP 服务端发送 tools/list 请求，以获取可用工具的列表。

（3）MCP 服务端向客户端返回一个包含可用工具及其调用参数的清单。

（4）客户端向大模型发起调用请求，并附带可用的工具清单。

（5）大模型根据用户任务，从工具清单中推理出合适的工具（例如，在本例中选择"summarize_document"），并通知客户端进行调用。

（6）客户端向 MCP 服务端发送 tools/call 请求，要求调用"summarize_document"工具。

（7）MCP 服务端向客户端返回工具调用结果。

（8）客户端将工具调用结果提供给大模型，以便进行后续处理。

由此可见，通过工具功能，大模型能够在处理用户任务时动态地调用外部操作。MCP 服务端开发者只需按照既定规范注册工具，并确保正确处理请求及返回结果的格式正确，客户端和大模型便能与其协同工作，完成复杂的任务。

2.5.2 资源：动态的上下文信息

1. 概念与设计原则

资源通常指的是 MCP 服务端提供的可读数据或上下文信息，包括但不限于文件内容、数据库记录、配置数据等。这些资源通常通过 URI（Uniform Resource Identifier，统一资源标识符）进行标记，以便客户端和大模型进行引用。

资源与工具的主要区别在于，资源不执行任何操作，而是提供静态或可查询的数据。大模型可以将其视为"可读取的文件/数据片段"。资源的设计强调**"应用控制"**，即由客户端（例如，一个智能体或 Chatbot 工具）决定何时、如何将资源提供给大模型作为上下文，而不是由大模型自主决定，即**大模型不会请求读取资源，而是客户端根据需求主动获取资源并将其提供给大模型。**

下面是一些常见的资源类型。

（1）一个文件的内容，比如配置数据、日志文件。

（2）客户端需要读取的某个数据库记录。

（3）需要使用的图片等二进制数据。

一个资源可以是文本或者二进制数据，并使用 URI 进行标识，如 "file:///user/floder/resource.md"。MCP 规范并没有对 URI 进行强行限制。虽然它定义了几种标准方案（包括 https://、file://、git://），但是你可以使用自定义的方案，比如 "doc://"。

MCP 服务端可以利用资源模板来提供参数化的资源，如 "users://{user_id}/profile"。这里的{user_id}代表模板中的参数，该参数由 MCP 服务端根据客户端请求中的 URI 自动识别，并用于后续的处理流程。例如，当客户端请求的资源 URI 为 "users://user1/profile" 时，MCP 服务端会将 "user1" 识别为模板参数。

2. 资源功能声明

在初始化时，提供资源的 MCP 服务端必须声明具备资源功能，并且可以选择性地指定是否支持列表变更（**listChanged**）通知。同时，资源还可以被 MCP 服务端声明是否支持订阅（**Subscribe**）功能。一个声明资源功能的 JSON-RPC 消息示例如下：

```
{
    'jsonrpc': '2.0',
    'id': 1743843513349,
    'result': {
        'protocolVersion': '2024-11-05',
        'capabilities': {
            'resources': {
                'listChanged': false,
                'subscribe':true
            }
        }
    }
}
```

声明资源功能的过程和参数设置与工具功能类似，此处不再阐述。

3. 资源的发现

MCP 服务端需要提供 **resources/list** 或者 **resources/templates/list**（资源模板）方法给客户端，以便让客户端获取 MCP 服务端提供的所有资源列表。请求示例如下：

```
{
  "jsonrpc": "2.0",
  "id": 3,
  "method": "resources/list"
}
```

MCP 服务端的响应消息中需要包含"resources"数组，每个资源项通常都包括"uri"（标识符）、"name"（名称）、"description"（描述）、"mimeType"（MIME 类型）等。示例如下：

```
{
  "jsonrpc": "2.0",
  "id": 3,
  "result": {
    "resources": [
      {
        "uri": "doc://metadata/123",
        "name": "文档 123 元数据",
        "description": "ID 为 123 的文档的元信息（标题、作者等）",
        "mimeType": "text/plain"
      },
      {
        "uri": "file:///reports/Q1.pdf",
        "name": "Q1 季度报告",
        "mimeType": "application/pdf"
      }
    ]
  }
}
```

如果要发现资源模板，那么将响应消息中的"resources"变更为"resourceTemplates"、"uri"变更为"uriTemplate"即可。客户端在获得资源列表后，可以根据需求自行决定读取哪些资源。

在实际开发中，**resources/list** 方法的实现也通常由 SDK 提供（需要先"注册"资源）。

4．资源的读取

MCP 服务端需要提供 **resources/read** 方法让客户端按需获取某个资源。客户端需要在参数 "params" 中指定目标资源的 URI。请求示例如下：

```
{
  "jsonrpc": "2.0",
  "id": 4,
  "method": "resources/read",
  "params": { "uri": "doc://metadata/123" }
}
```

如果 MCP 服务端存在该 URI 的资源，那么会返回其内容。响应消息通常包含 "contents" 字段，用一个数组列出读取的资源内容（在多数情况下，数组只包含一个元素）。每个内容块都包含 "uri"、"mimeType" 及具体数据，数据目前有文本与二进制两种类型。

（1）对于文本类型的数据，用 "text" 字段返回内容。
（2）对于二进制类型的数据，用 Base64 编码的 "blob" 字段返回内容。

例如，上面的示例资源的读取结果如下：

```
{
  "jsonrpc": "2.0",
  "id": 4,
  "result": {
    "contents": [
      {
        "uri": "doc://metadata/123",
        "mimeType": "text/plain",
        "text": "标题：示例文档\n 作者：秋山墨客\nDate: 2025-04-01"
      }
    ]
```

```
  }
}
```

注意：读取资源的响应消息中没有"isError"标识（代表应用级错误），只有协议级错误，一般通过异常机制捕获。

客户端在获取文本后，可以将该文本作为上下文传递给大模型，以便大模型掌握文本的核心信息，进而更精准地回应用户对文本的查询。

5. 资源的订阅与更新

资源与工具在使用上的另一个不同之处在于资源支持订阅功能。

如果 MCP 服务端在资源功能上声明支持订阅，那么需要提供 **resources/subscribe** 方法让客户端订阅某一资源的 URI。比如，对上面的资源发起订阅请求：

```
{
  "jsonrpc": "2.0",
  "id": 4,
  "method": "resources/subscribe",
  "params": {
    "uri": "doc://metadata/123"
  }
}
```

当该资源在 MCP 服务端发生变化时，MCP 服务端需要发送 **notifications/resources/ updated** 通知消息给客户端，告知指定 URI 的资源内容有更新：

```
{
  "jsonrpc": "2.0",
  "method": "notifications/resources/updated",
  "params": {
    "uri": "doc://metadata/123"
  }
}
```

客户端在接收到更新通知后，可以再次调用 **resources/read** 方法获取最新内容。这种功能非常适合监控文件变化、数据库记录更新等，使大模型上下文能够与时俱进。通过资源功能，客户端可以将文件或数据源内容方便地提供给大模型进行"查阅"，而不会产生副作用或执行额外动作。

6. 资源的使用流程示例

下面通过一个典型的场景来概述资源的使用流程：假设你在开发一个企业文档处理与问答应用，需要将文档的元数据信息融入任务上下文中，以便让大模型更深入地理解这些文档。此时，应用可以借助已注册的文档元数据资源来实现这一需求，如图 2-10 所示。

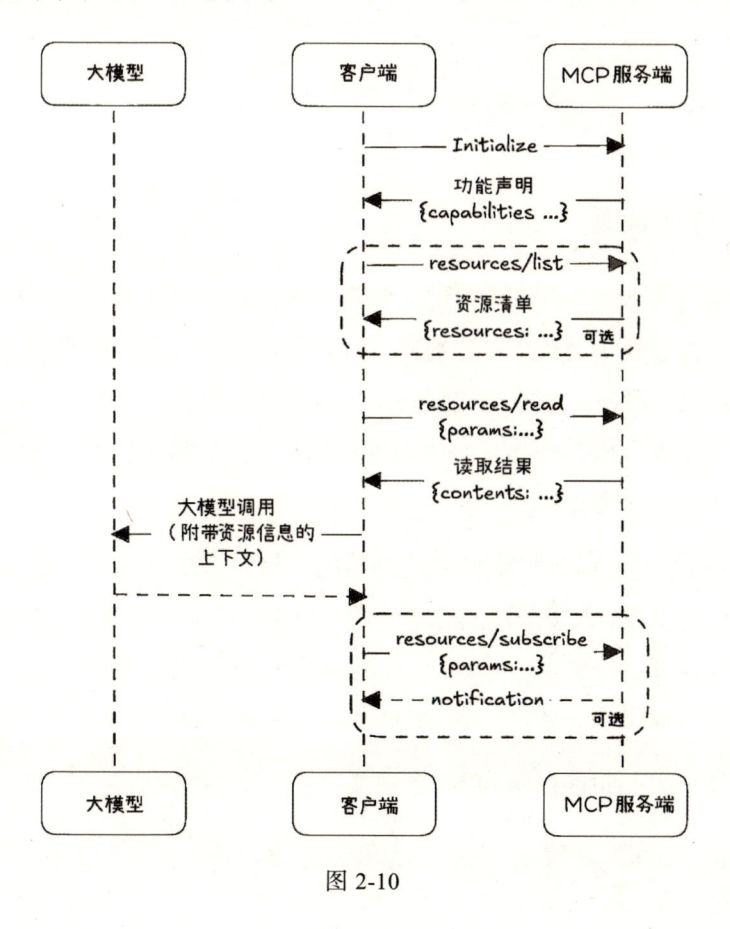

图 2-10

参照工具的使用流程，理解本节介绍的资源注册、读取与订阅等交互流程将变得轻而易举，故不再赘述。

由于资源通常涉及静态数据的读取，因此我们可以将资源缓存于客户端中，并借助 MCP 服务端的资源订阅与通知功能，在资源发生变动时，迅速刷新本地缓存。整个过程对用户来说是透明的。他们看到的只是客户端给出了准确的结果，而背后的资源功能支撑大模型读取最新的数据来进行处理。

MCP 服务端的资源功能常配合客户端的 **Root** 功能一起使用：Root 功能限定了文件系统可供 MCP 服务端访问的范围（详见 2.6 节）。MCP 服务端在提供诸如 "file://" 资源时，可依据 Root 边界来确保不越界访问非授权目录。这确保了资源功能机制既灵活又安全。

2.5.3 提示：预置的模板

1. 概念与设计原则

提示指的是 MCP 服务端预定义的提示词模板或大模型对话流程模板（可能包含占位符参数）。MCP 服务端通过协议将这些模板提供给客户端，供用户或客户端调用，以便为大模型提供特定场景下的上下文或指令，引导大模型完成任务。开发者可以选择将这些模板硬编码在 MCP 服务端中，或者存储在文件与数据库中，按需提供。

MCP 服务端返回的提示可以是简单的一句话消息，也可以是由一系列对话消息组成的上下文。每条消息都包含角色（role，可以是 "User" 或 "Assistant"）和内容。内容可以是文本、图像或资源引用等。这种消息结构与常见的大模型对话的消息结构保持一致。

一个简单的一句话提示如下：

```
分析这段代码并提出改进意见:\n print(hello,world)
```

复杂的连续对话上下文提示如下：

```
User: 以下是我看到的错误：
User: command not found
Assistant: 让我来帮你分析。你已经做过哪些尝试？
```

提示被设计为一种"**用户控制**"的功能。通常由用户主动选择触发某个提示。例如，用户在聊天界面中选择一个"代码评审"模板，客户端随后会请求 MCP 服务端获取该提示内容，并将其注入对话中。在实际应用中，提示通常以快捷命令（如"/指令"）或菜单选项的形式呈现给用户，供其选择。这使得用户能够轻松地调用 MCP 服务端提供的提示，而无须每次都手动输入相同的指令集。

由于 MCP 的设计初衷之一是为 Anthropic 公司的 Claude Desktop 工具提供扩展能力，因此以"用户控制"为核心的设计理念是合乎逻辑的。然而，在智能体的场景中，用户通常不会与大模型进行直接对话，而是通过智能体内置的提示词来进行沟通。在这种情况下，让客户端控制提示词的获取也是完全可行的。

2. 提示功能声明

在初始化时，提供提示的 MCP 服务端必须声明具备提示功能，并且可以指定是否启用列表变更（**listChanged**）通知功能。一个声明提示功能的 JSON-RPC 示例消息如下：

```
{
    'jsonrpc': '2.0',
    'id': 1743843513349,
    'result': {
        'protocolVersion': '2024-11-05',
        'capabilities': {
            'prompts': {
                'listChanged': false
            }
```

```
    }
}
```

声明提示功能的过程和参数设置与工具功能类似,此处不再阐述。

3. 提示的发现

MCP 服务端需要提供 **prompts/list** 方法给客户端,以便让客户端获取完整的提示列表。请求示例如下:

```
{
  "jsonrpc": "2.0",
  "id": 1,
  "method": "prompts/list"
}
```

MCP 服务端的响应消息中包含"prompts"数组,列出每个提示的详细信息。与工具非常类似,提示中通常也有唯一的"name"(名称)、"description"(描述),以及"arguments"(可选的参数列表,类似于工具的"inputSchema")。一个响应消息的示例如下:

```
{
  "jsonrpc": "2.0",
  "id": 5,
  "result": {
    "prompts": [
      {
        "name": "code_review",
        "description": "让大模型分析代码质量并提出改进建议",
        "arguments": [
          {
            "name": "code",
            "description": "要审查的代码",
            "required": true
          }
        ]
      }
    ]
  }
}
```

客户端在获取提示列表以后，可以根据自身需要选择并获取提示，也可以在用户界面上展示给使用者做选择。

在实际开发中，**prompts/list** 方法的实现也通常由 SDK 提供（需要先"注册"提示）。

4. 提示的获取

当需要获取某个提示（无论是用户在用户界面上选择，还是智能体选择）时，客户端可以通过向 MCP 服务端发送一个 **prompts/get** 请求来获取该提示的详细内容。请求中可以包含必要的参数（类似于在调用工具时提供的输入参数）。下面是一个示例：

```
{
  "jsonrpc": "2.0",
  "id": 6,
  "method": "prompts/get",
  "params": {
    "name": "code_review",
    "arguments": {
      "code": "def foo(x):\n    return x*2"
    }
  }
}
```

MCP 服务端收到请求后返回提示的具体内容，包括"description"（描述）和"messages"（模板消息）。比如：

```
{
  "jsonrpc": "2.0",
  "id": 6,
  "result": {
    "description": "Code review prompt",
    "messages": [
      {
        "role": "user",
        "content": {
```

```
            "type": "text",
            "text": "请审查以下代码并提出改进建议: \n\ndef foo(x):\n return x*2\n"
        }
      }
    ]
  }
}
```

注意：获取提示的响应消息中也没有"isError"标识，只有协议级错误，一般通过异常机制捕获。

客户端在接收到这些消息后，会将其融入对话大模型的上下文中。例如，这些消息可以作为新一轮对话的开端，让大模型据此生成相应的回复（在此情况下，大模型将扮演代码审查助手的角色，提供专业建议），或者智能体可以利用这些提示来执行特定的任务，如一个专注于软件开发的智能体，使用这些提示来完成代码审查工作。

5. 提示的使用流程示例

最后，我们看一个客户端（桌面 AI 工具）使用 MCP 服务端的提示的完整流程，如图 2-11 所示。

（1）在初始化阶段，双方进行功能声明。此时，MCP 服务端宣布其具备提示功能。

（2）客户端向 MCP 服务端请求获取提示的列表。

（3）MCP 服务端向客户端提供可用的提示清单。

（4）客户端在用户界面（例如，动态菜单）上展示提示的名称与功能。

（5）用户在用户界面上选择"代码审查"的提示，并提供相应的代码片段。

（6）客户端据此调用 MCP 服务端的 prompts/get 方法以获取提示。

（7）MCP 服务端向客户端返回生成的提示（可能是一组对话消息）。

（8）客户端将获取的提示注入与大模型的对话中。

（9）大模型在看到提示后，依据提示要求分析代码，并输出相应的建议。

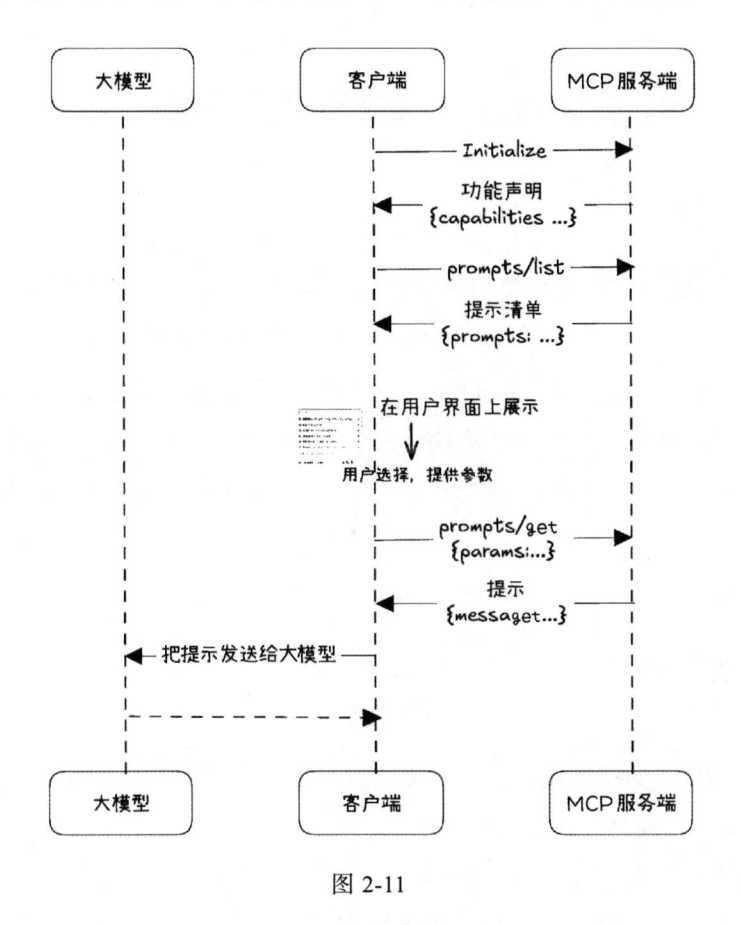

图 2-11

在整个过程中，提示由 MCP 服务端提供和维护，这使得集中更新和优化变得更加方便。客户端与大模型只需使用生成的提示，就可以确保大模型朝着正确的方向响应。

2.6 客户端功能

客户端通常扮演请求者的角色，但 MCP 规范明确了在必要的情况下，客户端需向 MCP 服务端提供某些功能。在这些功能中，根（Root）和采样

（Sampling）是客户端定义的两个关键功能。接下来，我们将解析这两种功能（为了确保表达准确，下面直接使用 Root 与 Sampling 的英文名称）。

2.6.1 Root：控制 MCP 服务端的访问范围

1. 作用与功能声明

Root 功能用于让客户端向 MCP 服务端暴露文件系统或 URI 的访问范围。简单来说，Root 就是一个目录或路径前缀，MCP 服务端可以在此范围内执行文件读取等操作。在 stdio 传输模式下，客户端需要这个功能来限制 MCP 服务端的权限。通过 Root，客户端明确告知 MCP 服务端："你可以访问这些位置的数据，但不允许访问其他位置的数据"。这确保了 MCP 服务端（尤其像文件处理之类的 MCP 服务端）在提供工具或资源功能时不会越界访问用户未授权的数据。Root 通常对应用户选择的工作区、项目文件夹等。

例如，在 IDE 场景中，用户可能只想让 MCP 服务端访问当前的工程目录，那么该目录就会作为 Root 提供给 MCP 服务端。

与 MCP 服务端的功能声明类似，支持 Root 功能的客户端在初始化时要声明 Root 功能。该功能同样有可选的"listChanged"标识，表示在 Root 列表变更时客户端是否会通知 MCP 服务端。在很多情况下，客户端只有一个 Root，但也可能有多个（例如，用户选择多个资料库）。

功能声明在客户端发起 **initialize**（初始化）方法请求时进行。比如，使用 Python SDK：

```
async with stdio_client(
        StdioServerParameters(command="uv", args=["run",
"test.py"])
    ) as (read, write):
        async with ClientSession(
            read,
            write,
            sampling_callback=handle_sampling_message,
```

```
            list_roots_callback=handle_list_roots_message
    ) as session:
        await session.initialize()
```

这里提供了 list_roots_callback 参数要求的回调函数,那么客户端会在下面的 initialize 方法中自动声明具有 Root 功能,代表"嘿,我可以处理你的 list_roots 请求。"

2. 获取与变更 Root 列表

MCP 服务端可以在需要时调用 **roots/list** 请求以获取客户端提供的 Root 列表。请求格式类似于：

```
{ "jsonrpc": "2.0",
 "id": 1,
"method": "roots/list"
}
```

客户端的响应消息中会包含"roots"数组,列出每个 Root 的"uri"和可选的名字。例如：

```
{
 "jsonrpc": "2.0",
 "id": 1,
 "result": {
   "roots": [
     {
       "uri": "file:///home/user/myproject",
       "name": "My Project"
     }
   ]
 }
}
```

通过这种方式,MCP 服务端能够识别并访问"/home/user/myproject"目录下的内容（假设 MCP 服务端存在需要访问该目录的资源或工具）。在执行"resources/read"或文件搜索等操作时,应严格限制 MCP 服务端在这些指定的

Root 路径内访问，确保它不会访问其他未授权的路径。

当用户更改了共享给客户端（例如，一个智能体）的目录（例如，切换工作区）时，客户端应更新 Root 列表，并向 MCP 服务端发送 **notifications/roots/list_changed** 通知。MCP 服务端在接收到通知消息后，可以重新调用 roots/list 接口获取新的 Root 列表，确保与客户端保持同步。

从本质上来说，Root 是客户端实施的一种安全沙箱。通过在协议层公开 Root，MCP 服务端开发者可以安心地根据这些边界编写文件访问逻辑，无须担心权限越界问题。同时，用户也能明确知道 MCP 服务端仅能访问特定位置的数据。这种双向明确的机制对于构建可信赖的客户端至关重要。

需要特别注意的是，客户端提供的 Root 列表仅用于向 MCP 服务端提供参考，实际的权限控制逻辑需要 MCP 服务端自行实现。

3. 使用流程示例

设想构建一个"文件管理"MCP 服务端，旨在协助客户端（例如，你正在使用的 Cursor IDE）读取和管理用户计算机上的文件。那么，如何借助客户端的 Root 功能实现安全的文件访问呢？具体流程如下。

（1）客户端在与 MCP 服务端建立连接时，提供一个回调函数，该函数负责将用户授权的文件夹作为 Root 列表传递给 MCP 服务端。

（2）MCP 服务端在会话建立时（或在工具被调用时）向客户端发起 roots/list 请求，以获取 Root 列表。

（3）客户端响应 MCP 服务端的请求，返回当前可用的 Root 列表，MCP 服务端随后进行缓存处理。

（4）当客户端请求 MCP 服务端"打开 README.md 文件"或"创建一个 README.md 文件"时，MCP 服务端首先检查请求的文件路径是否在 Root 列表内。

（5）如果文件路径在 Root 列表内，则 MCP 服务端允许执行相应操作；若文件路径不在 Root 列表内，则 MCP 服务端拒绝操作或返回错误信息，以保障用户文件的安全。

（6）若客户端后续更新了 Root 列表（例如，添加或删除路径），则客户端向 MCP 服务端发送 roots/list_changed 通知，MCP 服务端据此更新其缓存的 Root 列表。

通过这个流程，MCP 服务端能够确保始终依据最新的 Root 列表来执行后续的文件操作。

2.6.2　Sampling：控制大模型的安全使用

1. 作用与功能声明

客户端的 Sampling 功能可以概括为：一种允许 MCP 服务端请求客户端执行一次大模型内容生成的功能。例如，MCP 服务端可以指示客户端的智能体调用大模型来创建文本或图像等，然后将生成的结果返回给 MCP 服务端。这个过程类似于 MCP 服务端"向大模型（应用控制）提出一个问题"，大模型给出回答，MCP 服务端随后可能会进一步处理这些答案，或者将它们直接呈现给用户。Sampling 功能的重要性如下。

（1）MCP 服务端无须直接集成大模型和 API Key，而是借助客户端的大模型能力。这使得 MCP 服务端的行为能够根据客户端的大模型的不同而进行调整。客户端能够灵活选择不同的大模型，从而赋予 MCP 服务端多样化的表现形式。

（2）能够控制敏感数据的上下文，无须将这些信息发送到 MCP 服务端，即可通过大模型进行处理。

（3）可以在客户端对大模型的生成逻辑进行控制，如实现结构化输出、内容过滤等功能。

（4）在必要时，可以在客户端让用户审批和修改来自 MCP 服务端的 Sampling 请求。

总体来说，Sampling 功能适用于有较高的大模型调用安全性要求（比如，为了保护私有的 API Key、私有的数据上下文、私有的数据处理逻辑，或者大模型调用始终希望由客户端来"掌控"）或希望 MCP 服务端使用特定大模型的场景。

这并不意味着 MCP 服务端不能使用大模型。比如，对于一个可以完全自己掌控的企业内 MCP 服务端，你当然可以开发直接使用大模型的工具。

与 Root 功能类似，支持 Sampling 功能的客户端在初始化时通过提供 Sampling_callback 回调函数以声明"Sampling"功能。注意：**Sampling 功能没有"listChanged"选项**，因为 Sampling 功能本身是一项独立的功能，不涉及子功能列表。

2. Sampling 请求

当 MCP 服务端需要客户端生成内容时（例如，在工具执行过程中需要大模型进行归纳总结，或者 MCP 服务端执行了一个多步骤的 Agent 流程），MCP 服务端会向客户端发送 **sampling/createMessage** 请求。请求参数通常包括提供给大模型的"messages"（消息列表）、"modelPreferences"（模型偏好）、"systemPrompt"（系统提示词）、"maxTokens"（最大 token 数）等。其中，messages 通常包含一系列对话消息片段，以便大模型能够基于这些上下文生成新的消息。一个典型的请求消息示例如下：

```
#在实际开发时借助 SDK 创建并调用
{
  "jsonrpc": "2.0",
  "id": 7,
  "method": "sampling/createMessage",
  "params": {
    "messages": [
      { "role": "user", "content": { "type": "text", "text": "巴黎是法国的首都吗？" } }
    ],
    "modelPreferences": {
      "hints": [ { "name": "claude-3" } ],
      "intelligencePriority": 0.8,
      "speedPriority": 0.5,
```

```
    "costPriority": 0.2
  },
  "systemPrompt": "你是一个知识渊博的助手。",
  "maxTokens": 100
  }
}
```

在上述请求消息示例中，MCP 服务端请求客户端的大模型回答用户的问题："巴黎是法国的首都吗？"MCP 服务端提供了一条用户消息，并附带一个系统提示以强化模型的设定。同时，MCP 服务端还指定了模型偏好，如倾向于使用名为 "claude-3" 的模型，并强调了智能程度和处理速度的重要性。在此情境下：

（1）模型偏好机制允许 MCP 服务端表达其对使用特定模型或偏好特性的期望，但最终的决定权归属于客户端。

（2）偏好特性由 3 个介于 0 到 1 之间的优先级（成本、速度、智能）及可选的模型名称提示（hints）组成。客户端将依据这些偏好特性及自身可用的模型列表，决定实际使用哪个模型来完成生成任务。例如，如果客户端没有 Claude-3 模型，但拥有其他等效的模型，那么可以依据提示选择最匹配的可用模型来完成任务。

模型偏好通常仅在客户端拥有多个可供选择的模型，并且在 Sampling 过程中允许用户参与决策时才显得重要。

3. 用户审批与执行

由于 Sampling 请求可能导致模型生成新内容，带来不确定性和安全风险，因此建议在某些客户端的用户界面上增设用户审批环节。

例如，当接收到 MCP 服务端的 Sampling 请求时，客户端可以向用户发出提示："MCP 服务端请求模型生成以下回复，你是否同意？"用户可以决定是否允许发送，或者在发送前对提示内容进行修改。这一流程确保用户始终参与其中，对模型产生的额外输出请求拥有知情权和控制权。只有在用户同意的情况下，客户端才会将请求真正提交给底层模型，并获取生成结果。

在模型生成完毕后，客户端会通过 JSON-RPC 将响应消息发送回 MCP 服务端。响应消息中包含"role"（通常为"assistant"，表示这是模型的回答）、"content"（结构与前面的相同，可能包含文本或图像等类型）、"model"（实际使用的模型），以及"stopReason"（如"endTurn"表示正常结束）等信息。例如：

```
#开发时通常借助SDK创建
{
  "jsonrpc": "2.0",
  "id": 7,
  "result": {
    "role": "assistant",
    "content": { "type": "text", "text": "是的，巴黎是法国的首都。" },
    "model": "claude-3.5-20250301",
    "stopReason": "endTurn"
  }
}
```

这样，MCP 服务端在收到回复后，可以将这段内容作为自己操作的结果，或纳入后续逻辑。例如，如果 MCP 服务端在一个工具内部调用 Sampling 请求让模型帮忙写一段总结，那么工具此时拿到模型生成的总结文本，就可继续执行其流程，比如将总结作为工具的输出再返回给客户端。

4. 使用流程示例

设想一个 MCP 服务端中的"数据库智能查询"工具在接收到用户的自然语言问题后，MCP 服务端需将问题转换为 SQL 语句。MCP 服务端的开发者可能期望利用大模型来生成这个 SQL 语句。因此，在工具被触发时，它会执行一次 sampling/ createMessage 操作，将用户的问题发送给客户端，请求生成相应的 SQL 语句。整个 Sampling 流程如下。

（1）MCP 服务端向客户端发送一个 Sampling 请求，同时附带相关信息（例如，原始问题等）。

（2）客户端在接收到请求后，会弹出一个用户界面，请求用户进行审批。

（3）在用户审批通过后，客户端利用本地的大模型来完成实际的生成任务。

（4）大模型将生成的内容返回给客户端。

（5）客户端将生成的内容再次展示给用户，以供确认（例如，让用户确认大模型生成的 SQL 语句是否安全且可执行）。

（6）在用户确认无误后，客户端将审核通过的结果返回给 MCP 服务端。

（7）MCP 服务端随后进行后续的逻辑处理，如将 SQL 语句发送到数据库执行，并将查询结果作为工具的输出返回给客户端。

通过 Sampling 功能，MCP 服务端在需要时能够"回调"客户端的大模型，实现更高级的 AI 辅助功能。这相当于在 MCP 服务端的工具内嵌套调用了大模型，赋予了 MCP 服务端一定的智能。然而，在整个过程中，客户端始终严格控制大模型的调用：包括选择使用哪种大模型、获取用户同意等，这确保了大模型不会被 MCP 服务端滥用。同时，这也使得 MCP 服务端的开发人员无须关注具体的模型接口（如 OpenAI API 等），从而实现了开发的解耦。

MCP 规范中还定义了一些辅助功能，如 ping、进度通知等。我们将在高级开发部分（第 5 章）对这些内容做进一步讲解。

第 3 章　基于 SDK 开发 MCP 服务端

在深入理解了 MCP 的底层设计之后，我们现在将探索真正的 MCP 开发世界。MCP 本身是一个与语言无关的开放标准。这意味着从理论上来说，你可以使用任何编程语言来实现符合 MCP 的 MCP 服务端和客户端。MCP 官方提供了多种语言版本的开源 SDK，以协助构建符合标准 MCP 规范的 MCP 服务端和客户端。在本章中，我们将基于 MCP 官方的 Python SDK，为你介绍 MCP 服务端与客户端的开发、调试和部署等基础知识。

尽管 MCP 官方提供的多种 SDK 在具体实现上因编程语言的特性而存在差异，但是在整体设计上保持了一致性。

3.1　认识MCP SDK

3.1.1　关于 MCP SDK 及准备

MCP SDK 是官方提供的开发工具包，目前支持 Python、TypeScript、Java、C#等开发语言，并实现了完整的 MCP 规范。借助 MCP SDK，开发者可以轻松地完成以下工作。

（1）构建 MCP 服务端，对外提供工具、资源、提示等功能供客户端调用。

（2）构建客户端，连接任意 MCP 服务端以获取其提供的上下文能力。

（3）使用标准传输模式（如 stdio 或 SSE 传输模式）进行交互。

（4）自动处理所有交互消息格式和会话生命周期相关的底层细节。

通过这些能力，开发者可以利用 MCP SDK 开发自己的 MCP 服务端与客户端，进而开发企业内部端到端的智能体。例如，你可以开发一个 MCP 服务端来封装公司的数据库查询、文件检索等功能，然后开发或配置一个智能体连接该 MCP 服务端，让智能体内部的大模型可以安全地调用这些功能以获取最新的数据，从而增强 AI 应用。

下载与安装 MCP Python SDK 最简便的方法是使用 PyPI 平台（软件包名为"mcp"），下载与安装 MCP TypeScript SDK 则使用 NPM 平台（软件包名为"@modelcontextprotocol/sdk"），下载与安装其他语言的 SDK 可依照官方站点的指南。关于开发环境与 SDK 的详细准备，请参阅 1.3.1 节，这里不再详述。

此外，官方的 SDK 项目已经全部开源，源代码托管于 GitHub 网站（可搜索 python-sdk 项目）。如果你对此感兴趣，那么可以亲自参与完善 SDK。此外，MCP 规范的文档和更多教程可在官方网站上找到。需要注意的是，MCP 规范和 SDK 仍在发展中，未来可能会推出更多语言的版本及功能。

若你已依照第 1 章的指南成功安装并配置了开发环境及 MCP Python SDK，并且能够通过以下命令检查到 MCP Python SDK 的版本（请确保已激活虚拟环境），就可以开发第一个 MCP 应用了！

```
> mcp version
```

本书的全部代码都基于 MCP Python SDK 1.6.0 版本（与 2024-11-05 版本的 MCP 规范对齐）编写，并兼容 1.9.0 版本（与 2025-03-26 版本的 MCP 规范对齐）。MCP Python SDK 1.9.1 版本的主要更新将在第 7 章介绍。

3.1.2 了解 MCP SDK 的层次结构

无论使用哪种编程语言，MCP SDK 都遵循一致的分层设计原则。以 Python SDK 为例，每一层都具有明确的职责和对外的接口，通过各层之间的有效协作，共同实现完整的基于 MCP 的集成架构和协议规范。其层次结构如图 3-1 所示。

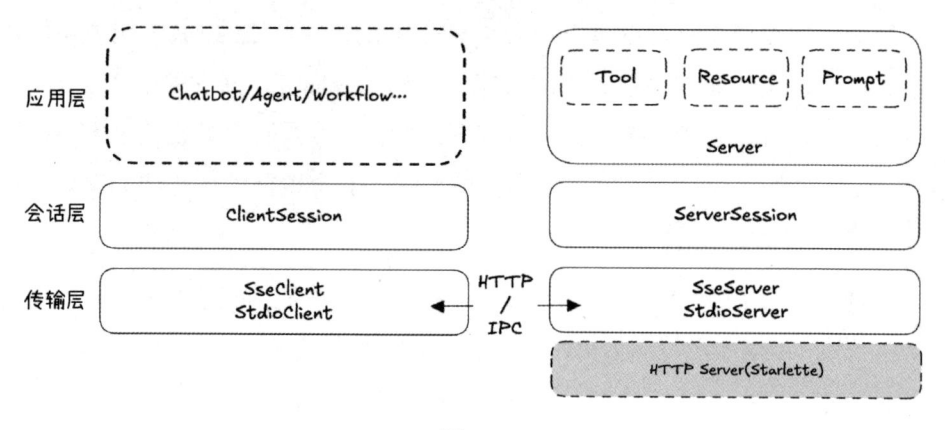

图 3-1

我们先简单了解，并在后续的开发中深入学习。

1. 应用层（Application）

这是开发者需要重点关注的层次。在客户端，你可能会开发一个带有用户界面的聊天机器人（Chatbot）或智能体；MCP 服务端需要通过与外部数据的交互实现各种工具、资源与提示的内部逻辑，并通过符合 MCP 规范的接口供客户端调用。

应用层通过会话层的 API 来实现请求的发起和响应的接收，或接收请求并给予响应。为了方便开发，SDK 在这一层提供了一些便捷的函数和装饰器。

2. 会话层（Session）

会话层负责管理客户端与 MCP 服务端之间的会话和交互，重点实现两者之间的请求消息发送/响应、通知消息发送/接收的会话能力。例如，如果你需要向对端发送列表变更（listChanged）或进度（progress）通知消息，就需要使用会话层提供的接口。

3. 传输层（Transport）

传输层实现两者之间基于 stdio（本地）或 HTTP（远程）的传输，包括

HTTP POST 与 SSE 通道的连接和消息传输。例如，若需建立 SSE 连接，则应使用传输层的 sse_client 接口；若需建立 stdio 连接，则应使用 stdio_client 接口。

3.2 使用FastMCP框架开发MCP服务端

本节将深入探讨 MCP 服务端的开发。MCP 官方提供的 Python SDK 包含了一个高级 MCP 服务端开发框架——FastMCP（如图 3-2 所示）。FastMCP 框架是对基础 MCP 服务端 SDK 接口的进一步封装，提供了一套更符合 Python 开发风格且更简洁的高级 API，使得开发者能够用更少的代码迅速实现 MCP 服务端的各项功能。

图 3-2

通过 FastMCP 框架，开发者可以利用装饰器和类型注解来注册工具、资源和提示等。SDK 将自动根据函数签名和文档字符串生成符合 MCP 规范的描述，从而大幅减少样板代码的编写。与直接使用低层 API（Low-level API）相比，FastMCP 框架大幅简化了 MCP 服务端的开发流程，并且隐藏了协议通信的复杂性，使开发者能够专注于具体功能的实现。

3.2.1 创建 FastMCP 实例

利用 FastMCP 框架开发 MCP 服务端极为便捷。首先，在以下 Python 代码中导入 FastMCP 类，接着创建一个 FastMCP 实例。这段代码存储于名为"serverdemo.py"的文件中。

```
from mcp.server.fastmcp.server import FastMCP

#创建 FastMCP 实例，命名为 "MyMCPServer"
mcp = FastMCP("MyMCPServer",
              dependencies=["pandas","numpy"],
```

```
                debug=True,
                log_level="DEBUG",
                port=5050,
                lifespan=None)
```

如上所述，我们通过 FastMCP 实例化了一个 FastMCP 实例。这里传入的字符串"MyMCPServer"作为实例的名称，将用于在客户端的用户界面上展示。FastMCP 实例在创建时的参数除了名称，还可以指定以下几项。

（1）dependencies。此参数用于声明 MCP 服务端所依赖的第三方库。若我们的 FastMCP 实例需要使用额外的 Python 包（如 pandas、numpy 等），则可以在初始化 FastMCP 实例时通过"dependencies=["pandas", ...]"进行预先声明。这对于使用 MCP SDK 内置工具运行 MCP 服务端非常有帮助。在声明依赖后，这些依赖项将在开发模式下自动安装。

（2）debug。此参数用于开启框架级别的调试模式，通常只推荐在开发模式下使用。

（3）log_level。此参数用于指定日志记录级别，可选值包括"DEBUG""INFO"等。

（4）port。当采用远程传输模式时，此参数用于指定 MCP 服务端使用的 HTTP 端口。

（5）lifespan。这是一个可选的生命周期管理器。它是一种常见的 ASGI 应用自动资源管理方法。

在创建 FastMCP 实例时，我们主要关注的参数通常是名称和依赖项。

3.2.2　开发工具功能

工具是 MCP 服务端提供的可执行函数或操作。客户端可以通过标准方法 tools/call 调用工具，以执行操作和查询数据，从而扩展其功能。与资源功能不同，工具功能通常涉及计算或产生副作用的操作（例如，修改文件、调用外部 API）。它们在功能上类似于 RESTful API 中的 POST 操作。

在 FastMCP 框架中，开发者可以通过简单的函数定义和装饰器来注册工具。具体来说，只需在普通的 Python 函数前添加@mcp.tool()装饰器，FastMCP 框架就会自动将其注册为一个工具。FastMCP 框架利用函数的类型注解来确定工具参数的类型和返回值类型，并使用函数的文档字符串（docstring）作为工具的描述。因此，建议为每个工具函数都编写清晰的 docstring，以便 FastMCP 框架能够准确理解其功能。

接下来，我们将通过两个示例来展示如何开发工具功能。

1．示例：搜索工具

为了使 MCP 服务端具备网络搜索功能，我们可以借助 Python 的 HTTP 请求库（如 requests）及第三方服务 Tavily 的搜索接口来实现。具体代码示例如下（这段代码存储于名为"serverdemo.py"的文件中）：

```python
# 定义 Tavily 搜索工具
@mcp.tool(
    name="tavily_search"
)
def tavily_search(query: str, max_results: int = 5) -> list[str]:
    """使用 Tavily API 执行网络搜索并返回格式化的结果。

    该函数通过 Tavily 搜索 API，根据用户输入执行互联网搜索任务，并返回相关网页信息的格式化结果。

    Args:
        query: 要搜索的查询字符串。
        max_results: 要返回的最大结果数量，默认为 5。

    Returns:
        包含格式化搜索结果的列表，每个结果都包括标题、URL 和摘要。
    """
    # 构建请求
    api_url = "https://api.t***ly.com/search"
    headers = {
        "Content-Type": "application/json",
        "Authorization": f"Bearer {TAVILY_API_KEY}1"
```

```python
    }
    payload = {
        "query": query,
        "max_results": max_results
    }
    try:
        # 发送同步 HTTP 请求
        response = requests.post(api_url, json=payload, headers=headers)
        response.raise_for_status()  # 检查状态码
        result = response.json()

        # 格式化搜索结果
        formatted_results = []
        for i, item in enumerate(result.get("results", []), 1):
            formatted_results.append(f"标题: {item.get('title', 'N/A')}\n"
                                     f"链接: {item.get('url', 'N/A')}\n"
                                     f"摘要: {item.get('snippet', 'N/A')}")

        return formatted_results

    except requests.RequestException as e:
        error_message = f"Tavily API 调用失败！{str(e)}"
        raise SystemError(error_message)
    except Exception as e:
        error_message = f"搜索过程中发生错误: {str(e)}"
        raise SystemError(error_message)
```

对这段代码的解释如下：

（1）在上述代码中，定义了一个名为"tavily_search"的工具函数。它接受查询字符串"query"和数量"max_results"作为参数。随后，该函数通过 HTTP POST 请求调用互联网搜索的 API，获取多个搜索结果，并进行简单的格式化处理。

（2）通过@mcp.tool()装饰器（注意，mcp 是之前创建的 FastMCP 对象），这个函数被注册为工具，其名称为"tavily_search"。FastMCP 框架会自动读取函数的注解和文档字符串，生成该工具的元数据信息。如果你调用 MCP 服务端的 tools/list 标准方法，那么将在返回的列表中看到这个工具的信息。在注册完成后，客户端便可以通过 tools/call 方法来调用这个搜索工具。

（3）如果一切运行正常，那么程序最终会返回一个字符串数组（formatted_results）。FastMCP 框架会自动将这些结果组装成 MCP 规范所需的 JSON-RPC 2.0 消息格式。这一过程对客户端来说是透明的。

（4）如果出现异常情况（如 API Key 错误），那么这里采用抛出异常的方式，目的是让 FastMCP 框架意识到程序发生了异常。FastMCP 框架会自动将异常信息组装成 MCP 规范所要求的异常消息格式（工具调用返回格式中的""isError"=True"）。

通过这种方式，我们创建了一个简单的搜索工具，该工具将通过 MCP 服务端向客户端开放使用。

2. 示例：Excel 文件信息统计工具

工具的内部逻辑完全由开发者定义，因此除了能够访问外部 API，它也可以是一个本地文件处理工具。下面在 MCP 服务端开发一个简单的 Excel 文件信息统计工具。客户端可以向工具提供一个 Excel 文件路径，并请求提取其中的统计信息。以下是实现该功能的代码（这段代码存储于名为"serverdemo.py"的文件中）：

```python
# 定义 Excel 文件信息统计工具
@mcp.tool(
    name="excel_stats"
)
def excel_stats(file_path: str) -> list[types.TextContent]:
    """分析指定路径的 Excel 文件并返回详细统计信息。

    Args:
        file_path: Excel 文件的完整路径。

    Returns:
        包含 Excel 文件信息的列表。

    """
```

```python
    try:
        # 读取 Excel 文件并存储到 DataFrame 对象中
        df = pd.read_excel(file_path)

        # 获取基本信息
        rows, cols = df.shape
        info = [f"文件路径: {file_path}",
                f"数据大小: {rows} 行 × {cols} 列"]

        # 获取列名和列表
        column_names = "列名: " + ", ".join(df.columns.tolist())
        info.append(column_names)

        # 获取数据类型信息
        dtypes_info = ["数据类型:"]
        for col, dtype in df.dtypes.items():
            dtypes_info.append(f"  - {col}: {dtype}")
        info.extend(dtypes_info)

        return [types.TextContent(type="text", text="\n".join(info))]

    except FileNotFoundError:
        error_message = f"找不到文件: {file_path}"
        raise SystemError(error_message)
        return [types.TextContent(type="text", text=error_message)]
    except Exception as e:
        error_message = f"分析 Excel 文件时出错: {str(e)}"
        raise SystemError(error_message)
```

对这段代码的解释如下:

(1) 这是通过@tool 注册的 "excel_stats" 工具。我们接受一个文件路径参数 "file_path",随后利用 "pd.read_excel" 函数打开指定的 Excel 文件,并获取其行列统计信息。

(2) 我们采用了一种不同的方法来返回数据,即将结果封装成 SDK 的 TextContent 类型的对象进行返回,其效果与传统方法无异。

注意: 对文件访问型工具最好能够使用客户端的 Root 功能进行安全控制,限制 MCP 服务端的文件系统访问范围,以防止出现不可预期的结果。

通过观察这两个示例,我们可以清晰地看到,利用 FastMCP 这一高层框架,注册和开发工具的过程变得异常简便:无须手动注册,仅需在函数上方添加一行装饰器即可轻松完成。此外,在构建工具逻辑的过程中,我们能够充分利用 Python 的强大生态系统,实现从网络访问、文件读写到数据分析等多种功能。一旦这些工具成功注册,客户端和大模型就能获取到工具清单,并根据参数要求调用它们,极大地扩展大模型的功能。

3.2.3 开发资源功能

MCP 服务端除了提供可调用的工具,也提供资源和提示。

资源功能旨在向客户端提供数据。它在某种程度上类似于 RESTful API 中的 GET 请求:客户端能够依据资源的 URI 请求数据,而 MCP 服务端则通过相应的资源函数返回所需内容(需要指出的是,这并非真正的 HTTP GET 请求,而是通过 HTTP POST 发起的 resources/read 方法调用)。资源功能一般不涉及复杂计算或产生副作用的操作(因此应避免长时间阻塞或更改状态,应迅速提供只读信息)。在 FastMCP 框架中,我们采用@mcp.resource 装饰器来注册资源。

1. 示例:简单的静态资源

静态资源是一种不需要参数就可以访问的资源,如某个系统配置信息等。以下代码实现了一个 MCP 服务端的静态资源功能(这段代码存储于名为"serverdemo.py"的文件中):

```
# 静态资源: 提供系统信息
@mcp.resource(uri="system://info")
def get_system_info() -> str:
    """获取系统基本信息。

    Returns:
        系统信息字典
    """
```

```
    info = {
        "version": "MCP Server 版本 1.0.0",
        "description": "This is a demo resource for system
information.",
    }
    return json.dumps(info, ensure_ascii=False)
```

对这段代码的解释如下：

（1）通过@mcp.resourc 声明一个资源，资源的 URI 为 "system://info"。请注意，工具的访问是通过工具名称（name）进行的，而资源的访问则是通过资源定位符（URI）进行的。这是客户端发起 resources/read 方法调用时必须提供的参数。

（2）资源内容的提供是通过一个函数（这里是 "get_system_info"）来实现的。与工具类似，FastMCP 框架会自动根据函数与文档字符串获取资源元数据。

（3）访问这个资源不需要提供任何参数。该资源直接返回静态的文本，因此无须任何逻辑处理。

MCP 服务端返回的资源内容目前分为以下两种类型。

① 文本资源。直接返回字符串即可，其他类型将自动转换。

② 二进制资源。可以直接返回 Blob 类型。以下是一个返回的二进制资源示例：

```
return b"iVBORw0KGgoAAAANSUhEUgAAAAUA\n"
```

（4）在函数返回后，FastMCP 框架会把该内容封装为 MCP 规范的 JSON-RPC 2.0 消息，并将其发送给客户端。

2. 示例：带有参数的资源模板

除了静态资源，另一类资源是带有参数的资源模板，其访问的 URI 与带有参数的 HTTP GET 端点极为相似，由一个需要输入参数的资源函数来读取内容。以下代码实现了一个 MCP 服务端的资源模块功能（这段代码存储于名为 "serverdemo.py" 的文件中）：

```python
# 动态资源：提供用户资料
@mcp.resource("users://{user_id}/profile")
def get_user_profile(user_id: str) -> str:
    """获取指定用户的资料。
    
    Args:
        user_id: 要查询的用户ID
    
    Returns:
        包含用户资料
    """
    # 模拟的用户数据库（此处省略）
    user_database = {...}
    
    # 检查用户是否存在
    if user_id not in user_database:
        raise ValueError(f"用户 ID '{user_id}' 不存在")
    
    # 返回用户资料
    profile_data = {
        "user_id": user_id,
        "profile": user_database[user_id],
        "description": "这是一个动态资源示例，根据用户ID提供用户资料"
    }
    
    return json.dumps(profile_data, ensure_ascii=False)
```

对这段代码的解释如下：

此处定义的资源与之前资源的不同之处在于引入了一个URI模板"users://{user_id}/profile"。其中，"{user_id}"代表一个可替换的参数占位符。FastMCP框架能够自动识别客户端提供的URI中的相应的占位符，并将其解析为参数传递给相应的函数。例如，当客户端发起请求"user://user1/profile"时，MCP服务端将调用"get_user_profile(user_id="user1")"函数。在该函数内部，你可以根据传入的参数设计相应的处理逻辑。例如，利用这个"user_id"从数据库中检索用户信息等。

借助资源功能，开发者能够灵活地定义资源和参数，并在客户端中进行访问，为大模型提供丰富的上下文信息。

3.2.4 开发提示功能

提示是一类特殊的资源，代表可重用的提示词模板或大模型对话流程模板。当需要请求大模型执行某项操作时，可以先调用一个 MCP 服务端的提示来生成标准化的请求消息。

接下来，我们将通过两个示例来展示提示功能的开发。

1. 示例：简单提示

提示可以是简单的一句话。在这种情况下，提示函数只需返回一个字符串。举例如下（这段代码存储于名为"serverdemo.py"的文件中）：

```python
# 添加代码提交提示功能
@mcp.prompt(
    name="commit_message"
)
def generate_commit_message(changes: str) -> str:
    """根据代码的更改内容生成提交信息的提示。

    Args:
        changes: 代码的更改内容

    Returns:
        生成提交信息的提示
    """
    return f"基于这些更改内容生成一条简洁明了的提交信息：\n\n{changes}"
```

对这段代码的解释如下：

（1）在代码中，通过使用"**@mcp.prompt**"装饰器，我们注册了一个名为"commit_message"的提示，用于生成基于代码的更改内容的提交说明。

（2）这个提示对应的功能是通过一个函数（generate_commit_message）实现的。该函数接受一个参数"changes"，它代表了代码的更改内容。你可以指定一个"name"作为提示的标识，若未指定，则默认使用函数名，而其他元数据则由 FastMCP 框架自动创建。

（3）提示功能的标准响应格式类似于大模型 API 中常见的消息格式。每个消息都包含"role"（表示消息发送者的角色）和"content"（表示消息内容）两个属性。上述提示函数仅返回了一个简单的字符串，该字符串会被 FastMCP 框架自动转换为用户消息（role=user）。这与以下代码返回的结果是等价的：

```
return UserMessage(f"基于这些更改内容生成一条简洁明了的提交信
息:\n\n{changes}")
```

2. 示例：连续上下文

还有一种提示是由一系列连续对话消息组成的上下文，每个消息都包含"role"与"content"属性。这种上下文在大模型开发中也很常见。以下是示例（这段代码存储于名为"serverdemo.py"的文件中）：

```python
# 性能优化建议提示功能
@mcp.prompt(
    name="optimize_code"
)
def suggest_optimization(code: str) -> list[Message]:
    """提供优化代码性能的建议。
    
    Args:
        code: 需要优化的代码
    
    Returns:
        包含对话流程的消息列表
    """
    return [
        UserMessage("我需要优化这段代码的性能:"),
        UserMessage(code),
        AssistantMessage("我会提供一些性能优化建议。你的代码有什么特定的性能瓶颈吗?"),
    ]
```

对这段代码的解释如下：

（1）该提示功能与前述提示功能的主要差异在于，它能够返回一个由多个消息构成的数组。每个数组都代表一条消息。利用 FastMCP 框架预定义的消息类型，可以轻松构建不同角色的消息，操作十分便捷。

（2）当通过 prompts/get 方法获取提示时，客户端最终会接收到一个消息数组（如图 3-3 所示）。这样，客户端便能直接将这些连续的消息整合到上下文中，与大模型进行交互。

```
{
  messages: [
    0: {
      role: "user"
      content: { ... } 2 items
    }
    1: {
      role: "user"
      content: { ... } 2 items
    }
    2: {
      role: "assistant"
      content: { ... } 2 items
    }
  ]
}
```

图 3-3

3.2.5　启动 MCP 服务端

我们已经开发了一个功能有限的 MCP 服务端，并且现在需要启动 MCP 服务端以便客户端能够调用其功能。在查阅一些参考文档时，你可能会遇到多种 MCP 服务端的启动方式（例如，调试模式启动、命令行启动、集成到第三方工具启动等），但仅仅了解启动命令而不理解其背后的原理可能会导致混淆。实际上，无论采用哪种启动方式，它们都来自同一套基础的启动代码。因此，我们将从 MCP 服务端的两种基本传输模式的启动原理入手进行介绍。

1. 两种传输模式的启动原理

在学习基于 MCP 的集成架构时已经了解到，客户端与 MCP 服务端有两种传输模式，即 stdio 传输模式与 SSE 传输模式。因此，根据 MCP 服务端所支持的传输模式，MCP 服务端就存在两种不同的启动方式，如图 3-4 所示。

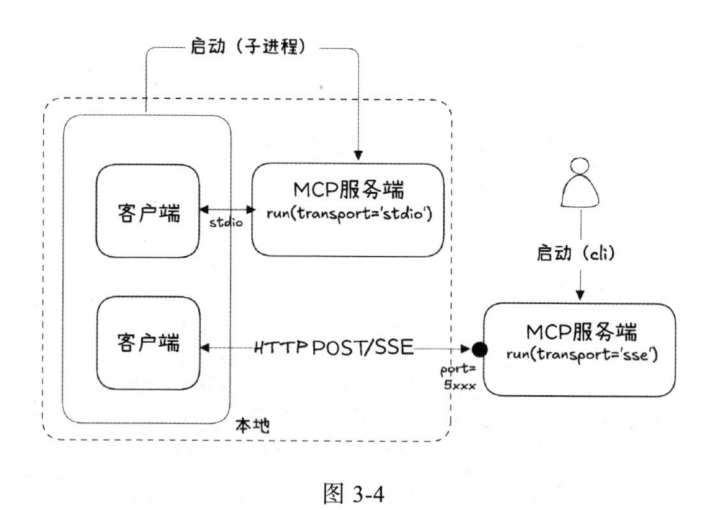

图 3-4

（1）使用 stdio 的本地传输模式启动。在这种模式下，MCP 服务端和客户端通常部署在同一台机器上。它们通过标准输入/输出（stdin/stdout）进行进程间传输。MCP 服务端的启动通常由客户端程序通过命令行自动触发。启动后，MCP 服务端成为客户端的子进程。两者之间的传输依赖于启动时建立的 stdin/stdout 通道。

因此，在使用 stdio 传输模式时，MCP 服务端的启动命令通常在客户端程序中配置完整（尽管也可以手动执行命令启动，但这样无法与任何客户端进行传输）。

（2）使用 SSE 传输模式启动。在这种模式下，MCP 服务端不能由客户端启动，需要执行命令启动（可以用人工操作或其他程序）。启动后，MCP 服务端将在程序配置的端口上监听连接和后续请求。

因此，在使用 SSE 传输模式时，你需要在客户端程序中配置 MCP 服务端地址、端口和连接端点（比如，/sse）。然后，你可以手动执行命令来启动 MCP 服务端。你可以使用简单的 python 或 uv run 命令（在 TypeScript 语言环境下通常使用 node 或 npx 命令），也可以使用 SDK 提供的 mcp cli 命令行工具。

2. 使用 python 或 uv run 命令启动 MCP 服务端

最直接的启动 MCP 服务端的方式就是使用 python 或 uv run 命令。这需要你的程序中有启动的代码。

在上面的示例中添加以下启动代码（这段代码存储于名为"serverdemo.py"的文件中）：

```
if __name__ == '__main__':
    # 启动参数解析器（也可以用其他的命令行参数工具）
    parser = argparse.ArgumentParser(description="启动 MCP Server")
    parser.add_argument("--transport", choices=["sse", "stdio"],
default="stdio", help="选择传输方式: sse 或 stdio")
    args = parser.parse_args()

    # 启动 MCP 服务端
    transport = args.transport
    mcp.run(transport=transport)
```

对这段代码的解释如下：

（1）为了让这里的 MCP 服务端支持可选启动方式，添加一个启动参数"--transport"，可选项为"sse"或者"stdio"（这里使用"argparse"的参数解析器）。

（2）调用 **mcp.run()** 方法启动 MCP 服务端，并传入"transport"参数。mcp 是之前创建的 FastMCP 对象的名称。

现在，你可以启动这个 MCP 服务端（虽然暂时没有客户端来测试）。

（1）执行以下命令可以使用 stdio 传输模式启动 MCP 服务端（使用默认的"transport"参数 stdio）：

```
> python serverdemo.py
```

或者：

```
> uv run serverdemo.py
```

如果没有发生任何异常，启动后应该可以看到 MCP 服务端处于阻塞等待状态。

（2）执行以下命令可以使用 SSE 传输模式启动 MCP 服务端，由于这不是默认模式，因此需要添加"transport"参数：

```
> python serverdemo.py --transport sse
```

或者

```
> uv run serverdemo.py --transport sse
```

可以看到，在 SSE 传输模式下，MCP 服务端内部使用了轻量级的异步 Web 服务器 Uvicorn 来运行上层的 ASGI 应用，输出内容如图 3-5 所示。

```
[04/11/25 17:20:58] DEBUG    Adding resource
                    DEBUG    Using selector: KqueueSelector
                    DEBUG    SseServerTransport initialized with endpoint: /messages/
INFO:     Started server process [50453]
INFO:     Waiting for application startup.
INFO:     Application startup complete.
INFO:     Uvicorn running on http://0.0.0.0:5050 (Press CTRL+C to quit)
```

图 3-5

如果观察源代码，就会发现 SDK 使用了 Starlette 这个上层的 Web 应用开发框架（著名的 FastAPI 也是基于 Starlette 的）。我们将在后面的低层 API 开发时再次接触到它。

3. 使用 mcp run 命令启动 MCP 服务端

MCP SDK 配备了一个名为"mcp"的命令行工具（亦可单独安装），其"run"子命令允许用户直接启动 MCP 服务端，无须自行编写启动脚本。下面来查看一下该工具的说明，如图 3-6 所示。

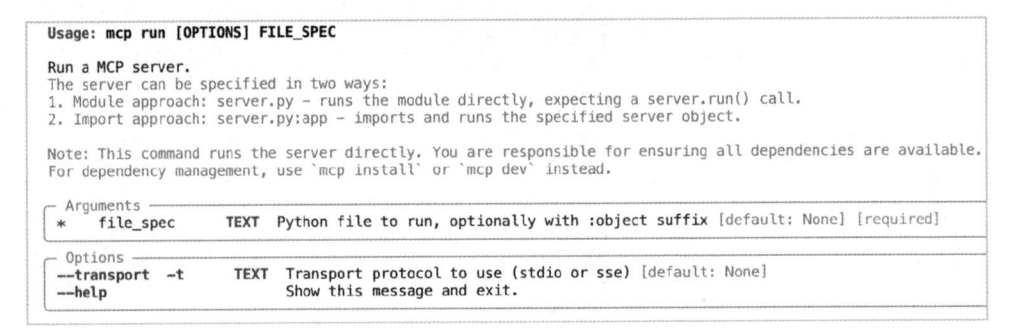

```
Usage: mcp run [OPTIONS] FILE_SPEC

Run a MCP server.
The server can be specified in two ways:
1. Module approach: server.py - runs the module directly, expecting a server.run() call.
2. Import approach: server.py:app - imports and runs the specified server object.

Note: This command runs the server directly. You are responsible for ensuring all dependencies are available.
For dependency management, use `mcp install` or `mcp dev` instead.

┌─ Arguments ─────────────────────────────────────────────────────────────────┐
│ *    file_spec      TEXT  Python file to run, optionally with :object suffix [default: None] [required] │
└─────────────────────────────────────────────────────────────────────────────┘
┌─ Options ───────────────────────────────────────────────────────────────────┐
│ --transport  -t     TEXT  Transport protocol to use (stdio or sse) [default: None] │
│ --help                    Show this message and exit.                        │
└─────────────────────────────────────────────────────────────────────────────┘
```

图 3-6

执行以下 mcp run 命令使用 stdio 传输模式启动 MCP 服务端：

```
> mcp run serverdemo.py
```

或者使用 SSE 传输模式启动 MCP 服务端：

```
> mcp run serverdemo.py --transport sse
```

我们做两点说明：

（1）mcp run 命令不会自动安装程序中"dependencies"部分指定的依赖，请确保所有的依赖已经手动安装。

（2）mcp run 只是一个"包装器"，其内部机制是**从你的程序中动态地引入 FastMCP 对象并调用其 run()方法**（所以，mcp run 命令本质上与 uv run 命令是等价的）。因此，在你的程序中必须使用标准的 MCP 服务端实例名称（即 FastMCP 对象的变量名），可以是"mcp"、"server"或者"app"。如果你使用了其他的名称，那么需要在启动命令中指定 server 对象的名称，比如：

```
> mcp run serverdemo.py:myapp --transport sse
```

这里的":myapp"要指定你的程序中的 FastMCP 对象的名称：

```
myapp = FastMCP("MyMCPServer")
```

此外，借助 mcp dev 命令可以使用调试模式启动 MCP 服务端，我们将在 3.3 节详细介绍。

3.3 MCP服务端的调试、跟踪与部署

3.2 节开发了一个 MCP 服务端所需的几个核心功能：定义 MCP 服务端实例（FastMCP 对象），注册工具、资源和提示，并成功启动这个 MCP 服务端对外服务。至此，一个"MCP Server"基本成型。那么如何对这个雏形的 MCP 服务端进行调试、跟踪与部署呢？本章将介绍常见的方法与工具。

3.3.1 调试与跟踪 MCP 服务端

1. 使用 MCP Inspector 调试

MCP Inspector 是 MCP SDK 提供的交互式可视化调试工具，允许用户在本地浏览器中直观地与 MCP 服务端进行交互。通过 MCP Inspector，用户能够观察到 MCP 服务端提供的工具和资源，直接调用各种功能并检查输入/输出的结果，同时实时监控 MCP 服务端日志。请按照以下步骤学习如何使用 MCP Inspector。

1）启动 MCP Inspector

（1）如果你已经安装了 mcp 命令行工具，那么可以运行以下命令启动 MCP Inspector：

```
> mcp dev serverdemo.py
```

与 mcp run 命令类似，如果程序使用了非标准的 MCP 服务端实例名称，那么需要在文件名后面加上":server 名称"的后缀。此外，该命令还支持使用"--with"参数指定安装依赖，或者使用"--with-editable pyproject.toml [所在目录名称]"来实现热部署。

（2）你也可以直接运行以下 npx 命令来启动 MCP Inspector：

```
> npx @modelcontextprotocol/inspector [mcp run serverdemo.py]
```

方括号内的启动命令是可选的,可以是前面介绍的其他启动命令(如 python/uv run 等)。

2)在 MCP Inspector 中调试

(1)执行命令后,终端将显示一个本地调试 URL(如图 3-7 所示)。你可以通过该 URL 在浏览器中进行交互式调试。

```
Set up MCP proxy
MCP Inspector is up and running at http://127.0.0.1:6274
```

图 3-7

(2)在浏览器中输入提示的本地地址(例如,http://localhost:5173),即可访问 MCP Inspector 界面。界面的左侧为连接设置(包括传输类型、启动命令等)和 MCP 服务端日志输出区域,界面的右侧为主工作区域,如图 3-8 所示。

图 3-8

(3)单击"Connect"按钮,MCP Inspector 将使用 stdio 传输模式启动 MCP 服务端并建立连接(请确保启动命令正确无误)。stdio 是 MCP Inspector 的默认连接方式。若需调试远程 MCP 服务端,请确保远程 MCP 服务端已启动,并在界面的左侧面板区域更改"Transport Type"选项,配置远程 MCP 服务端的 HTTP SSE 连接 URL。

(4)成功连接 MCP 服务端后,你将在界面右侧看到多个选项卡,如"Resources"

"Prompts""Tools"等，这些选项卡可用于测试不同的功能，如图3-9所示。

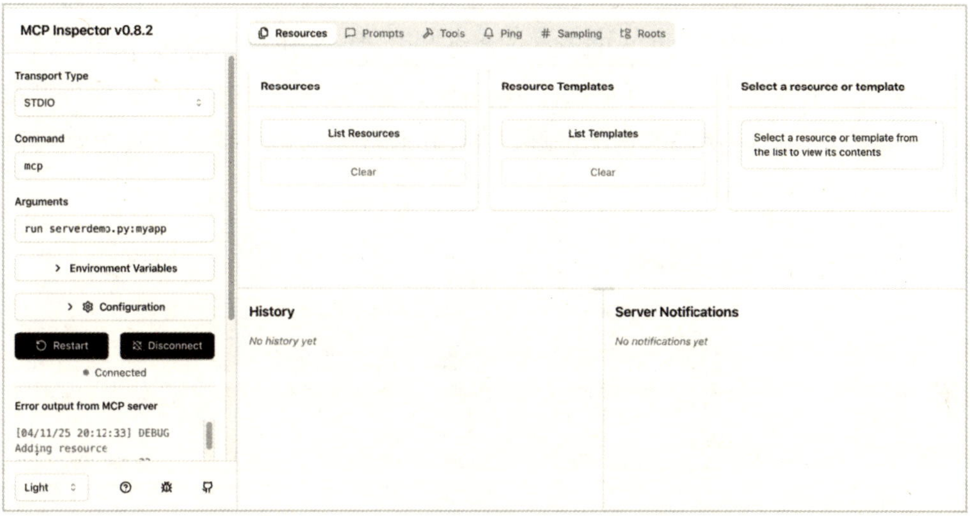

图 3-9

（5）单击界面顶部的"Resources"选项卡，即可浏览MCP服务端提供的所有资源。单击"Tools"选项卡，即可浏览所有可利用的工具。MCP Inspector会自动发出resources/list和tools/list请求以获取这些信息。你能够看到每个资源或工具的名称及其描述，如图3-10所示。

图 3-10

（6）在"Tools"选项卡中，选择一个工具（例如，前面定义的搜索工具）。此时，MCP Inspector 将展示该工具所需的参数字段。输入测试参数值后，单击"Run Tool"按钮。MCP Inspector 会将调用请求发送至 MCP 服务端，结果将显示在界面的右下方，并记录在 History 列表中。通过这种方式，你可以在不编写额外客户端代码的情况下调用 MCP 服务端功能，验证工具逻辑的正确性，如图 3-11 所示。

图 3-11

（7）MCP Inspector 界面的左侧会实时展示 MCP 服务端的标准输出日志，包括每次请求的处理情况、日志消息等。这有助于快速定位问题。你可以确认 MCP 服务端是否接收到了请求、参数是否正确，以及工具执行过程中的调试信息（其详细程度取决于程序中的日志级别设置）。

MCP Inspector 使得开发者能够以交互方式调试 MCP 服务端，确保其功能正常，显著提高了开发效率。如果你对 MCP 服务端代码进行了修改，那么要在重启后刷新 MCP Inspector 界面，然后重复上述步骤进行验证。

2. 使用第三方客户端测试

在开发你自己的客户端之前，你可以利用其他支持 MCP 的客户端工具来测试现有的 MCP 服务端（MCP 官方的文档中包含如何在 Claude Desktop 中快速安装和使用 MCP 服务端的指南）。接下来，我们将介绍在 VS Code 中如何配置 MCP 服务端并进行测试。这是开发者最常用的方法。

VS Code 的最新版本（带有 GitHub Copilot 的 Agent 模式）支持连接 MCP 服务端，并将其中的工具整合为代码编辑辅助工具。所以，你可以将开发的 MCP 服务端直接集成到 VS Code 中，以便进行交互式测试。

（1）进入 VS Code 工作区进行设置（也可以在用户设置中进行设置，这样会对所有工作区生效），在其中搜索到 MCP 的相关设置（如图 3-12 所示），然后直接单击"在 settings.json 中编辑"链接。

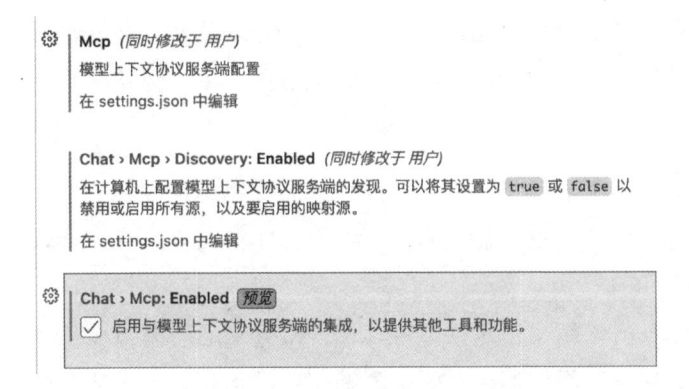

图 3-12

（2）以下是简单的使用 stdio 传输模式的 MCP 服务端的配置样例。你可以自行编辑，也可以借助命令面板中的"MCP：添加 MCP 服务端..."选项来输入。

```
......
    "mcp": {
        "inputs": [
            {
                "type": "promptString",
                "id": "openai-api-key",
                "description": "OpenAI API Key",
                "password": true
            }
        ],
        "servers": {
            "my-serverdemo": {
```

```
                "type":"stdio",
                "command": "uv",
                "args": [
                    "run",
"${workspaceFolder:src}/mcp-dev/serverdemo/serverdemo.py"
                ],
"env":{"OPENAI-API-KEY":"${input:openai-api-key}"}
                "envFile":
"${workspaceFolder:src}/mcp-dev/serverdemo/.env",
            }
        }
    },
```

这里最主要的配置项就是启动 MCP 服务端的命令（"command"与"args"，如果传输模式是 SSE 传输模式，那么需要配置"url"与"headers"参数并自行启动）。此外，有以下两个常用的配置项。

① env/envFile。如果你的 MCP 服务端需要特殊的环境变量，那么可以在"env"部分进行配置，也可以通过".env"文件管理，并在"envFile"部分指定文件路径。

② inputs。可以用来设定一些在 MCP 服务端运行时需要输入的占位符，避免对敏感信息进行硬编码。MCP 服务端在首次运行时会要求你输入这些占位符。VS Code 会存储这些占位符供后续使用。""password": true"可以用来进行掩码输入，常用来输入密码或者关键的 Key。这些输入的敏感变量可以在后续通过"${input:#id#}"来引用，如上面配置文件中的"${input:openai-api-key}"。

（3）在保存正确的配置文件后，在 VS Code 中打开 Copilot Chat（编码助手）面板，将聊天模式切换为"Agent mode"（代理模式），VS Code 会根据配置自动启动并连接 MCP 服务端，自动发现工具并提示，如图 3-13 所示。

图 3-13

如果启动过程中发生错误，那么这里会显示红色的告警图标。你可以修复配置后通过命令面板重新启动 MCP 服务端。

（4）单击图 3-13 中的"🔧2"图标，在命令面板中可以看到当前可用的工具，也就是我们在前面开发的两个工具。现在可以在 VS Code 中使用，如图 3-14 所示。

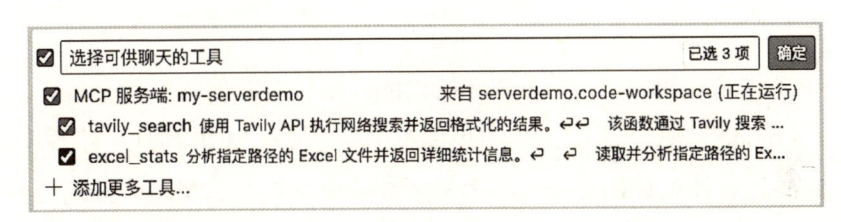

图 3-14

在需要时，编码助手将自动选择合适的工具。你也可以在对话中输入"#工具名"来明确指示它使用特定的工具。当调用工具时，VS Code 会提示你确认执行操作（在首次运行时需要手动授权）。在确认后，VS Code 将通过 MCP 调用你的 MCP 服务端的工具，并将执行结果反馈给大模型，以便用于回答问题。图 3-15 所示为一个简单的示例。

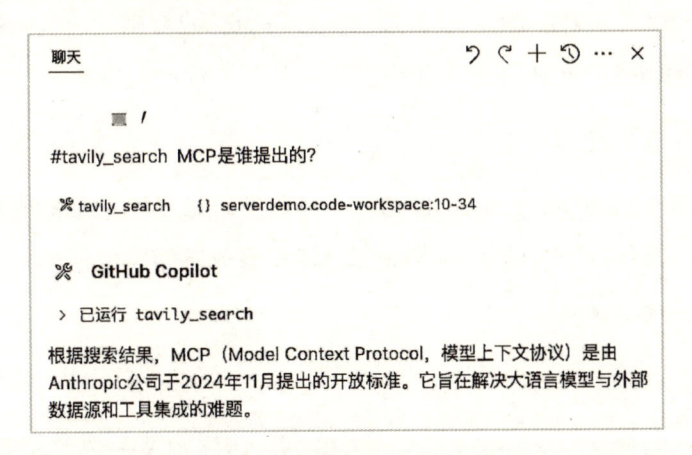

图 3-15

你可以在 VS Code 的输出窗口中看到 MCP 服务端的跟踪日志，如图 3-16 所示。这对调试非常重要。

```
问题 5    输出    调试控制台    ···    筛选器                              MCP: my-serverdemo

2025-04-12 17:09:13.032 [info] Starting server from LocalProcess extension host
2025-04-12 17:09:13.032 [info] 连接状态: 正在启动
2025-04-12 17:09:13.033 [info] 连接状态: 正在运行
2025-04-12 17:09:13.640 [warning] [server stderr] 2025-04-12 17:09:13,640 - mcp.server.lowlevel.server - INFO -
Processing request of type ListToolsRequest
2025-04-12 17:09:13.641 [info] Discovered 2 tools
2025-04-12 17:09:30.307 [warning] [server stderr] 2025-04-12 17:09:30,293 - mcp.server.lowlevel.server - INFO -
Processing request of type CallToolRequest
2025-04-12 17:09:33.911 [warning] [server stderr] 2025-04-12 17:09:33,910 - __main__ - INFO - Tavily API 返回结果:
```

图 3-16

（5）若你未获得 GitHub Copilot 的访问权限，或者你的 VS Code 版本不支持 "Agent mode"，那么你可以考虑使用第三方提供的 MCP 插件（例如，Copilot MCP 插件）。具体的使用指南请参考各个插件的文档，这里不再详细说明，但其基本原理是构建 VS Code 和 MCP 服务端之间的通信连接，以便开发者能够在编码环境中进行测试。

3. 使用 MCP 服务端日志监控

日志是诊断问题的关键资料。MCP 服务端在 Python 运行环境下，采用标准的日志（logging）模块记录其运行状况和发生的事件。开发者应当充分利用日志记录功能，以追踪 MCP 服务端的运行行为、调整调试信息的详细程度，并在生产环境中对 MCP 服务端进行监控。以下是对日志功能的几点说明。

1）日志记录器

通过标准的 logging.getLogger 方法，可以获取根日志记录器或当前模块的日志记录器。利用这些日志记录器记录 MCP 服务端的关键信息，是有助于跟踪和调试的编程实践。

```
logger = logging.getLogger(__name__)
……
logger.info(f"使用 {transport} 传输模式启动 MCP 服务端")
```

2）日志输出位置

在通常情况下，MCP 服务端的日志会通过 logging 模块在 MCP 服务端记录和展示。

（1）在调试模式下（使用 mcp dev 命令启动 stdio 传输模式的 MCP 服务端），MCP 服务端的标准输出会被 MCP Inspector 捕获，并在 MCP Inspector 界面**左侧的日志面板**中展示，便于实时监控。

（2）若直接使用 python/uv/uvx 或 mcp run 命令启动 MCP 服务端，日志则显示在**终端控制台**上。

（3）当使用基于 HTTP 的远程传输模式启动 MCP 服务端时，日志会在 **MCP 服务端的终端控制台**输出。

（4）如有需要，日志也可以配置为输出到**日志文件或日志系统**中；在默认情况下，日志不会自动保存到文件中，需要你手动进行重定向或配置。

3）将日志发送至客户端

根据 MCP 规范，MCP 服务端具备一种特殊功能：将关键的日志通过通知功能直接发送至客户端（基于远程 notifications/message 方法），由客户端处理这些日志，如在用户界面上处理。这在客户端的用户界面上观察 MCP 服务端运行的关键信息时非常有帮助：不仅可以查看 MCP 服务端的调用结果，还能了解中间过程。同时，MCP 支持客户端通过调用 MCP 服务端的 logging/setLevel 方法来设置发送的日志级别。

4）调整日志级别

MCP 遵循标准的日志级别（DEBUG、INFO、WARNING、ERROR 等级别），默认采用 INFO 级别，输出诸如 "Processing request of type X" 这类信息。在开发过程中，可将级别调低（如 DEBUG 级别）以获得更详细的信息；在部署时，可将级别提至 WARNING 或 ERROR 级别以降低开销。调整方式如下。

（1）在 FastMCP 对象创建时指定 log_level：

```
myapp = FastMCP(...
log_level="DEBUG",
...)
```

（2）直接对 Python 的日志模块进行配置：

```python
import logging
#修改全局的日志级别
logging.basicConfig(level=logging.DEBUG,
format='%(asctime)s - %(name)s - %(levelname)s - %(message)s')
logger = logging.getLogger(__name__)
......
```

这两种日志的配置效果一致，但第二种方法还可以同时配置其他信息，如日志的输出格式等，所以更灵活。上面两种配置方法都是强制将全局的根日志级别修改成 DEBUG 级别，这样可以观察到全面（包括 SDK 内部）的日志信息。如果你只需要更改当前模块的日志级别，那么可以使用 logger 对象的 setLevel 方法进行设置，而不是使用全局的 basicConfig 方法。

5）生产环境日志

在开发阶段，建议启用详尽的日志记录，以便与调试工具协同工作，精确定位问题所在。例如，DEBUG 级别的日志能够展示每个请求消息的参数细节、执行流程等关键信息。然而，在生产环境中，过度的日志记录可能会对系统性能造成影响，并且有可能泄露敏感数据。因此，通常会提升日志级别，仅记录警告和错误信息。另外，在部署过程中，最好将日志输出重定向至文件或系统日志服务。

（1）输出到日志文件。可以使用 shell 重定向符将 stdout 和 stderr 的输出保存：

```
> nohup python serverdemo.py > logs/mcp_server.log 2>&1 &
```

这里使用 nohup 后台运行 MCP 服务端，所有日志写入 logs/mcp_server.log 文件中。你可以使用"tail -f logs/mcp_server.log"命令持续查看实时日志。

（2）管理系统日志与服务。在 Linux 系统中，通过编写 Systemd 服务脚本，可以实现对 MCP 服务端的托管，并将日志集成至 journalctl 工具中，便于集中管理和检索日志。在 macOS 系统中，可以利用 launchd 或其他工具来达到相似的效果。

（3）容器化管理日志。对于采用 Docker 方式部署的应用（参见 3.3.2 节），容器的标准输出（stdout）将由 Docker 的日志机制自动管理。用户可以通过 docker logs 命令查看日志，也可以在容器内部配置日志文件，并通过挂载卷的方式实现日志的持久化存储。

6）分析日志信息

除了自定义的日志输出，MCP SDK 在处理请求的过程中通常会记录关键步骤的日志信息。例如，在接收到一个 tools/call 请求时，日志可能会记录："INFO - Processing request of type ListToolsRequest"，接着记录调用了哪个工具、调用是否成功、返回结果或异常信息。如果工具代码中出现了未被捕获的异常，那么 MCP SDK 同样会在日志中输出详细的 traceback 信息，以便于调试。在生产环境中，定期审查错误日志有助于预防问题的扩大，并且可以根据日志报警及时采取措施。

总之，养成查看日志的习惯可以极大提高 MCP 服务端开发和运维的效率。在开发阶段充分利用 MCP Inspector 和控制台日志，在部署后通过文件或系统日志监控运行状况，才能快速定位并解决问题。

3.3.2 部署远程 MCP 服务端

在开发和本地测试完 MCP 服务端后，就可以将其部署到实际的运行环境中。MCP 服务端的运行方式可以是在物理机上直接运行（本地模式或远程模式），也可以将其打包为容器运行（远程模式）。由于本地模式是以绑定客户端的形式运行的，因此我们主要介绍远程模式下的部署。这里以 macOS/Linux 系统为例，分别介绍使用物理机部署与使用 Docker 部署的步骤。

1. 使用物理机部署

在 macOS/Linux 系统的实机上部署 MCP 服务端的过程与部署其他 Python 应用相似，涉及准备 Python 运行环境、安装依赖项，以及配置开机自启动或后台常驻服务。下面以 Ubuntu/Linux 环境为例，介绍标准的部署步骤（macOS 系统下的步骤大同小异）。

1）安装 Python 运行环境

请确保目标机器上安装了 Python 3.10 或更高版本。如果尚未安装，那么 Linux 用户可以使用包管理器（使用 sudo apt install 命令），而 macOS 用户可以使用 Homebrew（使用 brew install 命令）进行安装；建议使用 uv/uvx 命令管理依赖包，具体操作请参阅第 1 章。

2）项目准备与启动测试

（1）创建一个专用目录并上传代码文件与必要的配置文件：

```
> mkdir -p /opt/mcp-server
```

将项目文件上传至该目录，至少应包括 Python 代码文件和 pyproject.toml（或 requirements.txt）、.env 等配置文件。

（2）使用 pip 命令安装所需的依赖项。如果你在开发过程中使用 uv 命令进行项目管理，那么会自动生成并管理依赖关系，维护 pyproject.toml 文件。因此，你只需执行以下操作：

```
cd /opt/mcp-server

#虚拟环境
uv venv
source .venv/bin/activate

#安装依赖项
uv pip install -e .
```

如果没有使用 uv 命令进行管理，那么需创建 requirements.txt 文件，并手工加入依赖关系。如：

```
cd /opt/mcp-server

#虚拟环境
python3.12 -m venv venv
source venv/bin/activate

# 创建requirements.txt文件（根据需要修改）
echo "mcp[cli]>=1.6.0
openpyxl>=3.1.5
pandas>=2.2.3
requests>=2.32.3" > requirements.txt

# 安装依赖项
pip install -r requirements.txt
```

现在你可以像开发时那样进行手工测试，启动 MCP 服务端。如果一切正常，说明准备就绪。

3）开机自动启动与作为守护进程运行

对于在远程模式下运行的 MCP 服务端，我们通常希望它能在生产环境中作为后台服务，实现开机自动启动并作为守护进程运行。请按照以下步骤操作（macOS 用户可以使用 launchctl 工具）。

（1）创建 Systemd 服务配置文件。

```
sudo nano /etc/systemd/system/mcp-server.service
```

（2）在文件中添加以下内容（请根据自身实际情况调整）。

```
[Unit]
Description=MCP Server Service
After=network.target

[Service]
User=www-data
Group=www-data
WorkingDirectory=/opt/mcp-server
ExecStart=/opt/mcp-server/.venv/bin/python serverdemo.py
--transport sse --port 5050
```

```
Restart=always
RestartSec=5
Environment=TAVILY_API_KEY=your_api_key_here

[Install]
WantedBy=multi-user.target
```

（3）设置相关权限。

```
sudo chown -R www-data:www-data /opt/mcp-server
sudo chmod -R 755 /opt/mcp-server
```

（4）设置服务并设置开机自动启动。

```
sudo systemctl daemon-reload
sudo systemctl start mcp-server
sudo systemctl enable mcp-server
```

4）设置反向代理（可选，推荐）

根据具体情况，你可以选择使用 Nginx 作为反向代理，以增强系统的安全性和稳定性。另外，鉴于 MCP 服务端需要接受远程机器的访问，请务必确保相关端口在安全防火墙中被放行。

2. 使用 Docker 部署

如果企业内部使用的是 SSE 传输模式的 MCP 服务端，那么我们强烈推荐将其封装进容器。这样做可以简化部署流程，避免出现环境差异问题，并且便于在不同机器间迁移。接下来，我们将介绍编写 Dockerfile 文件、构建镜像文件及运行容器来部署 MCP 服务端。

1）编写 Dockerfile 文件

构建一个 Docker 镜像文件需要一个 Dockerfile 文件。我们首先在开发项目的根目录中创建 Dockerfile 文件。以我们的 demo 项目为例，示例如下：

```
#Dockerfile
FROM python:3.12-slim
WORKDIR /app

# 复制依赖文件
COPY pyproject.toml ./

# 直接使用 pip 命令安装
RUN pip install -e .

# 创建 src 目录并复制文件
RUN mkdir -p src
COPY serverdemo.py src/

# 使用环境变量占位符
ENV TAVILY_API_KEY="你的 API Key"

EXPOSE 5050

# 添加健康检查（可选）
HEALTHCHECK --interval=30s --timeout=10s --start-period=5s --retries=3 \
CMD curl -f http://localhost:5050/health || exit 1

CMD ["python", "src/serverdemo.py", "--transport", "sse", "--port", "5050"]
```

这里选用一个 slim 版 Python 3.12 镜像文件作为基础，然后创建应用目录，安装依赖项等，最后设置容器启动时 MCP 服务端的运行命令。这里需要注意以下几点。

（1）通常并不建议在这里直接配置 "ENV" 部分，在实际使用时可以将其放在容器启动命令中或者借助 .env 文件管理。

（2）"HEALTHCHECK" 端点部分用来配置健康检查，但并非必需，且需要自己在 MCP 服务端代码中实现这个检查端点。

2）构建镜像文件

在项目目录下执行构建命令构建镜像（Image）文件，带上合适的镜像标签：

```
> docker build -t mcp-server:latest .
```

Docker 将按照 Dockerfile 文件中配置的步骤打包镜像文件。成功后可用 docker images 命令查看 mcp-server 镜像文件是否在列。

3）运行容器

使用刚构建的镜像文件启动容器：

```
docker run -d --name mcp-server -p 5050:5050 mcp-server:latest
```

这里用了最简单的启动命令，在实际中常用的参数还有以下几个。

（1）**-e API_KEY=×××××**。通过"-e"参数传入 MCP 服务端运行所需要的敏感环境变量（如 API Key），而不是直接写在 Dockerfile 文件中。

（2）**-v $(pwd)/config.json:/app/config.json**。挂载可能需要的配置文件与日志文件等，方便在宿主机更改配置与查看日志。

在执行以上命令后，Docker 会启动容器并运行 MCP 服务端。你可以用 docker ps 命令查看容器状态，确认其是否在运行。

4）验证容器运行

使用以下命令可以查看容器日志输出：

```
docker logs -f mcp_server_container
```

在正常情况下应该能看到 MCP 服务端启动的信息。如果有错误，那么日志会显示错误原因。

下面通过 MCP Inspector 来连接这个容器中的 MCP 服务端，参考 3.3.1 节的方法启动 MCP Inspector 后进入用户界面，更改界面左侧配置中的传输类型为"SSE"并设置"URL"后进行连接，如果成功，那么应该可以看到如图 3-17 所示的界面。

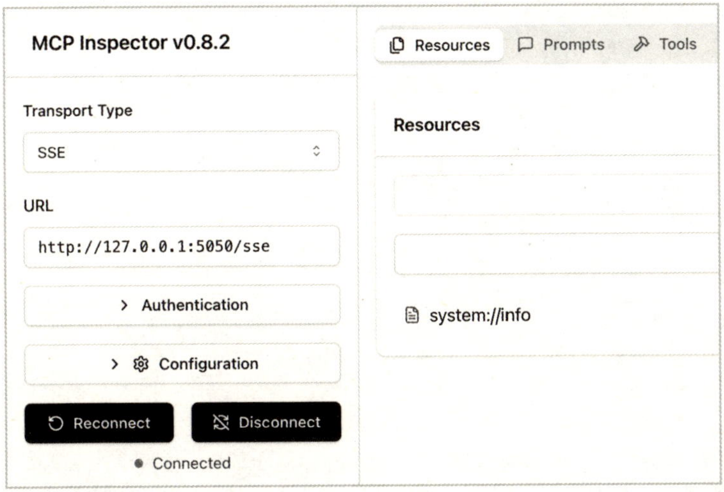

第 3 章 基于 SDK 开发 MCP 服务端 | 109

图 3-17

5）后续管理

现在，如果需要停止 MCP 服务端，那么使用以下命令直接停止容器即可：

```
docker stop mcp-server
```

如果需更新 MCP 服务端代码，那么可以修改代码后重新构建镜像文件，然后用 docker stop/rm 命令删除旧容器，再用新镜像文件启动。为了方便，我们构建了一个简单的脚本来完成这一系列动作：

```bash
#rebuild_docker.sh
#!/bin/bash

# 设置变量
CONTAINER_NAME="mcp-server"
IMAGE_NAME="mcp-server:latest"
DOCKERFILE_PATH="."

echo "开始重建 Docker 镜像文件..."

# 重建 Docker 镜像文件
docker build -t $IMAGE_NAME $DOCKERFILE_PATH

if [ $? -eq 0 ]; then
```

```bash
echo "镜像文件构建成功，准备重启容器"

# 检查容器是否存在并运行，如果是则停止并删除
if docker ps -a | grep -q $CONTAINER_NAME; then
  echo "停止并删除旧容器..."
  docker stop $CONTAINER_NAME
  docker rm $CONTAINER_NAME
fi

# 启动新容器
echo "启动新容器..."
docker run -d --name $CONTAINER_NAME -p 5050:5050 $IMAGE_NAME

echo "容器已重新启动，容器 ID: $(docker ps -q -f name=$CONTAINER_NAME)"
else
  echo "构建失败，不重启容器。请检查错误后重试。"
fi
```

6）部署到服务器或迁移

在本地完成镜像文件的构建与测试后，你可以将镜像文件推送到镜像仓库（如阿里云或 DockerHub）。随后，在目标环境的服务器中安装 Docker 工具，便可以直接拉取并运行镜像文件。

利用 Docker 可以在不同的环境中轻松地部署相同的 MCP 服务端实例，无须担心目标机器的依赖和配置问题。Docker 的容器隔离特性确保了 MCP 服务端运行的稳定性，这非常适合满足我们在生产环境下的部署需求。

第 4 章 基于 SDK 开发客户端

在实际应用中，客户端通常是大模型所在的宿主应用（例如，VS Code Copilot、聊天机器人、智能体等）。本节将介绍如何开发客户端。你可以选择不使用 SDK，直接通过 HTTP 接口调用 MCP 服务端的功能，或者使用官方的 MCP SDK 来简化客户端开发流程。

这里的客户端不是仅指官方架构中的 MCP Client，而是指完整客户端，也可以简单对应到官方架构中的 MCP Host。

4.1 用 Python 库模拟客户端

MCP 规范采用 JSON-RPC 2.0 实现客户端与 MCP 服务端之间的传输，无论是通过 stdio 管道还是通过 HTTP，其核心都是传输 JSON 格式的请求和响应。因此，在掌握了 MCP 原理之后（参见第 2 章），理论上你可以不依赖 SDK，直接通过 HTTP（远程）或 stdio 管道（本地）与 MCP 服务端进行交互。

因此，在开始学习使用 SDK 开发客户端之前，本节将引导你尝试仅使用 Python 的基础通信库，通过 HTTP 或 stdio 管道进行传输，并发送符合 MCP 规范的 JSON-RPC 2.0 消息，以此来调用 MCP 服务端开放的功能（以工具功能为例进行演示）。

本节内容并非强制学习内容。然而，通过模拟底层代码的实现，我们能够更深刻地理解客户端与 MCP 服务端之间的交互机制，从而更有效地运用 SDK。

4.1.1 模拟在远程模式下运行的客户端

在远程模式下，开发基于 HTTP 传输的客户端的总体步骤如下：

（1）建立基于 HTTP 的 SSE 长连接。

（2）发起初始化请求，进行能力协商。

（3）通过 HTTP POST 方法发起 tools/list 请求，了解 MCP 服务端提供的工具与参数要求。

（4）客户端请求输入调用工具所需的参数。

（5）通过 HTTP POST 方法发起 tools/call 请求，调用 MCP 服务端的工具。

（6）获取 MCP 服务端返回的工具调用结果并进行展示。

其中的核心难点在于：由于 SSE 传输模式是异步的，HTTP POST 方法请求不会直接返回结果，而是通过事件流异步获取。因此，客户端需要设计事件监听机制，将特定的响应与发送的请求相匹配。接下来，我们将介绍这种仅使用底层 Python 库的"裸"客户端的实现，展示并解释其中的核心逻辑。

1. 建立 SSE 连接

我们使用以下代码创建一个 MCPClient 类来实现客户端的核心功能（这段代码存储于名为"clientdemo_raw.py"的文件中）：

```python
class McpClient:
    """MCP 客户端类，管理会话和工具调用"""
    
    def __init__(self, host="localhost", port=5000):
        self.host = host
        self.port = port
        self.client_id = str(uuid.uuid4())
        self.session_id = None
        self.sse_connected = False
        self.sse_thread = None
```

```python
# 用于标记SSE连接是否已建立与初始化完成
self.session_established = threading.Event()
self.initialization_complete = threading.Event()

# 用于存储和追踪请求与响应
self.pending_requests = {}
self.lock = threading.Lock()
self._current_request_id = None
```

这步主要完成初始化的动作，传入MCP服务端的IP地址与端口，并对内部使用的一些变量进行初始化。注意：这里的"pending_requests"变量用来存储当前发起的调用请求及其响应。

接下来，使用以下代码实现SSE连接（这段代码存储于名为"clientdemo_raw.py"的文件中）：

```python
......
    def start_sse_connection(self):
        """在后台线程中启动和维护SSE连接并获取MCP服务端分配的session_id"""

        #将连接建立在独立的线程中，用来接收MCP服务端的推送消息
        def sse_worker():
            url = f"http://{self.host}:{self.port}/sse"
            logger.info(f"正在建立SSE连接：{url}")

            try:
                response = requests.get(url, stream=True, timeout=60)
                if response.status_code != 200:
                    logger.error(f"SSE连接失败：{response.status_code} - {response.text}")
                    return

                logger.info(f"SSE连接成功，状态码：{response.status_code}")

                event_type = None
                event_data = ""

                #迭代读取流式数据
```

```python
                    for line in response.iter_lines():
                        if not line:
                            if event_type and event_data:
                                self._process_event(event_type, event_data)
                            event_type = None
                            event_data = ""
                            continue

                        line_text = line.decode('utf-8')
                        logger.debug(f"收到SSE事件行: {line_text}")

                        if line_text.startswith("event:"):
                            event_type = line_text[6:].strip()
                        elif line_text.startswith("data:"):
                            event_data = line_text[5:].strip()
                            if event_type and event_data:
                                self._process_event(event_type, event_data)
                            event_type = None
                            event_data = ""

            except Exception as e:
                logger.error(f"SSE连接异常: {str(e)}")
            finally:
                logger.info("SSE连接已关闭")
                self.sse_connected = False
                self.session_established.clear()  # 添加此行

        thread = threading.Thread(target=sse_worker)
        thread.daemon = True
        thread.start()
        self.sse_thread = thread

        # 等待session_id建立
        if self.session_established.wait(timeout=10):
            logger.info(f"成功获取session_id: {self.session_id}")
            return True
        else:
            logger.error("等待session_id超时")
            return False
```

对这段代码的解释如下：

该段代码实现了客户端处理 SSE 连接。

（1）SSE 请求发起。首先通过 requests.get 方法发起同步的 GET 请求。需要注意的是，即便收到状态码为 200 的响应消息，也只意味着物理连接已经建立（sse_connected），我们还需要接收到 MCP 服务端推送的 session_id 信息（session_established），才能继续后续的请求交互。

（2）启动一个独立的后台线程（sse_worker），在这个线程中将执行以下操作。

① 开始 SSE 数据流解析（for line in response.iter_lines()）。循环读取 MCP 服务端响应的每一行数据，并进行解析。MCP 服务端推送的每个事件（event）都包含事件类型（event_type）和事件携带的数据（event_data），分别以 "event:" 和 "data:" 为前缀进行标识。这需要你自行解析和提取。

② 触发事件处理（_process_event）。每当收集到一对完整的事件类型和数据，就调用 _process_event 方法进行处理。

（3）在主线程中等待会话建立完成（收到 session_id），如果超时（最长设置为 10 秒），则意味着连接失败。

2. 处理 SSE

下面看一下如何对收到的 SSE 进行处理，代码如下（这段代码存储于名为 "clientdemo_raw.py" 的文件中）：

```
......
    def _process_event(self, event_type, event_data):
        """处理 SSE"""
        logger.debug(f"处理事件类型：{event_type}，数据：{event_data}")

        if event_type == "endpoint" and event_data.startswith("/messages/?session_id="):
            match = re.search(r'session_id=([a-zA-Z0-9]+)', event_data)
```

```
            if match:
                self.session_id = match.group(1)
                logger.info(f"获取 MCP 服务端分配的 session_id:
{self.session_id}")
                self.sse_connected = True
                self.session_established.set()    # 添加此行

        elif event_type == "message":
            try:
                response_data = json.loads(event_data)
                logger.debug(f"解析的 JSON 响应：{response_data}")

                if "id" in response_data:
                    request_id = response_data["id"]
                    with self.lock:
                        if request_id in self.pending_requests:
                            self.pending_requests[request_id] = 
response_data
                            logger.debug(f"收到请求 {request_id} 的响应:
{response_data}")
            except json.JSONDecodeError:
                logger.error(f"无法解析 SSE 消息数据：{event_data}")
```

对这段代码的解释如下：

在处理 SSE 时，我们区分了 endpoint 和 message 两种类型。下面将分别介绍处理它们的方式。

（1）endpoint 事件在建立 SSE 连接时被使用。此时，MCP 服务端会通过该事件向客户端发送一个包含 "session_id" 的端点信息，标志着会话成功建立。客户端需要解析出 "session_id"，并在后续的请求中携带此标识，以确保通信的连续性。

（2）message 事件用于传递正常的响应结果。客户端将对接收到的响应结果进行解析，并根据响应结果中的 id（与客户端请求时的 "request_id" 相对应）将响应结果存储到 "pending_requests" 变量中，以便后续进行读取和处理。

3. 初始化会话

在连接完成后，将会初始化会话。这也是 MCP 规范中要求的一个步骤。

这个步骤的目的是对双方的版本与功能做协商。初始化会话的代码如下（这段代码存储于名为"clientdemo_raw.py"的文件中）：

```
......
    async def initialize_session(self):
        """初始化会话"""
        if not self.session_id:
            logger.error("没有有效的 session_id，无法初始化会话")
            return False

        init_request_id = self._generate_request_id()
        init_url = f"http://{self.host}:{self.port}/messages/?session_id={self.session_id}"
        init_data = {
            "jsonrpc": "2.0",
            "id": init_request_id,
            "method": "initialize",
            "params":{'protocolVersion': '2024-11-05',
                'capabilities': {'sampling': {},
                    'roots': {'listChanged': True}},
                'clientInfo': {'name': 'mcp', 'version': '0.1.0'}}
        }

        with self.lock:
            self.pending_requests[init_request_id] = None

        try:
            async with httpx.AsyncClient() as client:
                # 发送初始化请求
                response = await client.post(init_url, json=init_data, headers={"Content-Type": "application/json"})
                if response.status_code != 202:
                    logger.error(f"初始化请求失败: {response.status_code}")
                    return False

                #注意这里做了简化，实际上需要确认收到 MCP 服务端初始化的响应才能
                #开始下一步
```

```
            # 发送初始化完成通知
            initialized_notification = {
                "jsonrpc": "2.0",
                "method": "notifications/initialized",
                "params": None
            }
            notification_response = await client.post(init_url,
json=initialized_notification, headers={"Content-Type":
"application/json"})
            if notification_response.status_code != 202:
                logger.error(f"初始化完成通知发送失败:
{notification_response.status_code}")
                return False

            logger.info("初始化完成并已发送通知")
            self.initialization_complete.set()
            return True

    except Exception as e:
        logger.error(f"初始化过程出错: {str(e)}")
        return False
```

对这段代码的解释如下:

在初始化的过程中,发送两次请求,一次是发起初始化请求,另一次是确认初始化请求。

(1)发起初始化请求,要遵循 MCP 规范的 JSON-RPC 2.0 消息格式:

```
{
    "jsonrpc": "2.0",
    "id": init_request_id,
    "method": "initialize",
    "params":{'protocolVersion': '2024-11-05',
        'capabilities': {'
            sampling': {},
            'roots': {'listChanged': True}
        },
        'clientInfo': {'name': 'mcp', 'version': '0.1.0'}
    }
}
```

请注意，此处进行了简化处理。在正常情况下，你需要等待一个真正的初始化响应消息（因为返回 202 状态码仅表示请求被接收）。你可以通过监控 pending_requests 队列来获取响应消息（在下面的 call_tool 方法中会看到）。

（2）在初始化请求发出后，按照规范，你必须确认初始化是否成功。这仅需发送一个简单的请求消息即可：

```
{
    "jsonrpc": "2.0",
    "method": "notifications/initialized",
    "params": None
}
```

注意这里也做了简化处理，在收到 202 状态码后就认为请求成功。

4. 发起工具调用

在初始化会话完成以后，就可以发起其他的标准请求，比如工具列表（tools/list）、工具调用（tools/call）。对这些请求的处理方式大同小异，以最常用的工具调用为例，代码如下（这段代码存储于名为"clientdemo_raw.py"的文件中）：

```
    async def call_tool(self, tool_name, arguments):
        """调用工具方法并获取结果"""
        if not self.initialization_complete.is_set():
            logger.error("会话未初始化，无法调用工具")
            return None
        
        url = f"http://{self.host}:{self.port}/messages/?session_id={self.session_id}"
        headers = {"Content-Type": "application/json"}
        
        request_id = self._generate_request_id()
        
        data = {
            "jsonrpc": "2.0",
            "id": request_id,
```

```python
            "method": "tools/call",
            "params": {"name": tool_name, "arguments": arguments}
        }
        
        with self.lock:
            self.pending_requests[request_id] = None
        
        try:
            async with httpx.AsyncClient() as client:
                response = await client.post(url, json=data, headers=headers)
                if response.status_code != 202:
                    logger.error(f"工具调用失败: {response.status_code}")
                    return None
                
                # 等待实际响应数据
                for _ in range(600):  # 最多等待60秒
                    await asyncio.sleep(0.1)
                    with self.lock:
                        response_data = self.pending_requests.get(request_id)
                        if response_data:
                            logger.debug(f"收到响应数据: {response_data}")
                            
                            # 从响应数据中提取实际结果，这里只显示第一条内容
                            if "result" in response_data:
                                result = response_data["result"]["content"]
                                if isinstance(result, list) and len(result) > 0:
                                    return result[0].get("text")
                            return None
                
                logger.error("等待响应超时")
                return None
        
        except Exception as e:
            logger.error(f"工具调用过程出错: {str(e)}")
            return None
```

对这段代码的解释如下：

（1）构建符合 JSON-RPC 2.0 的请求消息包，使用 tools/call 方法并附带调用工具的名称及参数。

（2）发起异步请求，并确认收到 202 状态码，表明请求已被成功接收。

（3）通过轮询方式等待请求的响应数据（最长等待时间为 60 秒），直到 pending_requests 队列中出现请求的响应数据。

上面描述了如何使用底层 Python 库来实现对 MCP 服务端应用的调用。此外，我们还在此基础上扩展实现了 MCP 服务端工具的查询功能，并允许客户端在选择工具并输入必需的参数后进行调用。这些扩展功能的逻辑与上述代码类似，可以自行参考实现。

最后，看一下这个简单的客户端的运行效果，如图 4-1 所示[1]。

```
欢迎使用MCP测试客户端！
输入 'q' 退出

可用工具列表：
1. tavily_search
   参数：
     - query (string)：无描述
     - max_results (integer)：无描述
       默认值：5

2. excel_stats
   参数：
     - file_path (string)：无描述


请选择工具编号（或输入 'q' 退出）：1

已选择：tavily_search

请为工具 'tavily_search' 输入参数：
query: 什么是模型上下文协议MCP?
max_results [默认：5]: 1

正在调用工具...

工具调用结果：
标题：模型上下文协议 - 维基百科，自由的百科全书
链接：https://zh.wikipe    .org/wiki/模型上下文协议
摘要：模型上下文协议 - 维基百科，自由的百科全书 模型上下文协议[编辑] 模型上下文协议 (MCP)
心在于建立一个标准化的通信层，使得 LLMs 能够在处理用户请求或执行任务时，如果需要访问外部信
功能，可以通过 MCP 客户端向 MCP 服务端发送请求。MCP 服务端则负责与相应的外部数据源或工具进
```

图 4-1

---

[1] 有些页面过大，无法截全，故本书中有些图只截取部分有用信息。

4.1.2 模拟在本地模式下运行的客户端

下面看一下在本地模式下运行的客户端，它相对简单。在之前的原理介绍中，我们已经掌握了 stdio 传输模式的核心原理：通过 stdin 和 stdout 这两个标准输入/输出通道，父子进程能够实现双向通信。与结合了 HTTP GET/POST/SSE 的远程模式相比，这种模式在处理上更为直接和简便。在这里，我们将模拟一个最基础的场景，即连接 MCP 服务端实现对搜索工具的调用，代码如下（这段代码存储于名为"clientdemo_stdio_raw.py"的文件中）：

```python
import json
import subprocess
import time
import sys

def main():
    print("MCP 测试客户端 (stdio 传输模式)")
    print("--------------------------------")

    server_path = input("请输入 MCP 服务端程序路径 (默认: serverdemo.py): ") or "serverdemo.py"

    print(f"\n 正在启动 MCP 服务端 ({server_path})...")
    try:
        # 启动 MCP 服务端进程
        process = subprocess.Popen(
            ["python", server_path],
            stdin=subprocess.PIPE,
            stdout=subprocess.PIPE,
            stderr=subprocess.PIPE,
            text=True,
            bufsize=1  # 行缓冲
        )

        # 等待 MCP 服务端启动
        time.sleep(2)

        # 初始化会话
        print("正在初始化 MCP 会话...")
```

```python
    init_request = {
        "jsonrpc": "2.0",
        "id": 1,
        "method": "initialize",
        "params": {
            "protocolVersion": "2024-11-05",
            "capabilities": {"sampling": {}, "roots": {"listChanged": True}},
            "clientInfo": {"name": "mcp-tavily-client", "version": "0.1.0"}
        }
    }
    send_request(process, init_request)

    # 读取初始化响应
    response = process.stdout.readline()
    init_response = json.loads(response)
    print(f"初始化成功: {init_response['result'] if 'result' in init_response else 'MCP 服务端已响应'}")

    # 发送 initialized 通知
    initialized_notification = {
        "jsonrpc": "2.0",
        "method": "notifications/initialized",
        "params": None
    }
    send_request(process, initialized_notification)

    # 主循环：用户输入查询，调用 tavily_search 工具
    try:
        while True:
            print("\n" + "="*50)
            query = input("\n请输入搜索查询（输入'exit'退出）: ")
            if query.lower() in ('exit', 'quit', 'q'):
                break

            # 调用 tavily_search 工具
            print(f"\n正在搜索: '{query}'...\n")
            search_request = {
                "jsonrpc": "2.0",
                "id": int(time.time() * 1000),
                "method": "tools/call",
```

```
                "params": {
                    "name": "tavily_search",
                    "arguments": {
                        "query": query
                    }
                }
            }
            send_request(process, search_request)

            # 读取搜索结果
            response = process.stdout.readline()
            search_response = json.loads(response)

            # 处理并显示搜索结果，显示第一条内容
            display_search_results(search_response)

    except KeyboardInterrupt:
        print("\n程序已中断")

except Exception as e:
    print(f"错误: {str(e)}")
finally:
    # 关闭进程
    try:
        process.terminate()
        print("\nMCP 服务端已关闭")
    except:
        pass
```

对这段代码的解释如下：

若你对 HTTP 模式下客户端的工作机制有所了解，那么本段代码的逻辑将显得十分直观。其核心处理流程包括启动 MCP 服务端进程→ 进行初始化→确认初始化完成→调用工具。这一流程与 HTTP 模式中的标准处理步骤完全吻合，且其处理逻辑为简单的同步方式，此处不再详述。请注意，在发送请求时，我们使用了一个 send_request 函数：

```
def send_request(process, request):
"""向 MCP 服务端发送请求"""
    request_json = json.dumps(request)
```

```
process.stdin.write(request_json + "\n")
process.stdin.flush()
```

这里调用 flush 函数是为了确保输入被送到子进程，而不是缓存。运行结果如图 4-2 所示。

```
MCP 测试客户端（Stdio传输模式）
================================================
请输入MCP服务端程序路径（默认: serverdemo.py）: serverdemo.py
正在启动MCP服务端（serverdemo.py）...
正在初始化MCP会话...
初始化成功: {'protocolVersion': '2024-11-05', 'capabilities': {'experimental': {}, 'prompts': {'listChanged': False}, 'resources': {'subscribe': False, 'listChanged': False}, 'tools': {'listChanged': False}}, 'serverInfo': {'name': 'MyMCPServer', 'version': '1.6.0'}}
================================================
请输入搜索查询（输入'exit'退出）: MCP是什么？

正在搜索: 'MCP是什么？'...

搜索结果：

标题： 火爆 AI 编程圈的 MCP 到底是个什么东西？ - 知乎专栏
链接： https://zhuanlan.zhi**.com/p/26834797144
摘要： 火爆 AI 编程圈的 MCP 到底是个什么东西？ - 知乎 火爆 AI 编程圈的 MCP 到底是个什么东西？ 最近，如果你经常使用 AI 编程的话，肯定听到过 MCP 这个概念？ 那到底什么是 MCP 呢？ Model Context Protocol（MCP）MCP 是一个标准
```

图 4-2

可以看到，不借助 SDK，直接使用 HTTP API 调用 MCP 服务端的工具是完全可行的，但需要处理好 SSE 长连接、异步请求和 JSON 序列化等众多细节。所以，在实际应用中，我们更推荐使用 MCP SDK 以降低开发的复杂性。

4.2　基于SDK开发客户端实战案例

MCP 官方提供的 Python SDK 简化了客户端开发流程，封装了底层通信细节，使得远程调用工具和读取资源就像调用本地函数一样简单、直观。因此，使用 MCP SDK 的主要优势在于，它能够以一种更加统一的方式处理 stdio 和 HTTP 两种不同传输模式下的数据传输。这两种模式的区别仅在于连接时的参数设置不同，而后续的 MCP 服务端功能发现与调用则可以通过统一的接口来实现。

本章将通过开发一个通用的 MCP 测试客户端来阐释开发客户端的主要技巧。

4.2.1 实战准备

借助 MCP SDK，我们能够避免对本地模式和远程模式进行严格划分，从而显著简化客户端开发流程。这个通用的 MCP 测试客户端将具备以下功能。

（1）支持基于命令行参数的 SSE 和 stdio 传输模式。

（2）用户能够选择他们希望测试的 MCP 服务端功能，如工具、资源、提示等。

（3）根据用户的选择，检索并展示 MCP 服务端对应的功能列表，如多个可测试工具。

（4）允许用户进一步选择他们想要测试的单一工具、资源或提示功能。

（5）根据用户的选择和工具要求，提示用户输入必要的参数。

（6）携带用户提供的参数，向 MCP 服务端发起功能调用，接收响应消息并将其展示给用户。

开发这个客户端的流程如图 4-3 所示。

开发这两种模式下客户端的唯一区别在连接阶段，这也正是基于 SDK 开发的最大优势：它能够帮助隐藏底层通信的差异性。

我们先从如何实现这两种不同模式的连接开始探讨。

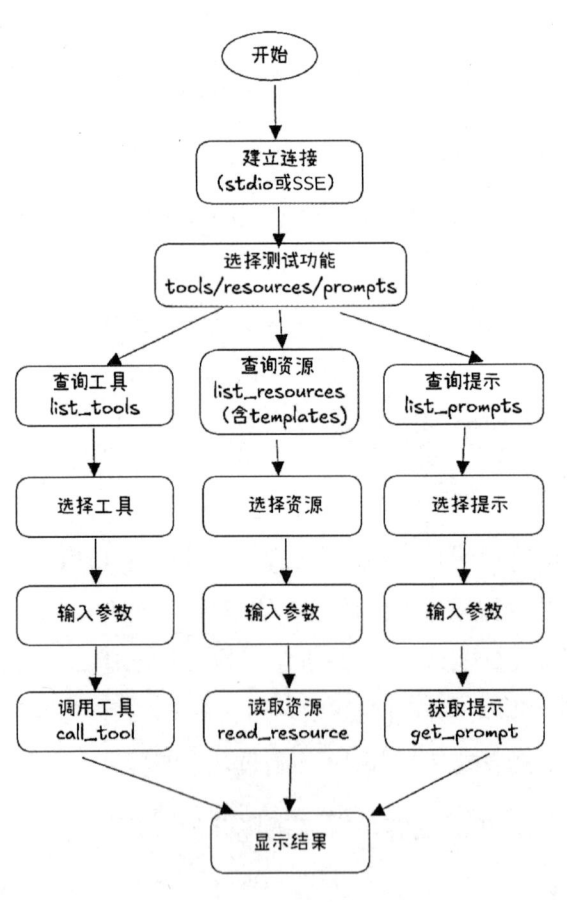

图 4-3

4.2.2　远程模式的连接与初始化

在远程模式下连接 MCP 服务端的代码如下（这段代码存储于名为"clientdemo.py"的文件中）：

```python
from mcp.client.session import ClientSession, types
from mcp.client.stdio import StdioServerParameters, stdio_client
from mcp.client.sse import sse_client
......
async def _main(transport, url, server_path):
    if transport == 'sse':
        headers = {
            "Content-Type": "text/event-stream",
        }

        print(f"连接到MCP服务端：{url}")
        async with sse_client(
            url=url,
            headers=headers,
        ) as (read, write):
            async with ClientSession(
                read, write
            ) as session:
                await session.initialize()

                await interactive_menu(session)
```

对这段代码的解释如下：

（1）在这段初始化连接的代码中，"transport"、"url"和"server_path"是 3 个从命令行获取的参数，分别代表连接模式（选项包括"stdio"或"sse"）、MCP 服务端的 SSE 连接端点，以及本地模式下的 MCP 服务端程序路径。

（2）在获取输入参数后，远程模式的连接过程如下。

① 使用"sse_client"这一通信层 API 发起 HTTP 请求（此处为 GET 请求），设置"Content-Type"为"text/event-stream"，目的是要求 MCP 服务端建立 SSE 连接。请注意，连接的"url"参数必须是 MCP 服务端的 SSE 连接端点（例如，http://{ip}:{port}/sse）。

② 连接成功后，传输层会提供两个读写流（read, write），用于构建

ClientSession 这一客户端的核心组件，所有后续应用层的请求发起与接收都基于 ClientSession 组件。

③ 调用 ClientSession 组件的 initialize 方法进行初始化，从而完成连接与初始化的过程。

实际上，这里实现了一个典型的网络传输模式：首先建立低级通信通道（SSE 连接），然后在其上构建高级会话层（ClientSession），最后进行业务逻辑处理（interactive_menu）。这里使用了异步上下文管理器（async with）来确保资源的正确获取和释放，这是常见的 Python 异步编程模式。

2025-03-26 版本的 MCP 规范引入了更为灵活的 Streamable HTTP 远程模式，不再强制依赖 SSE，并且对连接端点进行了统一。对于这些内容，我们将在最后一章介绍。

4.2.3　本地模式的连接与初始化

一旦掌握了远程模式的连接，理解本地模式的连接就很容易。接下来，我们将在 4.2.2 节的代码后继续编写（这段代码存储于名为"ClientDemo.py"的文件中）：

```
    ......
else:  # stdio
    print(f"启动 MCP 服务端程序：{server_path}")
    async with stdio_client(
        StdioServerParameters(
            command="python",
            args=[server_path],
            env={**os.environ}
        )
    ) as (read, write):
        async with ClientSession(
            read, write
        ) as session:
            await session.initialize()

            await interactive_menu(session)
```

对这段代码的解释如下：

可以看到，这两种模式的连接处理流程是一致的，区别如下。

（1）通信的 API 从"sse_client"修改为"stdio_client"。

（2）连接时需要的参数不一样，在远程模式下"url"是唯一的参数，而本地模式下的参数通过 StdioServerParameters 类型的参数对象传入，重要的 3 个参数见表 4-1。

表 4-1

参数	作用
command	启动 MCP 服务端的命令，比如 python、uv、uvx、npx 等
args	启动 MCP 服务端携带的命令行参数
env	MCP 服务端工作时的环境变量

在我们的例子中，使用 python 命令启动.py 文件，所以设置"command="python""，在"args"参数中放入 MCP 服务端的.py 文件名，并从客户端直接读取环境变量。与远程模式一样，在完成连接后先构建 ClientSession 并进行初始化，然后进行业务逻辑处理。

程序运行到这里，我们可以看到如图 4-4 所示的界面。

```
(serverdemo) (base) pingcy@192 serverdemo % python clientdemo.py
MCP 交互式客户端
————————————————————————————
传输模式：stdio
启动MCP服务端程序：serverdemo.py
正在初始化会话...
会话初始化成功

============================================
MCP 交互式客户端 - 主菜单
1. 测试工具 (Tools)
2. 测试资源 (Resources)
3. 测试资源模板 (Resource Templates)
4. 测试提示 (Prompts)
q. 退出

请选择功能：
```

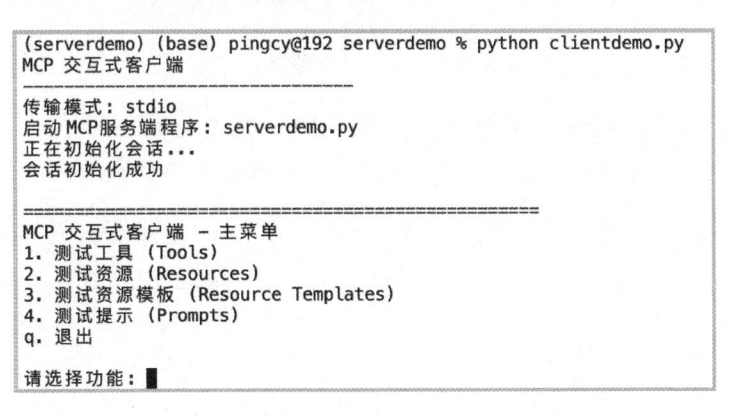

图 4-4

4.2.4　工具的发现与调用

在开始处理业务逻辑之后，底层传输模式对应用来说是不可见的。你只需专注于应用层面的处理，而无须深入了解传输细节。首先，我们测试最重要的MCP 服务端功能——工具的发现与调用，代码如下（这段代码存储于名为"clientdemo.py"的文件中）：

```python
……
async def handle_tool_call(session: ClientSession) -> None:
    """处理工具调用功能"""
    try:
        tools = await session.list_tools()

        ……此处省略用户选择某个工具的过程
        #用户选择要测试的工具: selected_tool

        print(f"\n选择的工具: {selected_tool.name}")
        print(f"描述: {selected_tool.description}")
```

对这段代码的解释如下：

（1）**session.list_tools** 用于查询 MCP 服务端公开的工具功能及其详细信息（返回的消息格式可参考 2.6 节）。

（2）在获取 MCP 服务端的工具信息后，根据需求向用户展示必要的信息以供选择（此处省略细节）。在用户做出选择后，系统将展示所选工具的详细信息。

此时，客户端工具的交互界面如图 4-5 所示。

```
==========================================
MCP 交互式客户端 - 主菜单
1. 测试工具 (Tools)
2. 测试资源 (Resources)
3. 测试资源模板 (Resource Templates)
4. 测试提示 (Prompts)
q. 退出

请选择功能: 1

可用的工具:
1. tavily_search
2. excel_stats

请选择一个工具 (1-2), 输入 'q' 返回: 1
选择的工具: tavily_search
描述: 使用 Tavily API 执行网络搜索并返回格式化的结果。
```

图 4-5

接下来，我们需要解析这个工具的输入参数要求，并要求用户输入。这一部分并不需要特别的 API 处理，无非是对返回的工具元数据做解析并提示。在获得输入参数以后，调用 MCP 服务端的工具进行处理。在上面代码的后面继续编写（这段代码存储于名为"clientdemo.py"的文件中）：

```python
async def handle_tool_call(session: ClientSession) -> None:
    ......
        # 构建参数
        arguments = {}
        if hasattr(selected_tool, 'inputSchema') and selected_tool.inputSchema:
            print("\n该工具需要以下参数:")

            if selected_tool.inputSchema and 'properties' in selected_tool.inputSchema:
                for param_name, param_info in \
                    selected_tool.inputSchema['properties'].items():
                    param_description = param_info.title \
                        if hasattr(param_info, 'title') else ""
                    param_type = param_info.type \
                        if hasattr(param_info, 'type') else "string"
                    print(f" - {param_name} ({param_type}): {param_description}")

                    param_value = await get_user_input(f"请输入参数 '{param_name}': ")

                    arguments[param_name] = param_value
            else:
                print("无法解析参数结构，请手动输入JSON格式的参数")
                param_json = await get_user_input("请输入JSON格式的参数 ({}): ")
                if param_json.strip():
                    try:
                        arguments = json.loads(param_json)
                    except json.JSONDecodeError:
                        print("无效的JSON格式的参数，使用空参数")

        print(f"\n正在调用工具 '{tool_name}' 参数: {arguments}")
        result = await session.call_tool(tool_name, arguments)
        print("\n调用结果:")
        print(result.content)
```

对这段代码的解释如下：

这段代码包含以下两个核心部分。

首先，基于之前调用 list_tools 函数所返回的工具元数据中的"inputSchema"部分，识别出工具所需的输入参数，并提示用户输入后保存到"arguments"变量中。

其次，通过调用 session.call_tool 函数来执行工具的调用，并展示调用结果。

这段代码的目的是帮助理解 list_tools 函数返回的工具元数据信息结构，以及如何利用 call_tool 函数来实现工具的调用。整个过程的输出结果如图4-6所示。

```
该工具需要以下参数:
 - query (string):
请输入参数 'query': 流浪地球3
 - max_results (string):
请输入参数 'max_results': 1
正在调用工具 'tavily_search' 参数: {'query': '流浪地球3', 'max_results': '1'}
调用结果:
[TextContent(type='text', text='标题: 流浪地球3 - 百度百科\n链接: https://baike
百科 网页新闻贴吧知道网盘图片视频地图文库资讯采购百科 流浪地球3 《流浪地球3》是
李雪健、屈楚萧、赵今麦、李光洁等人主演的科幻冒险电影 [9]。《流浪地球3》改编自
```

图 4-6

由此可见，程序已成功识别出工具所需的两个参数（query, max_results）。我们输入这些参数，程序会自动调用 MCP 服务端的工具，并得到了正确的结果。

4.2.5 资源的发现与调用

一旦你掌握了工具的发现与调用方法，对资源和提示功能的运用就变得相当简单，因为它们的使用方法极为相似，仅存在少量差别。

1. 资源

由于读取资源不需要任何参数，因此处理非常简单，代码如下（这段代码存储于名为"clientdemo.py"的文件中）：

```python
......
async def handle_resource_read(session: ClientSession) -> None:
    """处理资源读取功能"""
    try:
        resources = await session.list_resources()
        print(f"可用的资源：{resources}")
        resource_uris = [resource.uri for resource in resources.resources]

        resource_uri = await select_from_list(resource_uris, "资源")
        if not resource_uri:
            return

        print(f"\n正在读取资源：{resource_uri}")
        result = await session.read_resource(resource_uri)

        print("\n资源内容：")

        # 获取资源内容
        print(result.contents)
......
```

对这段代码的解释如下：

这段代码中有以下两个主要的 API。

（1）list_resources。查询 MCP 服务端的资源列表信息。

（2）read_resource。读取某个指定 URI 的资源。

我们来测试一下调用资源功能，如图 4-7 所示。

```
请选择功能：2

可用的资源：
1. system://info

请选择一个资源 (1-1)，输入 'q' 返回：1

正在读取资源：system://info

资源内容：
[TextResourceContents(uri=AnyUrl('system://info'), mimeType='text/plain',
 text='{"version": "MCP Server 版本 1.0.0", "description": "This is a dem
o resource for system information."}')]
```

图 4-7

2. 资源模板（Resource Templates）

参数化的资源被称作资源模板。资源模板在使用上与资源有一点儿区别，主要体现在查询资源模板列表，以及对返回结果的处理上，代码如下（这段代码存储于名为"clientdemo.py"的文件中）：

```
......
async def handle_resource_template_read(session: ClientSession) -> None:
    """处理资源模板读取功能"""
    try:
        # 获取资源模板列表
        templates = await session.list_resource_templates()

        ……省略选择资源模板的过程 selected_template
        # 解析 URI 模板中的占位符 {placeholder}
        import re
        placeholders = re.findall(r'\{([^}]+)\}', selected_template.uriTemplate)

        if not placeholders:
            print("此资源模板没有占位符")
            resource_uri = selected_template.uriTemplate
        else:
            # 收集占位符的值
            placeholder_values = {}
            print("\n请为以下占位符提供值:")
            for placeholder in placeholders:
                value = await get_user_input(f" - {placeholder}: ")
                placeholder_values[placeholder] = value

            # 替换 URI 模板中的占位符
            resource_uri = selected_template.uriTemplate
            for placeholder, value in placeholder_values.items():
                resource_uri = resource_uri.replace(f"{{{placeholder}}}", value)

        print(f"\n最终资源 URI: {resource_uri}")

        # 读取资源
```

```
    print(f"正在读取资源: {resource_uri}")
    result = await session.read_resource(resource_uri)
    print("\n资源内容:")
    print(result.contents)
......
```

对这段代码的解释如下：

（1）**list_resource_templates** 用于查询 MCP 服务端的资源模板列表信息。资源模板列表中的 URI 信息存放在消息体的"uriTemplate"属性中。

（2）在获取资源模板列表信息后，对其参数进行解析（即 URI 模板中的占位符），目的是让用户输入替代这些占位符的值。比如，测试代码中这个资源模板的{user_id}：

```
users://{user_id}/profile
```

（3）由于资源模板只是构建 URI 的一种灵活方式，所以并不存在读取"资源模板"的说法，对应的资源仍然通过 **read_resource** 读取。

通过资源模板读取资源的效果如图 4-8 所示。

```
请选择功能: 3

可用的资源模板:
1. get_user_profile

请选择一个资源模板 (1-1), 输入 'q' 返回: 1

选择的资源模板: get_user_profile
URI模板: users://{user_id}/profile

请为以下占位符提供值:
 - user_id: user1

最终资源URI: users://user1/profile
正在读取资源: users://user1/profile

资源内容:
[TextResourceContents(uri=AnyUrl('users://user1/profile'), mimeType='text
/plain', text='{"user_id": "user1", "profile": {"name": "张三", "age": 28
, "email": "zhangsan@example.com", "interests": ["编程", "阅读", "旅行"],
 "join_date": "2022-01-15"}, "description": "这是一个动态资源示例, 根据用
户ID提供用户资料"}')]
```

图 4-8

4.2.6 提示的发现与调用

提示的使用也与工具的使用非常接近，只是在消息结构上有所差别。它的核心处理逻辑如下（这段代码存储于名为"clientdemo.py"的文件中）：

```python
......
async def handle_prompt_get(session: ClientSession) -> None:
    """处理获取提示功能"""
    try:
        prompts = await session.list_prompts()
        prompt_names = [prompt.name for prompt in prompts.prompts]

        ……省略选择提示(selected_prompt)的代码

        # 构建参数
        arguments = {}
        if hasattr(selected_prompt, 'arguments') and selected_prompt.arguments:
            print("\n该提示需要以下参数:")

            for argument in selected_prompt.arguments:
                param_name = argument.name
                print(f" - {param_name}")
                param_value = await get_user_input(f"请输入参数 '{param_name}': ")
                arguments[param_name] = param_value
        else:
            print("无效的JSON格式的参数，使用空参数")

        print(f"\n正在获取提示 '{prompt_name}' 参数: {arguments}")
        result = await session.get_prompt(prompt_name, arguments)
        print("\n提示内容:")
        print(result.messages)
......
```

对这段代码的解释如下：

（1）list_prompts。检索 MCP 服务端的提示列表。

（2）get_prompt。输入必要的参数，获取完整的提示列表。

注意，在查询提示的返回结果中，提示参数的描述字段与工具参数的描述字段是不同的：工具使用"inputSchema"来表示输入参数，并遵循 JSON Schema 规范，而提示则在"arguments"字段中描述所需参数。

最后，测试一下获取提示的功能，如图 4-9 所示。

```
请选择功能: 4
可用的提示:
1. commit_message
2. optimize_code

请选择一个提示 (1-2), 输入 'q' 返回: 2
选择的提示: optimize_code
该提示需要以下参数:
  - code
请输入参数 'code': print('Hello,World!')

正在获取提示 'optimize_code' 参数: {'code': "print('Hello,World!')"}

提示内容:
[PromptMessage(role='user', content=TextContent(type='text', text='我需要优化这段代码的性能:', annotations=None)), PromptMessage(role='user', content=TextContent(type='text', text="print('Hello,World!')", annotations=None)), PromptMessage(role='assistant', content=TextContent(type='text', text='我会提供一些性能优化建议。您的代码有什么特定的性能瓶颈吗?', annotations=None))]
```

图 4-9

4.2.7 优化：缓存 MCP 服务端的功能列表

在前述代码中，我们注意到在每次选择测试功能时，都会执行接口调用以获取 MCP 服务端的功能列表，例如 list_tools 等。然而，MCP 服务端的功能列表通常不会频繁更改。因此，更高效的做法是在客户端首次查询后，将功能列表进行缓存，从而避免在测试过程中重复进行不必要的接口调用。当然，我们将在第 5 章探讨如何利用 MCP 服务端提供的列表变更通知机制，实现客户端功能列表的动态更新。在此之前，我们先来实现手动刷新功能。

首先，在客户端实现一个缓存类，用来存储 MCP 服务端的功能列表，代码如下（这段代码存储于名为"clientdemo.py"的文件中）：

```python
class MCPCapabilityCache:
    def __init__(self, session: ClientSession):
```

```python
    """
    初始化缓存，与会话关联

    Args:
        session: 关联的客户端会话
    """
    self.session = session
    self.tools = None
    self.prompts = None
    self.resources = None
    self.resource_templates = None
    self.last_refresh_time = None

def clear(self):
    """清除所有缓存"""
    self.tools = None
    self.prompts = None
    self.resources = None
    self.resource_templates = None
    self.last_refresh_time = None

async def refresh_all(self):
    """刷新所有缓存"""

    try:
        # 刷新所有缓存
        await self.refresh_tools()
        await self.refresh_prompts()
        await self.refresh_resources()
        await self.refresh_resource_templates()
    except Exception as e:
        logger.error(f"刷新缓存时出错: {e}")
        print(f"刷新缓存时出错: {e}")
        return

    # 更新刷新时间
    self.last_refresh_time = asyncio.get_event_loop().time()
    print(f"所有缓存已刷新, 时间: {self.last_refresh_time}")

async def refresh_tools(self):
    self.tools = await self.session.list_tools()
```

```
    async def refresh_prompts(self):
        self.prompts = await self.session.list_prompts()

    async def refresh_resources(self):
        self.resources = await self.session.list_resources()

    async def refresh_resource_templates(self):
        self.resource_templates = await
self.session.list_resource_templates()
```

对这段代码的解释如下：

（1）不同的会话代表了连接的不同 MCP 服务端，因此在这个类中增加 session 属性用来标识功能列表对应的 MCP 服务端。

（2）以 "refresh" 开头的一系列方法通过调用 session 的接口从 MCP 服务端中刷新功能列表。

（3）refresh_all 方法用来刷新所有的功能列表，并记录最后刷新的时间。

在实现了缓存类后，我们需要对之前的一系列功能调用函数做简单改造。以工具为例，只需要替换原来 list_tools 方法调用的代码（这段代码存储于名为 "clientdemo.py" 的文件中）：

```
async def handle_tool_call(session: ClientSession, cache:
MCPCapabilityCache) -> None:
    """处理工具调用功能"""
    try:
        # 改成直接从缓存中获取工具列表
        if not cache.tools:
            print("工具列表未缓存，正在获取...")
            await cache.refresh_tools()

        tools = cache.tools.tools
......
```

资源与提示的调用采用类似的方法修改即可。最后，我们在启动 MCP 测试客户端时创建这个缓存对象，做初始化刷新，并在调用不同的功能时，传入这个对象，代码如下（这段代码存储于名为 "clientdemo.py" 的文件中）：

```
async def interactive_menu(session: ClientSession) -> None:

    # 创建功能缓存对象并初始化
    print("\n初始化MCP服务端功能缓存...")
    cache = MCPCapabilityCache(session)
    await cache.refresh_all()
......
        if choice == "1":
            await handle_tool_call(session, cache)
......
```

目前，我们的 MCP 测试客户端在启动时会从 MCP 服务端中更新并缓存功能列表，从而避免了在每次调用功能时都重新从 MCP 服务端中加载功能列表。测试效果如图 4-10 所示。

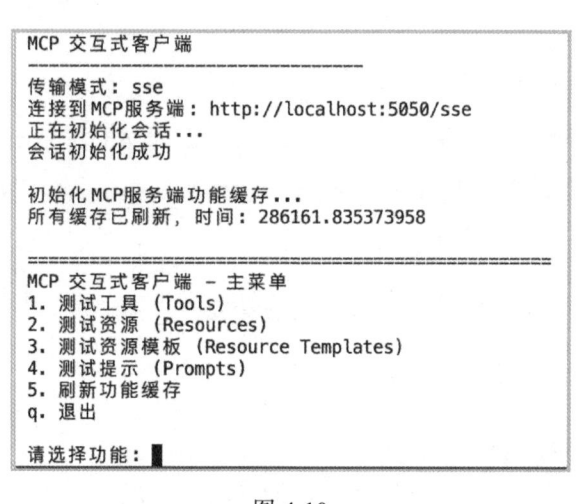

```
MCP 交互式客户端
-------------------------------
传输模式：sse
连接到MCP服务端: http://localhost:5050/sse
正在初始化会话...
会话初始化成功

初始化MCP服务端功能缓存...
所有缓存已刷新，时间: 286161.835373958

===============================
MCP 交互式客户端 - 主菜单
1. 测试工具 (Tools)
2. 测试资源 (Resources)
3. 测试资源模板 (Resource Templates)
4. 测试提示 (Prompts)
5. 刷新功能缓存
q. 退出

请选择功能：
```

图 4-10

4.3　MCP SDK开发小结

在本章中，我们掌握了利用 MCP SDK 开发基础的 MCP 服务端和客户端的方法，并确保它们之间能高效协作。同时，我们深入探讨了 MCP 服务端的调试、跟踪和部署方法，并通过构建简单的非 SDK 客户端，深入剖析了客户端的传输和交互机制。

我们利用表 4-2 概括 MCP SDK 中最常用的核心 API。

表 4-2

功能	MCP 服务端（FastMCP 框架）API	客户端 API	说明
连接	FastMCP.run()	sse_client() stdio_client()	建立物理连接、准备会话（Session）
初始化	框架自动处理	initialize()	协商版本、功能
工具	@tool	list_tools() call_tool()	发现与调用工具
资源	@resource	list_resources() list_resource_templates() read_source()	发现与读取资源
提示	@prompt	list_prompts() get_prompt()	发现与获取提示

第 5 章　MCP 高级开发技巧

在本章中，我们将深入探讨运用 MCP SDK 开发高级 MCP 功能的技巧与实践，包括如何利用低层 SDK 开发 MCP 服务端，管理生命周期管理器，处理长时间运行的任务的进度，以及自定义数据传输与安全机制等多个方面，旨在帮助那些具备基础开发经验的工程师全面掌握 MCP 的高级开发技巧。

我们将尽可能在第 4 章的代码示例基础上进行扩展与深化，以确保学习过程的连贯性。

5.1　基于低层SDK开发MCP服务端

在之前的章节里，我们借助 FastMCP 框架迅速开发了 MCP 服务端。然而，在 MCP SDK 的层次结构（如图 5-1 所示）中，FastMCP 框架实际上是建立在低层 SDK 之上的封装层。它的优点是使用起来更为简洁、快速且易于理解，但其缺点是隐藏了大量底层细节，这在进行深入调优和故障排查时可能会造成不便，甚至可能妨碍实现某些高级功能。本节将展示如何直接利用低层 SDK，以便全面掌握 MCP 的各个方面。这种模式使开发者能够手动注册处理函数、自定义工具调用细节，甚至直接访问底层的 Uvicorn 服务器和 Starlette 框架。

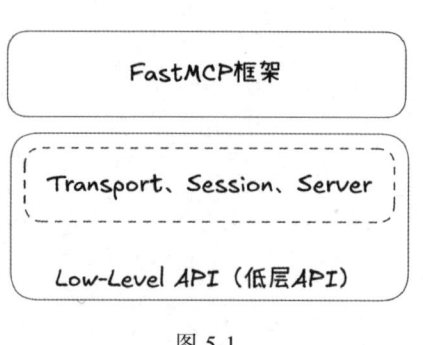

图 5-1

5.1.1 创建低层 Server 实例

与创建一个 FastMCP 类型的 MCP 服务端实例类似，首先需要创建一个 Server 实例，但现在你需要构建一个低层的 Server 实例，代码如下（这段代码存储于名为"serverdemo_lowlevel.py"的文件中）：

```
from mcp.server.lowlevel import Server
……
app = Server("MyMCPServer")
```

虽然这个步骤简单，但是务必注意区分这里的 Server 对象与底层的 Uvicorn 服务器。

（1）此处的 Server 类是应用层的一个抽象概念，提供了开发接口，包括工具和资源等，负责管理客户端会话和消息处理，确保协议得到遵守。

（2）Uvicorn 是底层的异步 Web 服务器，提供了对 HTTP 的支持，是所有操作的基础。

稍后你将看到，这两个"Server"的启动（run）时机是不同的。

5.1.2 开发与注册 MCP 服务端功能

本节将通过工具的案例，展示如何利用低层 SDK 开发与注册 MCP 服务端功能。

在 FastMCP 模式下，你可以使用装饰器@tool 来注册工具，随后框架将自动处理 MCP 服务端的 tools/list 和 tools/call 方法调用（客户端的 API 对应为 list_tools 和 call_tool）。然而，在低层模式下，我们必须手动实现这些 MCP 规范中的方法，并且亲自将工具函数与协议方法进行绑定。幸运的是，SDK 提供了一些便捷的装饰器，以简化对消息通信和格式转换的处理。

在这种模式下，开发工具通常需要以下几个步骤。

1. 定义与开发工具函数

工具函数构成了工具内部逻辑的核心。无论采用何种开发方法，这一环节都是不可或缺的。在低层 SDK 模式下，我们通常需要定义工具的元数据并实现相应的工具函数。以之前的 tavily_search 工具为例，首先来定义其功能实现，代码如下（这段代码存储于名为"serverdemo_lowlevel.py"的文件中）：

```python
# 工具的元数据
tool_metadata = {
    "description": "使用 Tavily API 执行网络搜索并返回格式化的结果",
    "inputSchema": {
        "type": "object",
        "properties": {
            "query": {
                "type": "string",
                "description": "要搜索的查询字符串"
            },
            "max_results": {
                "type": "integer",
                "description": "要返回的最大结果数量",
                "default": 5
            }
        },
        "required": ["query"]
    }
}

# 实现 Tavily 搜索工具
def tavily_search_impl(arguments) -> list[types.TextContent]:
    query = arguments.get("query")
    max_results = arguments.get("max_results", 5)
    ......
```

对这段代码的解释如下：

（1）**tool_metadata**。用于描述工具的元数据信息。这些信息会在客户端执行 tools/list 方法查询以获取工具列表时返回。然而，在 FastMCP 模式下，这些元数据是由框架根据函数签名和文档字符串自动生成的。但在这里，你需要明确定义这些元数据（当然，你也可以编写代码来自动生成）。

（2）**tavily_search_impl** 函数。其内部逻辑与 FastMCP 模式下的工具函数完全一致（此处通过 dict 类型传递后在内部展开参数，其效果与分别传入各个参数的效果相同）。

2. 实现 tools/list 方法

在实现所有工具函数之后，接下来的步骤是向客户端开放这些工具的功能。我们首先需要实现的是 tools/list 方法。这个方法的作用是向客户端提供 MCP 服务端支持的所有调用工具的信息。为了确保信息的格式符合标准，你需要回顾第 2 章介绍的 MCP 规范，并确保返回的 JSON-RPC 2.0 消息格式符合该规范。

为了简化后续的处理流程并减少硬编码的情况，你应当首先创建一个工具函数的映射表，这样可以方便地查找和调用工具。代码如下（这段代码存储于名为"serverdemo_lowlevel.py"的文件中）：

```python
......
# 全局工具函数映射
TOOL_REGISTRY = {
    "tavily_search": {
        "func": tavily_search_impl,
        "description": tavily_metadata["description"],
        "inputSchema": tavily_metadata["inputSchema"]
    },
    "excel_stats": {
        "func": excel_stats_impl,
        "description": excel_metadata["description"],
        "inputSchema": excel_metadata["inputSchema"]
    }
}
```

对这段代码的解释如下：

我们将每个工具的名称与其实现函数（func）、描述信息（description）、输入参数（inputSchema）都一一对应，这相当于创建了一个工具的"注册表"。

基于这个工具的注册表，我们实现了 tools/list 方法。为了简化处理流程，SDK 提供了 @list_tools 装饰器。你需要向该装饰器提供一个能够返回工具列表的方法（这段代码存储于名为"serverdemo_lowlevel.py"的文件中）：

```python
......
# 实现工具列表
@app.list_tools()
async def list_tools() -> list[types.Tool]:
    logger.info("获取可用工具列表")
    tools = []
    
    for tool_name, tool_info in TOOL_REGISTRY.items():
        tools.append(
            types.Tool(
                name=tool_name,
                description=tool_info["description"],
                inputSchema=tool_info["inputSchema"]
            )
        )
    return tools
```

对这段代码的解释如下：

将工具的注册表（TOOL_REGISTRY）中的数据转换为 types.Tool 类型的列表返回即可。这里的 Tool 类型是 SDK 定义的一个标准类型。它包括工具名称（name）、描述（description）和输入参数（inputSchema）等属性。这与 MCP 规范中对 tools/list 方法的返回定义保持一致，且遵循 JSON Schema 标准。

MCP SDK 中所有的类型都在 types 模块中定义，用来简化对消息类型的处理。

3. 实现 tools/call 方法

接下来是开发工具的最后一步，实现关键的 tools/call 方法调用。这可以使用 SDK 提供的 @call_tool 装饰器来简化处理，代码如下（这段代码存储于名为"serverdemo_lowlevel.py"的文件中）：

```
......
# 实现工具调用
@app.call_tool()
async def call_tool(name: str, arguments: dict) ->
list[types.TextContent]:
    try:
        logger.info(f"调用工具：{name}，参数：{arguments}")

        if name in TOOL_REGISTRY:
            tool_func = TOOL_REGISTRY[name]["func"]
            return tool_func(arguments)
        else:
            raise ValueError(f"未知工具：{name}")

    except Exception as e:
        logger.error(f"工具调用失败：{str(e)}")
        raise ValueError(str(e))
```

对这段代码的解释如下：

通过使用上述工具的注册表，我们可以简洁地实现调用逻辑。这正是注册表的核心价值所在：通过"名称→实现函数"的映射，统一了代码实现方式，从而避免了基于名称的烦琐的"if...else..."硬编码调用。

另外两种标准的 MCP 服务端功能（资源和提示）的处理方法类似。相关的装饰器包括@list_resources、@list_prompts、@read_resource、@get_prompt等。这部分内容留给你自行实践。

5.1.3 启动低层 Server 实例

正如 5.1.2 节所阐述的，低层 SDK 的 Server 类仅是对应用层能力的封装，因此无法像在 FastMCP 模式下那样简单地调用 run 方法来直接启动 MCP 服务端。现在，我们必须对 MCP 服务端的启动流程进行精确控制。考虑到 SSE 和 stdio 这两种传输模式在底层机制上的差异，它们的启动方法大相径庭。然而，掌握了启动过程的细节，将有助于你掌握对底层协议的控制，甚至改写传输模式。

我们首先探讨较为复杂的使用 SSE 传输模式的 MCP 服务端的启动过程，启动代码如下（这段代码存储于名为"serverdemo_lowlevel.py"的文件中）：

```
def run(transport: str, port: int):
    if transport == "sse":
        from mcp.server.sse import SseServerTransport
        from starlette.applications import Starlette
        from starlette.routing import Mount, Route
        from starlette.responses import JSONResponse
        import uvicorn

        print(f"使用SSE传输模式启动MCP服务端，在端口 http://127.0.0.1:{port}")

        sse_app = SseServerTransport("/messages/")

        async def handle_sse(request):
            logger.info(f"新的SSE连接: {request.url}")
            async with sse_app.connect_sse(
                request.scope, request.receive, request._send
            ) as streams:
                await app.run(
                    streams[0], streams[1],
app.create_initialization_options()
                )

        starlette_app = Starlette(
            debug=True,
            routes=[
                Route("/sse", endpoint=handle_sse),
                Mount("/messages/",
app=sse_app.handle_post_message),
            ],
        )

        uvicorn.run(starlette_app, host="127.0.0.1", port=port)
```

对这段代码的解释如下：

在第 2 章中，我们已经探讨了 SSE 传输模式的基本原理：基于 HTTP POST

请求和 SSE 的双通道传输。

使用 SSE 传输模式的 MCP 服务端的启动与后续处理依赖于一个核心的传输层组件：SseServerTransport。这个组件提供了两个重要的处理方法。只要掌握了其内部工作原理，就掌握了整个启动过程。其原理如图 5-2 所示。

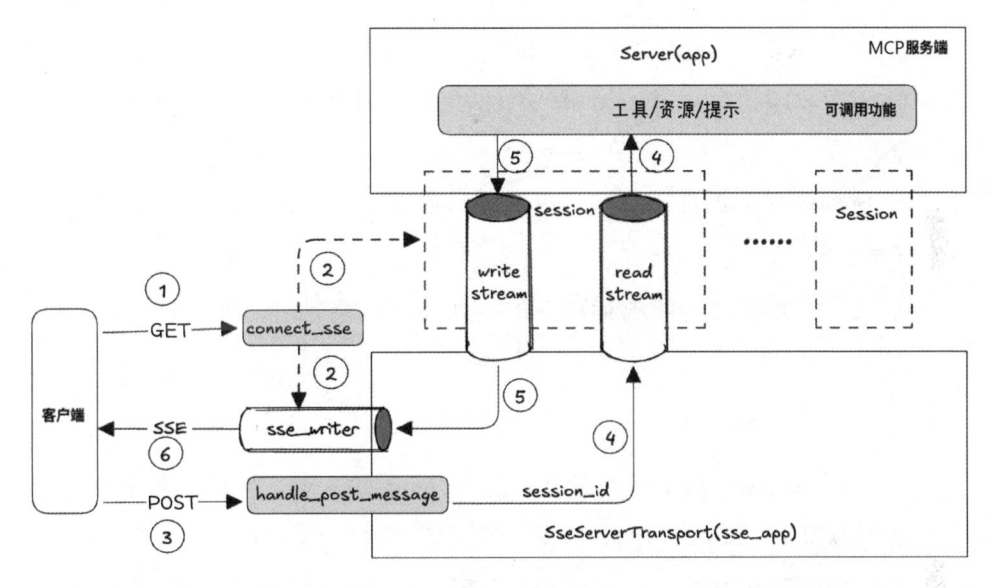

图 5-2

这两个处理方法分别是 connect_sse 与 handle_post_message，描述如下。

（1）connect_sse。建立 SSE 通道，并持续推送消息。

这个处理方法对应的路由端点是/sse，其主要处理过程如下（对应图 5-2 中①和②）。

① 接收进来的 HTTP GET 请求，建立一个 SSE 通道用于向客户端发送后续消息，并通知客户端后续的消息端点（/messages/?session_id={session_id}）。

② 创建两个读写内存流（streams）供上层应用（Server 对象）使用，应用会创建 MCP 服务端会话（ServerSession），并将 streams 用作与传输层交换数据的通道。

同时，传输层开始持续读取写内存流（write stream），一旦收到消息，就将其推送给客户端。

（2）handle_post_message。接入 HTTP POST 请求，并转给应用层处理。

这个处理方法对应的路由端点是/messages/，其处理过程如下（对应图 5-2 中③~⑥）。

① 接收进来的 HTTP POST 请求，并立即返回确认消息（状态码为 202）。

② 将客户端消息通过 connect_sse 创建的读内存流（read stream）交给应用处理。

③ 应用处理（工具、资源、提示等函数处理）完成后，将返回消息放入写内存流。

④ 写内存流会触发传输层读取消息并推送给客户端，从而完成请求处理的闭环。

在了解了这一流程后，再来理解 SSE 传输模式下的启动代码：

（1）uvicorn.run。此方法启动底层的 Uvicorn 服务器，并注册基于 Starlette 框架的 Web 应用 starlette_app，负责处理后续的 HTTP 请求。

（2）在构建 starlette_app 的过程中，将/sse 与/messages/两个端点的处理逻辑进行映射。

① /messages/。映射到 handle_post_message 方法。

② /sse。由于需要对 connect_sse 方法输出的内存流进行处理，因此需要设置一个独立的 handle_sse 函数。

（3）handle_sse。通过 connect_sse 方法进行连接，在连接成功后先获取内存流,然后将内存流传递给上层应用,即前面创建的 Server 对象,在调用 app.run 方法时传入。

（4）在调用 app.run 方法时，会带有一个初始化选项（InitializationOptions 类型）。这个选项是 MCP 服务端的功能声明，包括服务功能与是否启用变更通知功能。在通常情况下，只需使用 create_initialization_options 方法来默认生成即可（需要特别设置变更通知功能，详细信息请参阅 5.4 节）。

接下来看一下使用 stdio 传输模式的启动过程，代码如下（这段代码存储

于名为"serverdemo_lowlevel.py"的文件中):

```
......
    else:
        from mcp.server.stdio import stdio_server

        logger.info("使用 stdio 传输模式启动 MCP 服务端")
        print("使用 stdio 传输模式启动 MCP 服务端")

        async def arun():
            async with stdio_server() as streams:
                await app.run(
                    streams[0], streams[1],
app.create_initialization_options()
                    )

        anyio.run(arun)
```

对这段代码的解释如下：

该过程十分简洁。首先启动 stdio_server（通常由客户端启动子进程），然后将创建的两个内存流直接传递给上层应用（即 Server 对象），并开始运行（run）。之后，应用便能通过这两个内存流与客户端进行请求的交互。

以上是利用低层 SDK 开发 MCP 服务端的主要流程，与基于 FastMCP 框架开发的区别如下。

（1）MCP 服务端的启动流程。与在 FastMCP 框架下通过简单的 run 方法即可启动不同，这里的启动流程更复杂。

（2）MCP 服务端的功能开发。涉及工具、资源和提示等功能的开发，不再只是使用@tool 等装饰器注册函数那么简单，而是需要自行实现 tools/list（借助@list_tools 装饰器）、tools/call（借助@call_tool 装饰器）等标准的 MCP 方法。

通过低层 SDK 能够对 MCP 服务端的各个层面进行精细调整，包括自定义内部错误处理、扩展传输协议等，以实现高级定制。然而，这需要我们处理更多的细节问题。因此，在实际开发中，你需要根据自身的需要进行选择（只有在必要时才考虑使用这种开发模式）。

5.2 使用生命周期管理器

5.2.1 预备知识：上下文管理器

上下文管理器是 Python 中用于管理资源分配和释放的一种机制，通过"with"语句来实现资源的自动管理，确保资源在使用后被自动释放。

上下文管理器实际上是一个实现了两个特殊方法的对象，这两个方法如下。

（1）__enter__ / __aenter__。进入上下文时自动调用（即发起 with 调用时），通常返回资源对象。

（2）__exit__ / __aexit__。退出上下文时调用（退出 with 作用区），清理资源。

上下文管理器有以下两种常见的实现方式。

1. 实现上述特殊方法的类

下面是一个上下文管理器的简单样例：

```python
class FileManager:
    def __init__(self, filename, mode):
        self.filename = filename
        self.mode = mode
        self.file = None

    def __enter__(self):
        self.file = open(self.filename, self.mode)
        return self.file

    def __exit__(self, exc_type, exc_val, exc_tb):
        if self.file:
            self.file.close()

# 使用示例，注意这里的__enter__方法与__exit__方法会被自动执行
```

```
with FileManager('example.txt', 'w') as f:
    f.write('Hello, World!')
......
```

2. 使用带有装饰器的函数

这种方式更简单，非异步函数使用@contextmanager，异步函数则使用@asynccontextmanager，比如：

```
from contextlib import asynccontextmanager

@asynccontextmanager
async def file_manager(filename, mode):
    try:
        f = open(filename, mode)
        yield f
    finally:
        f.close()

# 使用示例，注意这里的 yield 语句之前的部分与之后的部分会自动执行
async with file_manager('example.txt', 'w') as f:
    f.write('Hello, World!')
......
```

这两者在功能上是等效的。yield 语句之前的部分相当于__enter__方法的代码，而 yield 语句之后的部分则相当于__exit__方法的代码，可以用图 5-3 理解。

因为上下文管理器具有自动执行的特性，所以通常用来管理一些需要自动释放的资源，如打开的文件、数据库连接、互斥锁等。

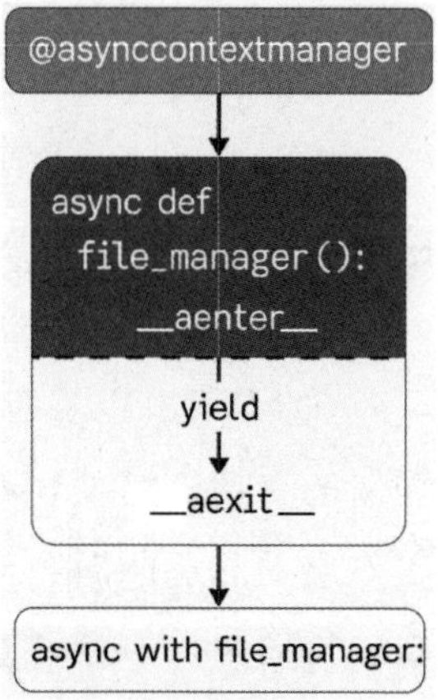

5.2.2 生命周期管理器

图 5-3

鉴于上下文管理器的特性，Starlette 和 FastAPI 这类 Web 框架引入了一个核心概念：生命周期管理器（lifespan）。lifespan 机制允许在启动和关闭应用时

执行初始化和清理操作，相当于 Web 应用生命周期中的一个"挂钩"。本质上，lifespan 是利用上下文管理器功能实现的。例如，在 FastAPI 应用中，lifespan 的典型应用场景如下：

```python
from contextlib import asynccontextmanager

@asynccontextmanager
async def lifespan(app):
    # startup, 初始化资源
    yield
    # shutdown, 清理资源

app = FastAPI(lifespan=lifespan)
```

在这个示例中，lifespan 充当了一个上下文管理器的角色，负责管理进入和退出上下文时所需执行的操作（即 yield 语句前后的逻辑）。将这个上下文管理器集成到 FastAPI 应用中，会使得应用在启动和关闭时能够自动执行 lifespan 中定义的初始化和清理任务，即使在异常情况下也能保证执行。这极大地简化了对重要资源的管理，如 MCP 服务端所必需的连接池初始化与释放、缓存的预热与释放、AI 模型的加载与卸载等。

lifespan 与传统上下文管理器的使用方式有所不同：你无须手动使用 with 或 async with 语句来调用它，因为框架会自动进行管理。

5.2.3 在 Server 实例中使用 lifespan

在 MCP SDK（包括 FastMCP 框架和低层 SDK）中，集成了对生命周期管理器的支持。这使得在 Server 实例中管理资源变得更为便捷，能够在 Server 实例启动和关闭时自动执行初始化与清理操作，如管理数据库连接。接下来，我们将通过一个管理数据库连接的示例来展示如何开发一个数据库访问工具。

1. 定义生命周期上下文

使用@asynccontextmanager 装饰器可以方便地定义异步上下文管理器，实现启动和关闭的逻辑（在 FastMCP 模式下），代码如下（这段代码存储于名为"serverdemo.py"的文件中）：

```
class AppContext:
    def __init__(self, db: Database):
        self.db = db

# 创建生命周期管理器
@asynccontextmanager
async def app_lifespan(server: FastMCP) -> AsyncIterator[AppContext]:
    """管理应用的生命周期，包括数据库连接"""
    # 启动时初始化
    logger.info("应用正在启动，初始化资源...")
    db = Database()
    await db.connect()
    try:
        # 将上下文返回给应用
        yield AppContext(db=db)
    finally:
        # 关闭时清理资源
        logger.info("应用正在关闭，清理资源...")
        await db.disconnect()
```

对这段代码的解释如下：

（1）如 5.2.2 节中的介绍，这里的生命周期管理器 lifespan 中的 yield 语句前的逻辑是在进入上下文时执行，yield 语句返回可用资源，yield 语句之后（finally 部分）的逻辑是退出上下文时执行。

（2）Database 是一个简单的 PostgreSQL 数据库访问的封装类型，结构大致如下：

```
class Database:
def __init__(self):
......
    async def connect(self):
        """连接到PostgreSQL数据库"""
......

    async def disconnect(self):
```

```
        """断开数据库连接"""
……
    async def query(self, sql: str):
        """执行SQL查询"""
……
```

（3）为何不直接返回 db 变量，而是采用 AppContext 类型进行封装？这是出于对方便管理多种资源的考虑。例如，当需要同时管理缓存、文件、模型等多种资源时，你可以在生命周期管理器中先并行或按顺序执行多个初始化步骤，然后将所有资源整合到一个 AppContext 对象中，最后将这些资源注入使用 lifespan 的 Server 实例中。

2．将 lifespan 注册到 Server 实例中

现在需要把创建的 lifespan 注册到 Server 实例中，代码如下（这段代码存储于名为"serverdemo.py"的文件中）：

```
app = FastMCP("MyMCPServer",lifespan=app_lifespan)
```

如果你使用低层 SDK，那么代码应该如下：

```
app = Server("MyMCPServer",lifespan=app_lifespan)
```

对这些代码的解释如下：

（1）这两种方法的效果是相同的。通过这种方式注册后，Server 实例在启动时会触发 lifespan 的初始化逻辑（此时会连接数据库并获取 AppContext 对象），并在关闭时执行资源清理操作。

（2）MCP 服务端能够运行在 stdio 传输模式或 SSE 传输模式下（尽管这两种模式对上层应用接口保持透明，但它们的底层机制截然不同），但是在这两种模式下触发 lifespan 启动 MCP 服务端的时机是有差异的。下面深入介绍。

① 在 stdio 传输模式下，客户端将 MCP 服务端作为子进程启动。MCP 服务端在启动后，无须依赖类似于 Uvicorn 的底层 HTTP 服务器，而是直接以一对一的方式为客户端提供服务。因此，MCP 服务端在启动时会立即调用 Server

实例的 run 方法，从而触发 lifespan 的启动流程（包括连接数据库）。我们可以通过客户端进行测试和验证。MCP 服务端在启动时的输出内容如图 5-4 所示。

```
○ (serverdemo) (base) pingcy@pingcy-macbook serverdemo % python clientdemo.py --transport stdio
MCP 交互式客户端
------------------------
传输模式: stdio
启动MCP服务端程序: serverdemo.py
正在初始化会话...
2025-04-23 00:15:06,754 - __main__ - INFO - 应用正在启动，初始化资源...
2025-04-23 00:15:06,786 - __main__ - INFO - 数据库连接已建立
会话初始化成功
```

图 5-4

可以看到，MCP 服务端一旦启动，就会与客户端建立会话，并开始初始化 lifespan，建立数据库连接。

② 在 SSE 传输模式下，会先启动底层的 Uvicorn 服务器，然后等待客户端连接。所以，这时不会进入 Server 实例的 lifespan 初始化方法，只有基本启动信息，如图 5-5 所示。

```
INFO:     Started server process [44863]
INFO:     Waiting for application startup.
INFO:     Application startup complete.
INFO:     Uvicorn running on http://0.0.0.0:5050 (Press CTRL+C to quit)
```

图 5-5

然而，一旦客户端建立连接，就会激活 MCP 服务端的连接处理机制，随后启动 Server 实例的 run 方法来创建会话，并开始初始化 lifespan。我们可以看到数据库连接的建立，如图 5-6 所示。

```
2025-04-23 00:19:21,191 - __main__ - INFO - 应用正在启动，初始化资源...
INFO:     127.0.0.1:52373 - "GET /sse HTTP/1.1" 200 OK
INFO:     127.0.0.1:52375 - "POST /messages/?session_id=4957fd42ea0c4ca8851e...
pted
2025-04-23 00:19:21,218 - __main__ - INFO - 数据库连接已建立
INFO:     127.0.0.1:52378 - "POST /messages/?session_id=4957fd42ea0c4ca8851e...
pted
```

图 5-6

所以，在 SSE 传输模式下，lifespan 管理的其实是 MCP 服务端会话的生命周期，而不是整个 MCP 服务端应用实例的生命周期。

3. 在请求处理中访问 lifespan 返回的资源

lifespan 返回的资源可以在工具中获取并使用。例如，如果我们开发一个用于查询数据库的工具，那么此时需要数据库连接的资源。以下是在工具中访问 lifespan 管理的资源的代码（这段代码存储于名为"serverdemo.py"的文件中）：

```
@app.tool()
async def query_database(ctx: Context, sql: str) -> str:
    try:

        # 从生命周期上下文中获取数据库连接
        db = ctx.request_context.lifespan_context.db

        results = await db.query(sql)
......
```

对这段代码的解释如下：

（1）这是在 FastMCP 开发模式下的方法。在利用 FastMCP 框架进行开发时，你可以选择添加一个 Context 类型的输入参数。这个参数允许开发者访问 MCP 底层功能及本次请求的上下文信息。Context 对象中有一个重要成员 request_context，其中有以下信息。

① request_id。本次请求的 ID。

② session。本次请求的 MCP 服务端维持的 session 对象。

③ lifespan_context。生命周期管理器返回的资源对象（即 yield 语句后面的对象）。

所以，借助 ctx.request_context.lifespan_context 属性可以访问生命周期管理器返回的资源对象（上面是 AppContext 类型），进而可以使用其中的数据库连接。

（2）如果使用低层 SDK 开发模式，那么可以直接通过 Server 实例来访问。比如，可以使用以下代码访问：

```
db = app.request_context.lifespan_context.db
```

通过这种方式，我们能够在各个请求处理函数中以统一的方法使用这些资源，避免了在每次请求时重复进行初始化。lifespan 提供了一种类型安全的上下文传递机制，确保在启动时注入（yield）的对象能够被正确地获取和使用。

5.2.4　在 Starlette 实例中使用 lifespan（SSE 传输模式）

我们之前提到，在 SSE 传输模式下，仅当接收到新的客户端连接请求时，系统才会进入 lifespan 的启动阶段。若存在多个客户端连接，系统则会多次通过 lifespan 来初始化资源（如示例中的多个数据库连接）。那么，如何在 Web 服务器层实现这种生命周期管理器呢？具体来说，就是在 Uvicorn 服务器启动时创建资源（例如，一个共享连接池），并在 Uvicorn 服务器关闭时进行资源清理。

在这种情况下，你需要利用低层的 Starlette 框架提供的 lifespan 功能：不应将生命周期管理器绑定到 Server 实例上，而应将其绑定到 Starlette 实例上。以下是一个简单的示例，我们仍然以数据库连接为例（这段代码存储于名为"serverdemo_lowlevel.py"的文件中）。请注意，现在你需要借助低层的 SDK 来实现。

```python
global_db = None

@asynccontextmanager
async def uvicorn_lifespan(app):
    """Uvicorn 服务器级别的生命周期管理器"""
    global global_db

    # 当服务器启动时初始化资源
    logger.info("Uvicorn 服务器正在启动，初始化全局资源...")
    db = Database()
    await db.connect()
    global_db = db

    try:
        # 将资源传递给应用
        yield
```

```
    finally:
        # 当服务器关闭时清理资源
        logger.info("Uvicorn 服务器正在关闭，清理全局资源...")
        if global_db:
            await global_db.disconnect()
            global_db = None
......
def run(transport :str,port:int):
    ......
        starlette_app = Starlette(
            debug=True,
            routes=[
                Route("/", endpoint=health_check),
                Route("/sse", endpoint=handle_sse),
                Mount("/messages/",
app=sse_app.handle_post_message),
            ],
            lifespan=uvicorn_lifespan
        )

        uvicorn.run(starlette_app, host="127.0.0.1", port=port)
```

对这段代码的解释如下：

（1）创建一个名为 uvicorn_lifespan 的生命周期管理器。为了使其他函数能够访问此处初始化的资源，我们在这里简化处理，使用了一个全局数据库连接对象（global_db）。

（2）这个生命周期管理器的启动逻辑（在 yield 语句之前）和关闭逻辑（在 yield 语句之后）与前面的例子大致相同。

（3）将这个生命周期管理器作为参数绑定给 Starlette 对象。这样，Web 服务器在启动时（uvicorn.run）就会自动执行其启动代码，从而实现资源的初始化。Web 服务器在启动时的信息如图 5-7 所示。

```
2025-04-23 01:37:51,265 - __main__ - INFO - 使用SSE传输模式启动MCP服务端,在端口 5050
使用SSE传输模式启动MCP服务端,在端口 http://127.0.0.1:5050
INFO:     Started server process [79341]
INFO:     Waiting for application startup.
2025-04-23 01:37:51,284 - __main__ - INFO - Uvicorn 服务器正在启动，初始化全局资源...
2025-04-23 01:37:51,314 - __main__ - INFO - 数据库连接已建立
INFO:     Application startup complete.
INFO:     Uvicorn running on http://127.0.0.1:5050 (Press CTRL+C to quit)
```

图 5-7

启动过程大致如下：首先服务器启动，接着加载 starlette app 模块，然后生命周期管理器启动，连接数据库（资源初始化），最终启动完成。

当你终止这个 Server 实例时，将会看到如图 5-8 所示的输出信息。

```
^CINFO:     Shutting down
INFO:      Waiting for application shutdown.
2025-04-23 01:40:13,381 - __main__ - INFO - Uvicorn 服务器正在关闭，清理全局资源...
2025-04-23 01:40:13,390 - __main__ - INFO - 数据库连接已关闭
INFO:      Application shutdown complete.
INFO:      Finished server process [79341]
```

图 5-8

由此可见，在服务器关闭的过程中，生命周期管理器的关闭代码将自动执行，数据库连接将被断开，确保了资源得到妥善清理。

5.3 实现应用层的ping机制

MCP 规范定义了一种可选的应用层的 ping 机制，允许客户端或 MCP 服务端通过发送 ping 请求来验证连接的活跃性，并据此执行相应的后续操作。尽管 HTTP 的 SSE 连接在协议层面上已经具备了检测客户端断开连接的 ping 机制，但目前的 SDK 并未将此信息传递给上层应用，导致应用层无法根据 ping 请求的反馈做出相应的处理。这也意味着，在 SSE 传输模式下，应用层无法及时感知连接的中断（除非请求报错），从而无法执行必要的清理操作（例如，导致 lifespan 无法执行退出逻辑）。

在本节中，我们将着手实现应用层的 ping 机制。值得注意的是，尽管 MCP 规范将 ping 机制定义为可选的双向机制，但本节将专注于 MCP 服务端向客户端发起 ping 请求的复杂场景，以此为例进行讲解。

5.3.1 预备知识：MCP 服务端的 ServerSession

由于 ping 机制依赖于会话层的 API 来发送请求，因此我们首先需要理解

MCP 服务端会话（ServerSession）的概念。

如第 3 章所述，MCP SDK 采用了模块化和层次化的设计。它在传输层、会话层和应用层这 3 个不同的层级上，进行了明确的职责划分和接口定义，确保了各层级之间高效协作。在过去的开发实践中，我们主要利用了应用层提供的接口，如使用@call_tool 和@list_tools 等装饰器来开发与工具相关的功能。然而，这些功能实际上都是建立在更低层接口之上的。MCP 服务端各层级的基本接口关系如图 5-9 所示。

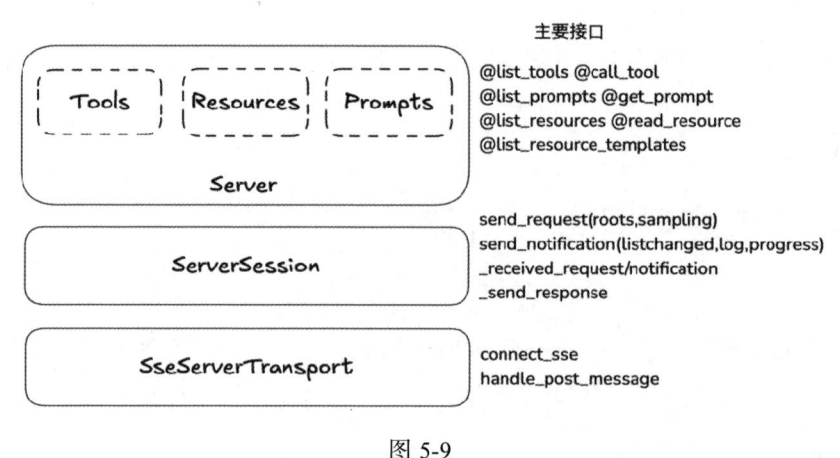

```
          主要接口
┌─────────────────────────────┐  @list_tools  @call_tool
│  ┌─────┐ ┌────────┐ ┌──────┐│  @list_prompts  @get_prompt
│  │Tools│ │Resources│ │Prompts││  @list_resources  @read_resource
│  └─────┘ └────────┘ └──────┘│  @list_resource_templates
│          Server             │
└─────────────────────────────┘

┌─────────────────────────────┐  send_request(roots,sampling)
│                             │  send_notification(listchanged,log,progress)
│       ServerSession         │  _received_request/notification
│                             │  _send_response
└─────────────────────────────┘

┌─────────────────────────────┐  connect_sse
│     SseServerTransport      │  handle_post_message
└─────────────────────────────┘
```

图 5-9

那么，它们是如何协同工作的呢？以客户端调用 MCP 服务端的 tools/call 方法为例，客户端的消息首先经过传输层端点的 handle_post_message 方法进行初步处理。接着，消息被传递至会话层的_received_request 方法（一个内部方法）进一步处理。最终，消息由应用层定义的@call_tool 函数来完成处理。在处理完毕后，消息将交由会话层的_send_response 方法，通过已建立的 SSE 通道发送回客户端。

在 MCP SDK 中，会话层的抽象类型在 MCP 服务端为 **ServerSession**，而在客户端则体现为 **ClientSession**。在通常情况下，MCP 服务端的会话是在连接建立后由 Server 实例创建的。由于会话层负责请求和通知消息的发送与接收，因此许多需要在会话级别执行的标准机制（例如，MCP 服务端发起的 Sampling 请求、ping 请求，以及功能列表变更通知、日志通知等）都必须通过调用 ServerSession 类的 API 来实现。

在 MCP 服务端的开发中，如果要访问当前所在的会话对象，那么可以使用以下方法。

（1）如果基于 FastMCP 框架开发，那么可以在功能实现函数中通过 Context 对象访问。

```
@app.tool()
asyn def mytool(ctx:Context,...)
    session = ctx.request_context.session
    ……
```

（2）如果基于低层 SDK 开发，那么可以使用 Server 对象的 request_context 属性访问。

```
@app.list_tools()
async def list_tools() -> list[types.Tool]:

session = app.request_context.session
……
```

5.3.2　ping 请求的消息格式

注意，ping 请求不属于通知（Notification）消息，而是一个请求（Request）消息。然而，对 ping 请求的响应逻辑已经内置在现有的 SDK 中（会返回一个空结果对象）。因此，应用开发者只需实现 ping 请求的发起，并根据响应结果进行相应的处理。ping 请求的消息格式如下，非常简洁。

```
{
  "jsonrpc": "2.0",
  "id": "123",
  "method": "ping"
}
```

你可以借助 ServerSession 类的 **send_ping** 方法来发送 ping 请求。

5.3.3 实现 ServerSession 类的 ping 任务

正如之前所述，为了发送 ping 请求，必须利用 ServerSession 类的 send_ping 方法。虽然你可以在工具函数或资源函数中直接访问当前的会话，但**在单次功能调用中发送 ping 请求显然没有意义，而是需要一个独立且持续的机制来发送 ping 请求**。

由于当客户端发起连接请求时 MCP 服务端会调用 run 方法创建 ServerSession 类，并启动消息处理循环，因此我们尝试在每个新创建的 ServerSession 类中都启动一个独立的 ping 任务，这将有助于有效管理会话。

1. 派生新的 Server 类

为了扩展 run 方法，我们从 SDK 的 Server 类中派生出一个新的 Server 子类（很显然，这必须建立在低层 SDK 的基础之上），代码如下（这段代码存储于名为"mymcp/server.py"的文件中）：

```python
class MCPServer(Server[LifespanResultT]):

    def __init__(self, *args, ping_interval: float = 10.0,
max_missed_pings: int = 3, **kwargs):
        """
        初始化 MCP 服务端

        Args:
            ping_interval: 发送 ping 请求的时间间隔（秒）
            max_missed_pings: 允许连续未响应 ping 请求的最大次数
            *args, **kwargs: 传递给父类的参数
        """
        super().__init__(*args, **kwargs)
        self._sessions = set()
        self._session_ids = set()
        self._ping_interval = ping_interval
        self._max_missed_pings = max_missed_pings
        self._ping_status: Dict[ServerSession, int] = {}
```

对这段代码的解释如下：

（1）我们从 Server 类中派生一个 MCPServer 类，并增加了两个初始化参数。

① ping_interval。发送 ping 请求的时间间隔。

② max_missed_pings。可以失败的最大次数，超过最大次数就认为连接断开。

（2）为了后续增强会话管理，声明了以下几个内部变量。

① _sessions。保存当前所有 MCP 服务端会话（SSE 传输模式下可能有多个）。

② _session_ids。保存所有 MCP 服务端会话 ID。

③ _ping_status。保存每个会话的 ping 状态。

2. 在 run 方法中启动 ping 任务

首先，需要重写 Server 类的 run 方法，在其中加入启动 ping 任务和管理会话的代码（这段代码存储于名为 "mymcp/server.py" 的文件中）：

```
......
    async def run(
        self,
        read_stream: MemoryObjectReceiveStream[types.JSONRPCMessage | Exception],
        write_stream: MemoryObjectSendStream[types.JSONRPCMessage],
        initialization_options: InitializationOptions,
        raise_exceptions: bool = False,
    ):
        
        async with AsyncExitStack() as stack:

            #沿用父类代码
            lifespan_context = await stack.enter_async_context(self.lifespan(self))
            session = await stack.enter_async_context(
                ServerSession(read_stream, write_stream, initialization_options)
            )
```

```
        # 新增: 注册会话
        self._sessions.add(session)
        self._session_ids.add(self.get_session_id(session))
        self._ping_status[session] = 0  # 初始化ping状态
        logger.info(f"注册新会话,当前会话总数:
{len(self._sessions)}")

        try:
            async with anyio.create_task_group() as tg:

                # 新增: 启动健康检查任务
                tg.start_soon(self._health_check_task, session,
tg.cancel_scope)

                # 处理正常消息,此处省略
                try:
                    ……
                except Exception as e:
                    ……

        finally:
            # 新增: 会话结束时移除
            if session in self._sessions:
                self._sessions.remove(session)
            session_id = self.get_session_id(session)
            if session_id in self._session_ids:
                self._session_ids.remove(session_id)
            if session in self._ping_status:
                del self._ping_status[session]

            logger.info(f"移除会话,剩余会话数:
{len(self._sessions)}")
```

对这段代码的解释如下:

与传统的 run 方法相比,本版本的 run 方法在功能上有了显著的增强,主要体现在以下几个方面。

(1) 在成功创建会话之后,我们对其进行了保存。这一步骤将在后续的会话管理中起重要作用(这里使用的 session_id 是临时生成的,仅用于方便管理,并非 MCP 服务端内部实际的 session_id。

（2）通过任务组的 start_soon 方法启动了一个独立的 ping 任务，该任务接收了创建的会话和一个 cancel_scope 参数（cancel_scope 是一种用于终止异步任务组的机制）。

（3）在 finally 部分，增加了移除会话的操作。这一措施是为了确保当 ping 任务检测到连接已断开或者在会话中发生其他异常时，能够及时对相应的会话进行资源清理。

3. 实现 ping 任务的执行方法

最后，实现真正发起 ping 请求的内部方法，调用会话的 send_ping 接口，代码如下（这段代码存储于名为 "mymcp/server.py" 的文件中）：

```python
async def _health_check_task(self, session: ServerSession, cancel_scope: anyio.CancelScope):
    try:
        while session in self._sessions:
            try:
                # 发送ping请求并等待响应
                logger.debug(f"发送ping请求到会话{self.get_session_id(session)}")
                pong = await asyncio.wait_for(
                    session.send_ping(),
                    timeout=self._ping_interval * 0.8
                )

                # 收到pong响应，重置计数器
                logger.debug(f"收到会话{self.get_session_id(session)} 的pong响应")
                self._ping_status[session] = 0

            except (asyncio.TimeoutError, anyio.BrokenResourceError, Exception) as e:
                # ping请求超时或发送失败
                missed = self._ping_status.get(session, 0) + 1
                self._ping_status[session] = missed

                logger.warning(f"会话{self.get_session_id(session)} ping请求失败
```

```
({missed}/{self._max_missed_pings}): {str(e)}")

                if missed >= self._max_missed_pings:
                    logger.error(f"会话
{self.get_session_id(session)} 连续 {missed} 次ping请求失败,终止会话")
                    cancel_scope.cancel()
                    return

            await asyncio.sleep(self._ping_interval)

    except Exception as e:
        logger.exception(f"健康检查任务异常: {e}")
    finally:
        # 清理ping状态
        if session in self._ping_status:
            del self._ping_status[session]
```

对这段代码的解释如下：

在这个异步的连接健康检查任务中，通过调用 **session.send_ping** 方法发送 ping 请求，并期望在设定的时间间隔内接收到响应。

若响应超时或在发送过程中出现异常，则失败次数（_ping_status）将被累加。若响应正常，则失败次数将被清零，重新开始计数。

若失败次数超过设定的最大阈值（_max_missed_pings），则认为会话连接已断开，MCP 服务端将执行终止会话的操作。此时，调用 cancel_scope.cancel 方法来取消任务组内的所有任务（包括那些监听并处理正常请求的任务）。这将导致 run 方法进入 finally 阶段，以移除会话的相关信息与状态。

若 ping 请求遇到其他类型的异常，则将报告错误，但不会终止任务组，以免影响对正常任务的处理。

5.3.4 验证 ping 机制

MCP SDK 已经自动集成了对收到的 ping 请求的处理功能（即返回一个不包含任何数据的 JSON-RPC 响应消息），所以无须自行实现 ping 请求的处理逻辑，可以直接进行验证。

我们把 MCP 服务端的 logger 级别设置为 DEBUG，并使用 SSE 传输模式启动 MCP 服务端（尽管 ping 机制在 stdio 传输模式下也能工作，但显然意义并不大）。

```
> python serverdemo_lowlevel.py --transport sse
```

然后，启动前面开发的 MCP 测试客户端。

```
> python clientdemo.py --transport sse
```

在确认客户端启动成功后（如图 5-10 所示），我们不需要做任何操作。

```
============================
MCP 交互式客户端 - 主菜单
1. 测试工具 (Tools)
2. 测试资源 (Resources)
3. 测试资源模板 (Resource Templates)
4. 测试提示 (Prompts)
5. 刷新功能缓存
q. 退出

请选择功能：
```

图 5-10

现在来观察 MCP 服务端的后台跟踪信息（如图 5-11 所示）。

```
2025-04-28 22:58:01,826 - mymcp.server - DEBUG - 发送ping请求到会话 4411402064
2025-04-28 22:58:01,826 - mcp.server.sse - DEBUG - Sending message via SSE: root=JSONRPCRequest(method='ping', params=None, jsonrpc='2.0', id=13)
2025-04-28 22:58:01,827 - sse_starlette.sse - DEBUG - chunk: b'event: message\r\ndata: {"method":"ping","jsonrpc":"2.0","id":13}\r\n\r\n'
2025-04-28 22:58:01,833 - mcp.server.sse - DEBUG - Handling POST message
2025-04-28 22:58:01,833 - mcp.server.sse - DEBUG - Parsed session ID: f596a200-2de8-4b4a-b4bd-65617cabd62c
2025-04-28 22:58:01,833 - mcp.server.sse - DEBUG - Received JSON: b'{"jsonrpc":"2.0","id":13,"result":{}}'
2025-04-28 22:58:01,834 - mcp.server.sse - DEBUG - Validated client message: root=JSONRPCResponse(jsonrpc='2.0', id=13, result={})
2025-04-28 22:58:01,834 - mcp.server.sse - DEBUG - Sending message to writer: root=JSONRPCResponse(jsonrpc='2.0', id=13, result={})
INFO:     127.0.0.1:54314 - "POST /messages/?session_id=f596a2002de84b4ab4bd65617cabd62c HTTP/1.1" 202 Accepted
2025-04-28 22:58:01,834 - mymcp.server - DEBUG - 收到会话 4411402064 的pong响应
```

图 5-11

从图 5-11 中可以观察到从发送 ping 请求（对应日志"发送 ping 请求到会话……"）到接收到响应消息（对应日志"收到会话……的 pong 响应"）的过程。

（1）通过调用 ServerSession 类的 send_ping 接口，发送了一个 ping 请求。

（2）该 ping 请求通过 SSE 通道发送至客户端，消息类型为 JSONRPCRequest，且请求的 id 为 13（对应日志："Sending message via SSE..."）。

（3）由于 SSE 通道仅支持单向通信，因此客户端会通过 POST 请求来做出响应（对应日志"Handling POST message"等）。

（4）MCP 服务端随后验证收到的 POST 消息，确认它是一个 ping 请求的响应消息（JSONRPCResponse 类型），且响应数据为空。这表明 ping 请求已被成功接收，send_ping 接口正常运作。

如果此时我们退出客户端，那么 MCP 服务端的后台跟踪信息如图 5-12 所示。

```
2025-04-28 23:22:23,474 - mymcp.server - DEBUG - 发送ping请求到会话 4411402064
2025-04-28 23:22:23,474 - mymcp.server - WARNING - 会话 4411402064 ping请求失败 (1/3):
2025-04-28 23:22:33,475 - mymcp.server - DEBUG - 发送ping请求到会话 4411402064
2025-04-28 23:22:33,476 - mymcp.server - WARNING - 会话 4411402064 ping请求失败 (2/3):
2025-04-28 23:22:43,477 - mymcp.server - DEBUG - 发送ping请求到会话 4411402064
2025-04-28 23:22:43,478 - mymcp.server - WARNING - 会话 4411402064 ping请求失败 (3/3):
2025-04-28 23:22:43,479 - mymcp.server - ERROR - 会话 4411402064 连续3次 ping请求失败,终止会话
2025-04-28 23:22:43,479 - mymcp.server - INFO - 移除会话,剩余会话数: 0
2025-04-28 23:22:43,481 - __main__ - INFO - 应用正在关闭,清理资源...
2025-04-28 23:22:43,494 - __main__ - INFO - 数据库连接已关闭
2025-04-28 23:22:43,494 - __main__ - INFO - MCP Server运行清理
```

图 5-12

一旦客户端断开连接，就会引发一系列"链式"反应。

（1）MCP 服务端的 send_ping 方法将遭遇异常，并记录下失败的次数。

（2）当失败次数累积达到预设的最大值（默认为 3 次）时，将会激活 cancel_scope.cancel 方法。

（3）cancel_scope.cancel 方法的执行将导致任务组内的所有任务都被取消（包括那些正在处理请求的任务），并引导程序进入 run 方法的 finally 部分，以进行会话移除（详见"实现 ping 任务的执行方法"的代码）。

（4）在取消所有任务的同时会触发连接的生命周期管理器执行退出处理程序（具体操作为断开数据库连接，详见 5.2.3 节）。

（5）run 方法执行完毕后，可以进行一些最终的清理工作，如关闭会话的内存流。

5.4. MCP服务端通知消息的应用

5.4.1 认识通知消息

通知消息是一种单向传递且无须回应的消息。它被 MCP 规范定义为一种特定的消息类型。与请求消息不同，通知消息的结构中不包含 ID 字段（该字段主要用于将响应消息与请求消息进行匹配，而单向的通知消息显然无须具有此功能）。下面是一个典型的通知消息的格式示例：

```
{
  "jsonrpc": "2.0",
  "method": "notifications/progress",
  "params": {
    ......
  }
}
```

这里的"method"指的是通知消息的分类，而"params"则负责携带通知消息中的信息（与请求消息不同，method 指的是远程方法，而 params 指的是调用方法时的参数）。

通知消息的流向可以是双向的，即 MCP 服务端向客户端发送或客户端向 MCP 服务端发送。在大多数情况下，MCP 服务端向客户端发送通知消息更为常见，这也是本节所侧重介绍的内容。

对于使用 SSE 传输模式的 MCP 服务端来说，通知消息显得尤为重要，可以及时通知或广播 MCP 服务端的功能变化给客户端（如图 5-13 所示）。

（1）当 MCP 服务端的功能（包括工具、提示、资源等）发生变化时，MCP 服务端可以及时通知客户端，以便客户端能够及时更新模型，利用最新功能，而无须重启或重新连接。

（2）MCP 服务端的日志消息可以发送至客户端。这样，客户端不仅能获知调用结果，还能掌握过程中必要的日志信息，以便诊断问题。

（3）对于那些需要长时间运行的 MCP 服务端任务，客户端应能够持续追踪任务进度，并且可以展示一个任务的"进度条"，以此来提升用户体验。

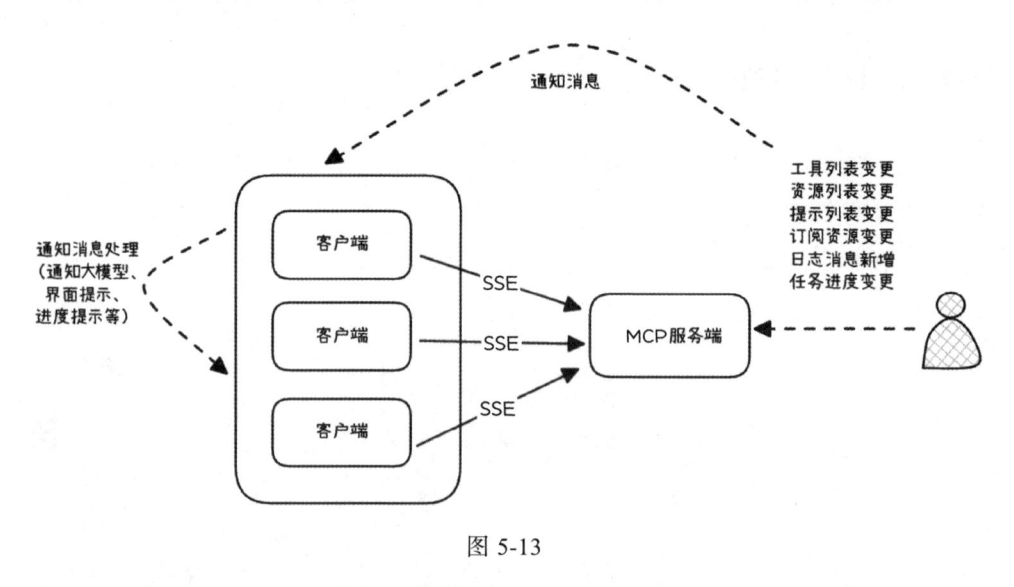

图 5-13

5.4.2 常见的通知消息的类型

在 MCP 规范中，存在几种常见的 MCP 服务端向客户端发送的通知消息的类型，见表 5-1。

表 5-1

类型	通知时机	调用方法（会话层）	声明要求
列表变更通知消息	当工具、资源、提示功能列表发生变化时	send_tool_list_changed send_resource_list_changed send_prompt_list_changed	'tools'/'resources'/'prompts': {'listChanged': true}
资源变化通知消息	当客户端订阅了资源，且资源发生了变化时	send_resource_updated	'resources': {'subscribe':true}
进度通知消息	当客户端要求通知进度，且进度发生变化时	send_progress_notification	无须功能声明但需要客户端在请求中携带 progressToken
日志通知消息	当客户端希望获得 MCP 服务端的结构化日志信息时	send_log_message	'logging':{} 客户端通过 logging/setLevel 请求配置日志级别

进度通知消息是一种双向通知机制，本节将重点讨论 MCP 服务端向客户端发送进度通知消息的情况。

MCP 规范对 MCP 服务端发送的通知消息的类型与使用规则进行了标准化，并在低层 SDK 中提供了必要的接口以简化对通知消息细节的处理。然而，具体的发送通知消息的实现需要应用根据这些标准自行完成。

发送通知消息的底层接口同样在 SDK 的会话层中提供（部分接口可在 FastMCP 框架中通过 Context 对象访问，如进度通知消息可调用 Context.report_progress 接口、日志通知消息可调用 Context.info 接口等）。

接下来，我们将深入探讨**列表变更通知消息**与**进度通知消息**这两种类型的通知消息的应用与实现。

5.4.3 实现列表变更通知消息

列表变更通知消息是指当 MCP 服务端的功能列表发生变化且 MCP 服务端在功能声明中设置了对应功能的 listChanged 属性为 true 时，MCP 服务端向客户端发送的通知消息，用于告诉客户端"我新增了某个工具，你需要刷新我的工具清单"。

具体而言，工具列表发生变化的时机如下。

（1）动态加载新的工具或资源。现代服务器架构可能支持热加载或动态注册功能函数，而无须重启整个服务。例如，基于插件系统的服务可以在运行时加载新插件，或者基于配置动态开启/关闭某些功能。

（2）访问权限发生变化。用户在验证身份后，可能获得对额外工具与资源的访问权限。某些工具可能仅在特定条件下可用（如付费用户解锁高级工具）。

（3）工具依赖的外部资源状态发生变化。依赖外部资源的工具可能因资源状态变化而变得可用或不可用。例如，依赖数据库连接的工具在连接建立后才可用。

下面以工具为例，演示如何在 MCP 服务端的工具列表发生动态变化时，通知客户端自动刷新工具列表。在整个过程中，无论是 MCP 服务端还是客户端，都无须重新启动。由于 SSE 传输模式涉及多个客户端的会话，处理更为复杂，因此是这里需要重点考虑的对象。

1. 实现 MCP 服务端的发送通知消息的功能

若需向客户端发送列表变更通知消息，则必须利用 ServerSession 实例的发送接口，因为 ServerSession 实例代表了单一客户端。特别是在 SSE 传输模式下，由于 MCP 服务端可能同时连接多个客户端，因此必须决定是向特定客户端还是向所有客户端发送通知消息。

在 5.3.3 节中，为了实现 ping 功能，我们派生了一个新的 Server 类并给会话增加了 ping 机制。同样，在此处实现发送通知消息的功能也是合适的，代码如下（源代码文件的路径为 "mymcp/server.py"）：

```
……
#增加发送通知消息的方法
async def send_notification(self, notification_type: str, session: 
Optional[ServerSession] = None):
    """
    session: 如果指定，则只向该会话发送通知消息，否则向所有会话发送通知消息
    """
    target_sessions = [session] if session else list(self._sessions)
    
    if session and session not in self._sessions:
        logger.warning(f"尝试向未注册的会话发送通知消息: 
{self.get_session_id(session)}")
        return
    
    logger.debug(f"发送通知消息: {notification_type} 给 
{len(target_sessions)} 个会话")
    
    for sess in target_sessions:
        session_id = self.get_session_id(sess)
        try:
            if notification_type == "tools_changed":
                await sess.send_tool_list_changed()
            elif notification_type == "resources_changed":
                await sess.send_resource_list_changed()
```

```
        elif notification_type == "prompts_changed":
            await sess.send_prompt_list_changed()

        logger.debug(f"已发送 {notification_type} 通知消息到会话：
{session_id}")
    except Exception as e:
        logger.error(f"向会话 {session_id} 发送通知消息
{notification_type} 失败：{str(e)}")
```

对这段代码的解释如下：

在这里的发送通知消息机制中需要提供两个参数：通知消息的类型和 MCP 服务端会话。若未指定 MCP 服务端会话，则默认向所有会话广播通知消息（在 SSE 传输模式下尤为有用）。这是一种基础的实现方式，你也可以进一步优化。例如，通过队列来暂存每个会话待发送的通知消息，并启动独立的任务以确保通知消息有序发送。

在发送通知消息功能实现后，就需要在适当的时机添加代码以触发发送通知消息功能。为此，我们对现有的工具代码进行必要的改进，创建一个工具管理器（ToolManager），以支持工具的动态注册（例如，你甚至可以传入工具代码或代码文件在线添加工具），然后在动态注册新的工具时向所有客户端（会话）发送通知消息（这段代码存储于名为 "serverdemo_lowlevel.py" 的文件中）：

```
class ToolManager:
......
    async def register_tool(self, name: str, func: Callable,
description: str, input_schema: dict, notify: bool = True):
        """注册一个新工具"""
        async with self._lock:
            if name in self._tools:
                raise ValueError(f"工具 '{name}' 已存在")

            self._tools[name] = {
                "func": func,
                "description": description,
                "inputSchema": input_schema
            }
            logger.info(f"成功注册工具：{name}")

            # 发送通知消息
```

```
    if notify:
        await app.send_notification("tools_changed")
```

对这段代码的解释如下：

在注册工具的方法中，你需要提供方法函数及必要的元数据信息，以便在内部管理的 tools 变量中进行注册。在注册完成后，通过调用自定义的 Server 对象的 send_notification 方法，即可通知所有客户端。

2. 实现客户端处理接收的通知消息

MCP 服务端发送的通知消息需要客户端进行处理，但遗憾的是客户端 SDK 仅提供了对日志通知消息的回调设置，而尚未提供对列表变更通知消息和进度通知消息的回调设置，这需要自行实现。然而，我们注意到 SDK 中的 ClientSession 类提供了一个未处理消息的回调参数 message_handler：

```
def __init__(
    self,
    read_stream: MemoryObjectReceiveStream[types.JSONRPCMessage | Exception],
    write_stream: MemoryObjectSendStream[types.JSONRPCMessage],
    read_timeout_seconds: timedelta | None = None,
    sampling_callback: SamplingFnT | None = None,
    list_roots_callback: ListRootsFnT | None = None,
    logging_callback: LoggingFnT | None = None,
    message_handler: MessageHandlerFnT | None = None,
) -> None:
```

在这里，我们先来了解一下在创建 ClientSession 实例时，除了必须输入的 read_stream 和 write_stream 这两个参数，还有其他几个可选的参数。

（1）sampling_callback。此为当 MCP 服务端请求调用客户端的 Sampling 功能时所触发的回调函数。

（2）list_roots_callback。此为当 MCP 服务端请求调用客户端的 Root 功能时所触发的回调函数。

（3）logging_callback。此为当客户端接收到 MCP 服务端发送的日志通知消息时所触发的回调函数。

（4）message_handler。此为当客户端接收到 MCP 服务端的消息（包括未处理的请求消息或通知消息）时所触发的回调函数。

因此，我们可以利用 message_handler 回调函数来处理 MCP 服务端的列表变更通知消息，其处理流程如图 5-14 所示。

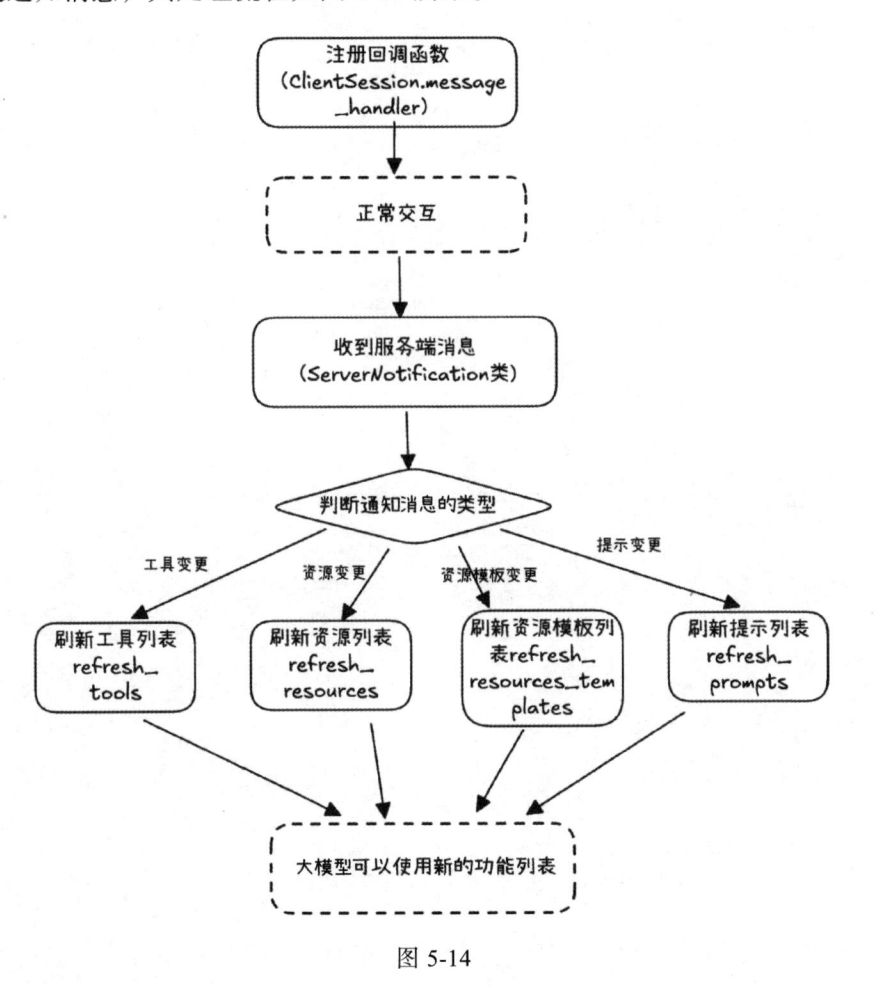

图 5-14

现在来创建这个回调函数，并将其存储于一个单独的代码文件（源代码文件的路径为"myhandlers/handlers.py"）中：

```
async def handle_other_message(message: types.ServerNotification):
```

```python
    match message.root:
        case types.ToolListChangedNotification(params=params):
            try:
                params = message.root.params
                print(f"工具列表已更改: {params}")
                if _global_cache:
                    asyncio.create_task(_global_cache.refresh_tools())
                    print("正在自动刷新工具缓存...")
            except Exception as e:
                print(f"\n 工具列表处理错误: {e}")

        case types.PromptListChangedNotification(params=params):
            try:
                params = message.root.params
                print(f"提示列表已更改: {params}")
                if _global_cache:
                    asyncio.create_task(_global_cache.refresh_prompts())
                    print("正在自动刷新提示缓存...")
            except Exception as e:
                print(f"\n 提示列表处理错误: {e}")

        case types.ResourceListChangedNotification(params=params):
            try:
                params = message.root.params
                print(f"资源列表已更改: {params}")
                if _global_cache:
                    asyncio.create_task(_global_cache.refresh_resources())
                    print("正在自动刷新资源缓存...")
            except Exception as e:
                print(f"\n 资源列表处理错误: {e}")

        case _:
            print(f"收到 MCP 服务端的其他消息: {message.root}")
```

无须过多解释这里的代码。它调用了之前创建的 MCP 服务端的功能列表缓存，执行了刷新操作。为了提高处理效率，这里采用了异步处理方式。例如，工具的刷新：

```
asyncio.create_task(_global_cache.refresh_tools())
```

由于回调函数位于独立的代码模块中,因此需要为主应用提供一种方法,在启动时将列表缓存注册到该模块中,具体如下:

```
# 全局缓存引用
_global_cache = None
def register_cache(cache):
    global _global_cache
    _global_cache = cache
```

然后,在客户端的主程序中调用这个方法即可:

```
......
cache = MCPCapabilityCache(session)

    # 将缓存对象注册到消息处理系统中,使回调函数可以访问缓存
    register_cache(cache)
    ......
```

最后,别忘记在客户端会话(ClientSession)中注册这个回调函数。

```
......stdio_client 或者 sse_client 调用......
as (read, write):
            # 使用标准客户端会话
            async with ClientSession(
                read, write,
                message_handler=handle_other_message
            ) as session:
......
```

3. 测试列表变更通知消息

接下来对列表变更通知消息进行测试。由于列表变更通知消息在 SSE 传输模式下具有更高的应用价值,因此以 SSE 传输模式作为示例。

(1)启动 MCP 服务端:

```
python serverdemo_lowlevel.py --transport sse
```

(2)启动前面创建的 MCP 测试客户端:

```
python clientdemo.py --transport sse
```

在正常情况下，你会看到交互式的提示。在选择工具功能后，你可以查看当前 MCP 服务端注册的工具列表。例如，这里展示了两个初始工具，如图 5-15 所示。

```
==========================================
MCP 交互式客户端 - 主菜单
1. 测试工具 (Tools)
2. 测试资源 (Resources)
3. 测试资源模板 (Resource Templates)
4. 测试提示 (Prompts)
5. 刷新功能缓存
q. 退出

请选择功能: 1

可用的工具:
1. tavily_search
2. excel_stats

请选择一个工具 (1-2), 输入 'q' 返回: q
```

图 5-15

（3）通过另一个客户端在线注册一个新的工具，如名为"hello_world"的工具。这里通过一个简单的工具管理客户端注册工具（如图 5-16 所示）。

```
===== 工具管理客户端 =====
1. 注册hello_world工具
2. 查看当前工具列表
3. 取消注册工具
0. 退出程序
==========================
请选择操作 (0-3): 1

注册hello_world工具...
成功: 成功注册工具: hello_world
```

图 5-16

工具管理客户端的主要功能是调用 MCP 服务端的工具管理器（ToolManager）的接口动态注册工具（或取消注册），其代码在 register_tool_client.py 文件中。

（4）切换回 MCP 测试客户端，如图 5-17 所示。

```
请选择功能：
🔧 工具列表已更改：None
🔄 正在自动刷新工具缓存...
```

图 5-17

由此可见，当接收到 MCP 服务端发送的工具列表变更通知消息时，系统会触发之前创建的回调函数，从而使得客户端的功能列表缓存自动刷新。

（5）重新查看一下当前可用的工具（如图 5-18 所示）。

```
🔄 正在自动刷新工具缓存...
无效选择，请重试

==================================================
MCP 交互式客户端 - 主菜单
1. 测试工具 (Tools)
2. 测试资源 (Resources)
3. 测试资源模板 (Resource Templates)
4. 测试提示 (Prompts)
5. 刷新功能缓存
q. 退出

请选择功能：1

可用的工具：
1. tavily_search
2. excel_stats
3. hello_world
```

图 5-18

正如我们预期的那样，这里多了一个名为"hello_world"的工具。这正是前面给 MCP 服务端动态添加的新工具。

上面以工具列表变更通知消息为例，展示了 MCP 服务端通知消息功能的实际应用。请留意，在整个过程中，MCP 服务端与客户端均无须退出或重启，所有操作均在线上无缝进行。在现实场景中，一个客户端的大模型 Chatbot 工具，可以利用此机制动态地通知用户 MCP 服务端已更新工具，并提示用户是否需要重新加载以启用新功能，从而实现用户体验的无缝对接。

资源与提示列表变更通知消息的处理方式与工具列表变更通知消息的处理方式类似，这里不再赘述，留给你自行探索与实践。

5.4.4 实现 MCP 服务端任务的"进度条"

本节将介绍另一种 MCP 服务端通知消息——进度（Progress）通知消息的用法。

在本示例场景中，我们模拟一个可能需要长时间运行的 MCP 服务端工具调用场景。该场景要求在运行过程中能够定期向客户端报告当前的进度信息。客户端根据这些进度报告，可以展示一个"进度条"，以此来优化用户的等待体验。

1. 进度通知消息的交互规范

进度通知消息的交互流程（MCP 服务端向客户端发送通知消息）大致如图 5-19 所示。

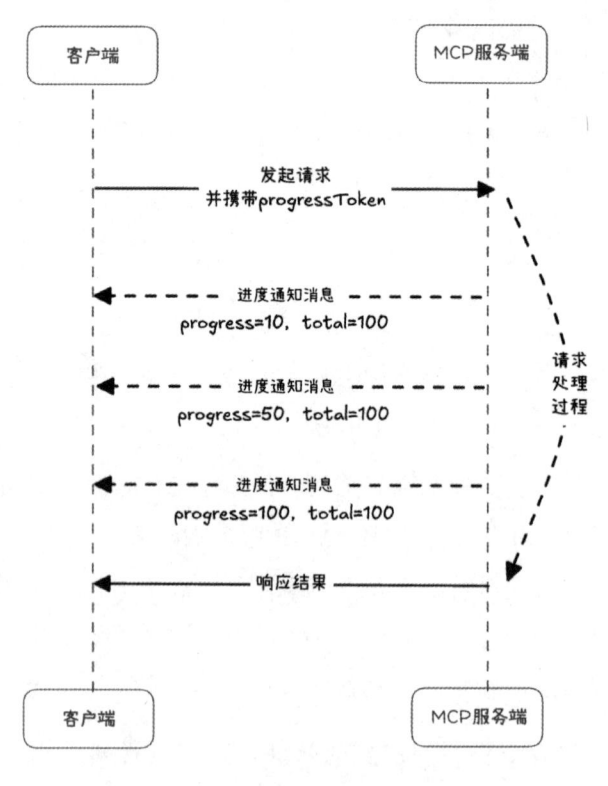

图 5-19

首先，客户端发起工具调用请求，在这个请求中需要携带一个 progressToken（字符串或整数），表示"我可以接收进度通知消息"，请求格式如下：

```
{
  "jsonrpc": "2.0",
  "id": 1,
  "method": "tools/call",
  "params": {
    "_meta": {
      "progressToken": "task123"
    }
    ……其他参数……
  }
}
```

MCP 服务端在处理请求的过程中，根据情况向客户端定期报告进度，进度通知消息的格式如下：

```
{
  "jsonrpc": "2.0",
  "method": "notifications/progress",
  "params": {
    "progressToken": "task123",
    "progress": 50,
    "total": 100
  }
}
```

此处的"progress"指的是随着时间推移而逐渐增加的进度数值，而"total"则代表了任务完成时的总进度数值。需要注意的是，"total"是可选的，因为并非所有任务在开始前都能预知确切的总量。

2. 实现 MCP 服务端的进度通知消息发送

MCP 服务端的进度通知消息与 5.4.3 节的列表变更通知消息存在以下差异。

（1）进度通知消息通常仅在某次耗时较长的工具调用时发送给特定的客户

端，而列表变更通知消息可能需要同时向多个客户端发送（在 SSE 传输模式下）。

（2）进度通知消息在 stdio 传输模式或 SSE 传输模式下都可能被需要，而列表变更通知消息则更多的是在 SSE 传输模式下使用。

因此，我们首先模拟实现一个 MCP 服务端的"运行缓慢的"工具供客户端调用，并在运行过程中定期发送进度通知消息。由于 FastMCP 框架中的 Context 类型提供了 report_progress 方法，因此这里基于 FastMCP 框架开发的 MCP 服务端进行修改，代码如下（这段代码存储于名为 "serverdemo.py" 的文件中）：

```python
# 添加模拟一个长时间运行的任务的工具
@app.tool()
async def long_running_task(ctx: Context, total_steps: int = 10,
    step_delay: float = 1.0, task_name: str = "数据处理任务") -> str:
    """模拟一个长时间运行的任务，并定期报告进度。

    该函数模拟一个耗时的操作，并通过Context对象向客户端报告任务进度。

    Args:
        ctx: 请求上下文，用于报告进度
        total_steps: 任务总步骤数，默认为 10
        step_delay: 每步的延迟时间（秒），默认为 1.0
        task_name: 任务名称，用于报告进度，默认为"数据处理任务"

    Returns:
        任务完成后的结果信息

    """
    if total_steps <= 0:
        raise ValueError("总步骤数必须大于0")
    if step_delay < 0:
        raise ValueError("每步的延迟时间都不能为负数")

    start_time = time.time()

    try:
        # 初始进度报告
        await ctx.report_progress(0.0, float(total_steps))
        logger.info(f"{task_name}开始执行，共{total_steps}步...")
```

```
    # 模拟多步骤处理
    for step in range(1, total_steps + 1):

        await asyncio.sleep(step_delay)
        current_progress = float(step)
        await ctx.report_progress(current_progress,
float(total_steps))

        progress_percent = (step / total_steps) * 100
        logger.info(f"任务进度: {progress_percent:.1f}%
({step}/{total_steps})")

    # 完成所有步骤
    total_time = time.time() - start_time

    # 返回结果
    return (f"任务完成报告:\n"
        f"- 任务名称: {task_name}\n"
        f"- 总步骤数: {total_steps}\n"
        f"- 总耗时: {total_time:.2f}秒\n")
```

对这段代码的解释如下:

(1) 为了方便测试,这里让客户端在调用工具时提供一个任务总步骤数(total_steps)与每步的延迟时间(step_delay)。

(2) 在调用工具时 MCP 服务端用简单的 sleep 方法来模拟任务过程,在每完成一个步骤后,都向客户端报告一次任务进度(ctx.report_progress),同时在 MCP 服务端记录日志。

(3) 在任务完成后,简单地返回任务执行的统计信息。

这里使用同步方法来处理请求。然而,在实际的开发过程中,更理想的做法是将请求放在一个异步任务中进行处理(例如,利用 asyncio.create_task),同时在主函数中定期跟踪该异步任务的进度,并向客户端报告。跟踪可以通过共享状态对象与异步任务实现,或者通过检查和统计异步任务处理的结果(例如,数据库记录或文件处理的数量等)实现。

3. 客户端接收并展示"进度条"

客户端需要实现对进度通知消息的处理功能。你只需在 5.4.3 节创建的回调函数里添加一个处理进度通知消息的分支即可，代码如下（源代码文件的路径为"myhandlers/handlers.py"）：

```
async def handle_other_message(message: types.ServerNotification):
    match message.root:
        ……此处省略列表变更通知消息处理……

        case types.ProgressNotification(params=params):
            try:
                params = message.root.params

                # 解析进度信息
                progress = params.progress
                total = params.total
                token = params.progressToken

                # 计算百分比
                percent = (progress / total) * 100 if total > 0 else 0

                # 创建进度条
                bar_length = 30
                filled_length = int(bar_length * progress // total) if total > 0 else 0
                bar = '█' * filled_length + '░' * (bar_length - filled_length)

                # 使用\r回车符打印并替换当前行
                print(f"\r进度 {token}: [{bar}] {percent:.1f}% ({progress}/{total})", end='', flush=True)

                # 如果进度完成，添加换行符
                if progress >= total:
                    print()

            except Exception as e:
                print(f"\n进度通知消息处理错误: {e}")

……
```

对这段代码的解释如下：

（1）在接收到 MCP 服务端发送的类型为 ProgressNotification 的进度通知消息后，解析其中包含的参数。

（2）依据通知消息中的 progress 和 total 值计算出当前进度，并将其转换为进度条的展示形式。

（3）展示一个简单的进度条。如果你的客户端具备用户界面，那么可以利用各种现代 UI 组件来呈现这一进度条。

4. 客户端发起长时间运行任务请求

最终，为了确保 MCP 服务端的工具能够发送进度通知消息，你必须在客户端请求中添加 **progressToken** 信息，表明你能够处理此类通知消息。否则，你将无法接收到任何通知消息。遗憾的是，在早期版本的 SDK 中，客户端的 call_tool 等接口并未提供携带 progressToken 信息的参数选项。因此，我们对 ClientSession 类进行了必要的扩展（MCP Python SDK 1.9.0 版本已经提供了 progrees_callback 选项，具体请参考第 7 章）（源代码文件的路径为 "mymcp/clientsession.py"）：

```
class ClientSessionEx(ClientSession):
    ......
    async def call_tool_with_progress(
        self, name: str, arguments: dict[str, Any] | None = None,
progressToken:str|int|None=None
    ) -> types.CallToolResult:
        return await self.send_request(
            types.ClientRequest(
                types.CallToolRequest(
                    method="tools/call",
                    params=types.CallToolRequestParams(name=name,
                                                     arguments=arguments,
_meta=types.RequestParams.Meta(progressToken=progressToken)))),
            types.CallToolResult,
        )
```

此处的增强是在现有的 call_tool 接口基础上新增一个名为 **_meta** 的参数，以便在调用时携带 progressToken 信息。随后，在主程序中集成这个经过增强的 ClientSession 类，并在调用工具时使用新的 **call_tool_with_progress** 方法。

5. 测试任务进度通知消息

按照以下步骤测试一下这里的进度条是否工作正常。

（1）使用 SSE 传输模式启动 MCP 服务端（FastMCP 版本）：

```
python serverdemo.py --transport sse
```

（2）使用 SSE 传输模式启动创建的 MCP 测试客户端：

```
python clientdemo.py --transport sse
```

（3）选择"测试工具"菜单项，你应该能在列出的工具中找到 long_running_task 工具。点击该工具后，输入整个任务的总步骤数（如 10 步）及每步的延迟时间（如 1 秒）。之后，你将看到如图 5-20 所示的内容。

```
该工具需要以下参数：
 - total_steps (string):
请输入参数 'total_steps': 10
 - step_delay (string):
请输入参数 'step_delay': 1
 - task_name (string):
请输入参数 'task_name': test
正在调用工具 'long_running_task' 参数: {'total_steps': '10', 'step_delay': '1', 'task_name': 'test'}
进度 testToken: [                    ] 40.0% (4.0/10.0)
```

图 5-20

（4）退出客户端后使用 stdio 传输模式测试。使用 stdio 传输模式启动 MCP 测试客户端：

```
python clientdemo.py --server-path serverdemo.py
```

后续过程与结果应当与使用 SSE 传输模式时完全一致（请确保使用 stdio 传输模式启动 MCP 测试客户端时已正确设置 message_handler）。

利用进度通知消息机制，可以显著增强交互体验，尤其在拥有用户界面的客户端中更有应用意义：在后台执行长时间运行的任务的同时，能够主动更新进度信息，使 AI 助手能够实时掌握进度状态，进而优化用户体验。

5.5 实现MCP服务端的工具调用缓存

在某些特定场景下，我们可能期望 MCP 服务端具备"记忆"功能，以便能够缓存调用请求的结果。例如，在企业环境中，可能需要 MCP 服务端的工具根据关键词检索客户信息，或者需要工具执行复杂算法以获取结果。在这种情况下，如果在单次会话中反复调用相同的功能，将导致资源浪费和响应延迟。通过在 MCP 服务端引入缓存机制，在一定时间范围内快速返回相同会话的重复调用结果，可以有效地减少性能负载。

在本节中，我们继续以工具为例，探索如何为工具赋予 MCP 服务端缓存的能力。为了更清晰地展示实现细节，这里不使用任何第三方缓存工具（如 Redis），而是直接利用 MCP 服务端的原生代码来实现这一功能。

5.5.1 实现 MCP 服务端的工具缓存类

首先，构建一个 MCP 服务端的工具缓存类，其核心设计要点如下。

（1）为了确保与 SSE 传输模式兼容，我们必须考虑多客户端会话的场景。因此，缓存将依据 MCP 服务端会话 ID 进行区分（使用 Python 的 id 函数来生成每次会话的唯一标识符）。

（2）在每个会话的缓存中，需要保存不同请求的调用结果。为此，将为每个独特的请求保存一个 {key:value} 映射，其中 key 为每次请求生成的唯一键，而 value 则对应请求的调用结果。这里需要确保对于相同的工具和相同的参数，key 始终保持一致。

具体设计的示意图如图 5-21 所示。

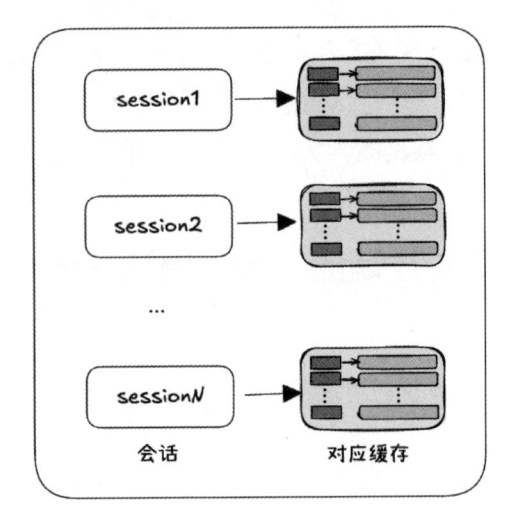

图 5-21

现在来创建这个缓存类（这里只展示类结构与重点代码，这段代码存储于名为"cache.py"的文件中）：

```python
class ToolCache:
    """
    基于会话的工具调用缓存系统，提供缓存、检索和过期管理功能。
    该类使用会话 ID 作为主键，为每个会话都维护一个独立的缓存空间。
    每个缓存项都存储工具调用结果及过期时间戳。
    """

    def __init__(self, self, expiry_seconds: int = 300):
        """
        初始化缓存系统。

        Args:
            expiry_seconds: 缓存项的有效期（秒），默认为 300 秒（5 分钟）
        """
        # 主缓存字典，格式: {session_id: {cache_key: (value, expiry_timestamp)}}
        self._cache: Dict[str, Dict[str, Tuple[Any, float]]] = {}
        self.expiry_seconds = expiry_seconds

    def _generate_cache_key(self, tool_name: str, args: tuple, kwargs: dict) -> str:
        """
```

```python
    为工具调用生成唯一缓存键。
    """
    key_dict = {
        "tool": tool_name,
        "args": args,
        "kwargs": kwargs
    }

    try:
        json_str = json.dumps(key_dict, sort_keys=True)
        return hashlib.sha256(json_str.encode()).hexdigest()
......

def _get_session_cache(self, session_id: str) -> Dict[str, Tuple[Any, float]]:
    ……获取指定会话的缓存区域……

def get(self, session_id: str, tool_name: str, args: tuple, kwargs: dict) -> Tuple[bool, Any]:
    """
    尝试从缓存中检索工具调用的结果。
    """
    # 生成缓存键
    cache_key = self._generate_cache_key(tool_name, args, kwargs)

    # 获取会话缓存
    session_cache = self._get_session_cache(session_id)

    # 检查键是否存在且未过期
    if cache_key in session_cache:
        value, expiry_time = session_cache[cache_key]
        if time.time() < expiry_time:
            return True, value
        else:
            del session_cache[cache_key]

    return False, None

def set(self, session_id: str, tool_name: str, args: tuple, kwargs: dict, value: Any) -> None:
    """
    将工具调用结果存储到缓存中。
```

```
        """
        # 生成缓存键
        cache_key = self._generate_cache_key(tool_name, args, kwargs)

        # 计算过期时间戳
        expiry_time = time.time() + self.expiry_seconds

        # 获取会话缓存并存储值
        session_cache = self._get_session_cache(session_id)
        session_cache[cache_key] = (value, expiry_time)

    def clear_session(self, self, session_id: str) -> None:
        ……清除会话……

    def clear_expired(self) -> int:
        ……清除过期缓存……

    def get_stats(self) -> Dict[str, Any]:
        ……获取缓存信息……

# 创建全局缓存实例，可供整个应用使用
tool_cache = ToolCache()
```

对这段代码的解释如下：

① 初始化。

```
self._cache: Dict[str, Dict[str, Tuple[Any, float]]] = {}
self.expiry_seconds = expiry_seconds
```

cache 的类型为一个嵌套字典类型。根据设计，外层字典的 key 为会话 ID，内层字典的 key 为工具调用生成的唯一缓存键，其 value 为 Tuple[Any,float] 类型的元组，用来保存工具调用结果与过期时间。

② _generate_cache_key 方法。这个方法用来生成工具调用的唯一键，这里的方法是将工具名称与参数序列化为 JSON 字符串，再计算其哈希值作为 key。

③ 对外接口。这个缓存类对外开放的方法中最重要的是 get 与 set 两个方法。

a. get。通过输入会话、工具名称和调用参数，检索并返回缓存结果，同时提供是否成功命中的标识。

b. set。通过输入会话、工具名称、调用参数和调用结果，将结果存储至缓存中。

此外，还有一些辅助方法。

a. clear_session。清除指定会话的所有缓存数据。
b. clear_expired。清除所有会话中已过期的缓存。
c. get_stats。获取缓存的统计信息，包括会话数和条目数等数据。

④ 代码的最后创建了一个全局的缓存 tool_cache。

5.5.2 用装饰器给工具增加缓存

在成功实现了一个简单的工具缓存类之后，现在需要在工具中应用它。为了能够更简洁地为不同的工具添加缓存功能，同时避免对工具函数代码进行修改，我们设计了一个名为 **@cached_tool** 的缓存装饰器，代码如下（这段代码存储于名为"cache.py"的文件中）：

如果你不太理解 Python 装饰器（decorator），那么建议先了解它的用法。

```python
def cached_tool(expiry_seconds=None):
    """
    装饰器，为工具函数提供缓存功能。
    注意：被装饰的函数必须接收 Context 对象作为第一个参数(ctx)，否则会异常
    expiry_seconds: 可选，此工具的缓存过期时间（秒）
    """
    def decorator(func):
        @functools.wraps(func)
        async def wrapper(ctx, *args, **kwargs):
            # 从上下文中获取会话 ID
            try:
                session = ctx.request_context.session
                session_id = getattr(session, "id", str(id(session)))
            except (AttributeError, TypeError):
                # 如果无法获取会话 ID，那么生成基于调用时间的临时 ID
```

```python
            logger.warning("无法从上下文中获取会话 ID, 使用临时标识符")
            session_id = f"temp_{time.time()}"

        tool_name = func.__name__

        # 尝试从缓存中获取结果
        hit, cached_value = tool_cache.get(session_id, tool_name, args, kwargs)
        if hit:
            logger.info(f"工具 '{tool_name}' 使用缓存结果")
            return cached_value

        # 缓存未命中, 执行原始函数
        result = await func(ctx, *args, **kwargs)

        # 缓存结果, 使用自定义过期时间或默认值
        original_expiry = tool_cache.expiry_seconds
        if expiry_seconds is not None:
            tool_cache.expiry_seconds = expiry_seconds

        tool_cache.set(session_id, tool_name, args, kwargs, result)

        # 恢复默认过期时间
        if expiry_seconds is not None:
            tool_cache.expiry_seconds = original_expiry

        return result

    return wrapper

# 支持两种使用方式:
#   @cached_tool           - 不带参数
#   @cached_tool(expiry_seconds=60)   - 带参数
if callable(expiry_seconds):
    func = expiry_seconds
    expiry_seconds = None
    return decorator(func)
else:
    return decorator
```

对这段代码的解释如下：

在 Python 中，装饰器的基本功能是为一个函数赋予额外的能力（即"装饰"），并返回一个新的函数。在上述代码示例中，目标函数是 func，即我们所定义的工具函数。

这里的复杂之处在于@cached_tool 装饰器运用了双层嵌套的装饰器模式。这种设计的原因在于@cached_tool 是一个支持参数的装饰器，提供了以下两种不同的使用方式。

（1）@cached_tool。不带参数的简单装饰器。
（2）@cached_tool(expiry_seconds=60)。带参数的装饰器。

这两种使用方式对应代码中的处理如下：

```
……
if callable(expiry_seconds):
    func = expiry_seconds
    expiry_seconds = None
    return decorator(func)
else:
    return decorator
```

这两种使用方式的工作原理如下：

当@cached_tool 无参数使用时，Python 解释器会将被装饰函数（即工具函数）作为参数传递给 cached_tool 函数，此时 expiry_seconds 变量实际接收到的是被装饰的函数对象。这导致 callable(expiry_seconds)这个条件判断为 True（函数是可调用对象），代码执行 if 分支：将 expiry_seconds 赋值给 func（保存被装饰函数），将 expiry_seconds 重置为 None（使用默认缓存时间），直接返回 decorator(func)，即被装饰后的可调用函数 wrapper，Python 解释器会直接调用 wrappper 函数，并输入工具调用的参数。

当@cached_tool(expiry_seconds=60)带参数使用时，Python 解释器首先执行的是 cached_tool(expiry_seconds=60)函数调用，此时 expiry_seconds 接收到的是整数值 60。这导致 callable(expiry_seconds)这个条件判断为 False（整数不

是可调用对象），代码执行 else 分支，返回 decorator 函数即装饰器（注意不是 decorator(func)）。Python 解释器发现返回的还是个装饰器，就会把被装饰的工具函数再传给这个 decorator 函数，在经过 decorator 函数装饰后返回可调用函数 wrapper，最后 Python 解释器调用这个 wrapper 函数。

因此，无论使用哪种方式，最终都会调用经过装饰器增强的 wrapper 函数，该函数本质上是一个具备缓存功能的工具函数。

（1）从上下文 ctx 对象中提取 session 对象，并生成相应的 session_id。

（2）利用 session_id 与当前工具函数调用的信息尝试从缓存中检索结果。

（3）如果缓存中存在对应的结果，则直接返回该缓存结果。

（4）若缓存未命中，则调用原始的工具函数（func）。

（5）一旦调用成功，就将结果存入缓存，并根据装饰器的参数设置相应的缓存过期时间。

借助装饰器，我们可以轻松地为任何我们认为需要的 MCP 服务端工具添加缓存功能。下面为之前创建的查询数据库的函数添加缓存功能：

```
# 添加一个使用数据库的工具，现在使用缓存装饰器
@app.tool()
@cached_tool(expiry_seconds=60)
async def query_database(ctx: Context, sql: str) -> str:
    """执行SQL语句查询并返回结果。"""
    ......
```

5.5.3 测试 MCP 服务端工具缓存

最后，我们来测试一下 MCP 服务端工具缓存的效果。

（1）启动 MCP 服务端（FastMCP 版本）的 SSE 版本：

```
python serverdemo.py --transport sse
```

（2）启动 MCP 测试客户端并连接 MCP 服务端：

```
python clientdemo.py --transport sse
```

（3）调用一次 query_database 工具。我们输入一个简单的 SQL 查询语句，让 MCP 服务端执行，调用结果如图 5-22 所示。

```
该工具需要以下参数:
 - sql (string):
请输入参数 'sql': select count(*) from customers

正在调用工具 'query_database' 参数: {'sql': 'select count(*) from customers'}

调用结果:
[TextContent(type='text', text="{'count': 3}", annotations=None)]
```

图 5-22

接下来，我们再次使用相同的输入参数调用该工具，并观察 MCP 服务端的反馈信息（如图 5-23 所示）。

```
2025-04-30 23:06:15,654 - cache - INFO - 缓存未命中: query_database, session_id=45635828...,
2025-04-30 23:06:15,654 - __main__ - INFO - 执行数据库查询: select count(*) from customers
2025-04-30 23:06:15,657 - cache - INFO - expiry_seconds=60
INFO:     127.0.0.1:49322 - "POST /messages/?session_id=03586bde7c00403bb0d35501bfcbe4dd HTTP
2025-04-30 23:06:41,696 - mcp.server.lowlevel.server - INFO - Processing request of type Call
2025-04-30 23:06:41,696 - cache - INFO - 缓存命中: query_database, session_id=45635828..., ke
2025-04-30 23:06:41,697 - cache - INFO - 工具 'query_database' 使用缓存结果
```

图 5-23

可以发现，在首次调用的过程中，MCP 服务端未利用缓存，而是调用后将结果存储于缓存中，并设置了 60 秒的过期时间（expiry_seconds=60）。到了第二次调用时，由于缓存命中，MCP 服务端便直接使用了缓存中的结果。

（4）我们静待一分钟，然后再次调用相同的工具（保持相同的输入参数）。此时，我们可以观察到如图 5-24 所示的内容。

```
2025-04-30 23:09:28,854 - cache - INFO - 缓存已过期: query_database, session_id=45635828...,
2025-04-30 23:09:28,855 - cache - INFO - 缓存未命中: query_database, session_id=45635828...,
2025-04-30 23:09:28,855 - __main__ - INFO - 执行数据库查询: select count(*) from customers
2025-04-30 23:09:28,856 - cache - INFO - expiry_seconds=60
```

图 5-24

由于缓存已过期，信息显示"缓存已过期"。MCP 服务端随后自动对数据库重新执行查询，并更新了缓存。

（5）在另一台终端上启动我们的 MCP 测试客户端，以模拟两个客户端的

场景。在新的客户端中调用相同的工具，并输入相同的参数。由于每个客户端连接都是独立的，因此它们之间的缓存不会共享。即便刚刚缓存了相同的调用结果，这里也不会触发缓存命中，如图 5-25 所示。

```
2025-04-30 23:14:50,637 - cache - INFO - 缓存未命中: query_database, session_id=45642968..
2025-04-30 23:14:50,637 - __main__ - INFO - 执行数据库查询: select count(*) from customers
2025-04-30 23:14:50,642 - cache - INFO - expiry_seconds=60
```

图 5-25

上述内容初步验证了开发的工具缓存机制的有效性：它能够根据不同的会话和工具调用情况缓存结果，支持设置缓存的过期时间，并且可以通过装饰器轻松地为特定工具添加缓存功能。

在实际应用中，你还可以根据需求进一步增强缓存功能。例如，集成独立的缓存工具（如 Redis），为缓存添加必要的持久化特性，允许客户端决定是否使用缓存，增加独立的缓存管理功能（如清除缓存、查询统计信息等），创建多会话间共享的缓存区域，不仅可以缓存工具调用结果，还可以缓存客户端相关的个性化信息。

5.6 切换 WebSocket 的传输层

在一些高级应用场景中，我们可能需要扩展或更换 MCP 服务端与客户端之间的传输模式。例如，采用 WebSocket 传输模式进行实时传输，或者通过本地消息总线在进程间传递 MCP 消息。虽然这种需求并不普遍，但是在设计 MCP SDK 时已经考虑到了支持自定义传输层的可能性，并且在当前的 SDK 版本中，已经包含了一个 WebSocket 传输的样例。在本节中，我们将对这一功能进行简要介绍。

5.6.1 MCP 服务端 WebSocket 传输的实现

WebSocket 是一种在单一 TCP 连接上实现全双工通信的协议。WebSocket

与 HTTP 的主要区别在于它是一种持久连接的协议。一旦连接建立，MCP 服务端和客户端就可以随时双向发送数据，无须重新建立连接。这种特性使得 WebSocket 非常适合被用于需要持续连接的应用场景。例如，实时聊天应用和多人在线游戏。其优点包括实时性、跨平台兼容性及省去了频繁建立连接的开销。然而，其最大的缺点是与 HTTP 相比，长连接模式限制了其横向扩展能力。此外，在许多情况下，我们更倾向于使用无状态的简单协议，如 RESTful HTTP。

在基于 MCP 的集成架构的实现中，SSE 传输模式本质上是通过结合 HTTP POST 和 SSE 在两个通道上实现的"伪双工"通信。这是因为 HTTP POST 不支持 MCP 服务端主动推送数据，而 SSE 虽然支持主动推送，但它是单向的。相比之下，WebSocket 传输模式不存在这个问题，因此这种 MCP 服务端的传输层实现更为简洁。我们来查看 MCP SDK 中的 websocket_server 实现：

```
@asynccontextmanager
async def websocket_server(scope: Scope, receive: Receive, send: Send):

    websocket = WebSocket(scope, receive, send)
    await websocket.accept(subprotocol="mcp")

    ……

    read_stream_writer, read_stream = anyio.create_memory_object_stream(0)
    write_stream, write_stream_reader = anyio.create_memory_object_stream(0)

async def ws_reader():
    ……

async def ws_writer():
    ……

    async with anyio.create_task_group() as tg:
        tg.start_soon(ws_reader)
        tg.start_soon(ws_writer)
        yield (read_stream, write_stream)
```

其核心逻辑是构建读写内存流,以便与上层应用(即 Server 实例)进行信息交换,并启动两个任务:

(1)第一个任务负责接收 WebSocket 客户端发送的消息,并将其写入 read_stream 内存流,以便上层应用进行处理。

(2)第二个任务则从上层应用处理后的 write_stream 内存流中读取消息,并通过 WebSocket 传输模式发送给客户端。

因此,仅需对原有代码进行轻微调整就可以得到采用这种 WebSocket 传输模式的 MCP 服务端代码(SDK 中的 WebSocket 传输的实现也建立在 Uvicorn 服务器之上,这段代码存储于名为 "serverdemo_lowlevel_ws.py" 的文件中):

```
……
    elif transport == "ws":  # 添加 WebSocket 选项
        from mcp.server.websocket import websocket_server
        from starlette.applications import Starlette
        from starlette.routing import Route, WebSocketRoute
        from starlette.responses import JSONResponse
        import uvicorn

        logger.info(f"使用 WebSocket 传输模式启动 MCP 服务端,在端口 {port}")
        print(f"使用 WebSocket 传输模式启动 MCP 服务端,在端口 http://127.0.0.1:{port}")

        # WebSocket 处理函数
        async def handle_ws(websocket):
            logger.info(f"新的 WebSocket 连接: {websocket.url}")
            async with websocket_server(
                websocket.scope, websocket.receive, websocket.send
            ) as streams:
                await app.run(
                    streams[0], streams[1],
app.create_initialization_options(
                        notification_options=NotificationOptions(
                            prompts_changed=True,
                            tools_changed=True,
                            resources_changed=True,
                        ))
                )
```

```
starlette_app = Starlette(
    debug=True,
    routes=[
        WebSocketRoute("/ws", endpoint=handle_ws),
    ],
)

uvicorn.run(starlette_app, host="127.0.0.1", port=port)
```

对这段代码的解释如下：

与 SSE 传输模式相比，WebSocket 传输模式主要的变化如下：

（1）在启动 Uvicorn 基础服务的过程中，将 WebSocket 的端点 **/ws** 映射到 handle_ws 函数。

（2）在 handle_ws 函数内部，启动 websocket_server 的工作流程，创建内存流及启动读写任务。

这个 MCP 服务端的处理过程与 SSE 传输模式下的 MCP 服务端的处理过程极为相似，只是在 SSE 传输模式下需要通过 /sse 和 /messages 两个不同的端点来分别处理 SSE 连接和 POST 请求。

5.6.2　客户端 WebSocket 连接的实现

使用以下代码为客户端引入使用 WebSocket 传输模式的 MCP 服务端连接方式（这段代码存储于名为"ClientDemo.py"的文件中）：

```
......
elif transport == 'ws':
    ws_url = url
......url检查......

    print(f"连接到 MCP 服务端：{ws_url}")
    async with websocket_client(
        url=ws_url,
    ) as (read, write):
        # 使用标准客户端会话
        async with ClientSession(
```

```
            read, write
        ) as session:
            print("正在初始化会话...")
            await session.initialize()
            print("初始化会话成功")

            await interactive_menu(session)
```

对这段代码的解释如下：

这里与 SSE 传输模式下的客户端的主要区别在于，使用了 websocket_client 这一上下文管理器函数（对应 SSE 传输模式下的 sse_client 和 stdio 传输模式下的 stdio_client）。输入参数同样是 url，但需注意 WebSocket 的连接 URL 通常以 ws 或 wss 开头。

5.6.3　测试 WebSocket 传输模式

我们简单测试一下 WebSocket 传输模式的可用性。

（1）启动 MCP 服务端：

```
python serverdemo_lowlevel_ws.py --transport ws
```

等待出现图 5-26 中的提示。

```
2025-05-01 00:19:03,119 - __main__ - INFO - 使用WebSocket传输模式启动MCP服务端,在端口
5050使用WebSocket传输模式启动MCP服务端,在端口 http://127.0.0.1:5050
INFO:     Started server process [36656]
INFO:     Waiting for application startup.
INFO:     Application startup complete.
INFO:     Uvicorn running on http://127.0.0.1:5050 (Press CTRL+C to quit)
```

图 5-26

（2）启动 WebSocket 传输模式下的 MCP 测试客户端：

```
python clientdemo.py --transport ws --url ws://localhost:5050/ws
```

如果看到如图 5-27 所示的界面，就表示可以正常传输。

```
MCP 交互式客户端
----------------------------------
传输模式：ws
连接到MCP服务端：ws://localhost:5050/ws
正在初始化会话...
会话初始化成功

初始化MCP服务端功能缓存...
所有缓存已刷新，时间：388421.647006958

==================================
MCP 交互式客户端 - 主菜单
```

图 5-27

（3）简单测试读取一个 MCP 服务端的资源（如图 5-28 所示）。

```
请选择功能：2
可用的资源：
1. system://info

请选择一个资源 (1-1)，输入 'q' 返回：1

正在读取资源：system://info
资源内容：
[TextResourceContents(uri=AnyUrl('system://info'), mimeType='text/plain',
escription": "This is a demo resource for system information."}')]
```

图 5-28

由此可见，更改底层传输模式并不会对上层应用产生任何影响。这归功于 SDK 清晰的分层和解耦设计。

当然，你可以通过学习现有的 websocket_server 和 websocket_client 实现来编写自己的传输模式（例如，基于消息队列的模式）。然而，这种定制化的传输模式可能会损害与其他客户端和 MCP 服务端之间的互操作性。因此，在实际应用中，除非业务场景特别需要，否则并不建议采用这种定制化的传输模式。

5.7　客户端功能（Sampling等）的应用

在之前的学习过程中，我们遇到的大多数情况是客户端向 MCP 服务端发起请求（尽管我们也实现了处理 MCP 服务端向客户端发起 ping 请求，但需注意 ping 本质上是一种双向机制，在通常情况下并不需要接收方进行任何处理）。然而，在 MCP 规范中，还定义了两个关键的客户端功能：Root 与 Sampling。这两个功能都需要 MCP 服务端主动向客户端发起请求并进行相应的处理。MCP 服务端请求处理的特殊性在于，它不能通过常规的 HTTP POST 端点来实现（因为客户端并不启动 HTTP Server），而只能在接收到请求消息后，通过回调机制来进行处理。

5.7.1 实现客户端的 Root 与 Sampling 功能

为了实现客户端的功能，首先必须准备 Root 和 Sampling 的回调函数。

1. Root 回调函数

Root 功能通常用于向 MCP 服务端指示文件系统的具体位置或 URI 及访问范围（例如，项目目录、API 端点、资源边界等），以限定 MCP 服务端的工作空间和访问权限。特别是在 stdio 传输模式下，我们经常需要利用 MCP 服务端的工具来访问本地文件系统（例如，AI 编程工具可能会访问项目空间中的代码），而 Root 功能可以用来限定 MCP 服务端的访问边界。因此，Root 功能相对简单，其请求无须携带参数，而响应则是向客户端返回限定的文件系统的位置或其他 URI。下面是一个简单的 Root 请求处理函数的示例（源代码文件的路径为 "myhandlers/handlers.py"）：

```python
async def handle_roots_message(ctx:RequestContext) -> types.ListRootsResult:
    roots = [
        types.Root(
            name="mcp_root",
            uri="file://Users/pingcy/mcp_root"
        )
    ]
    return types.ListRootsResult(
        roots=roots
    )
```

Root 请求处理返回的是一个 Root 数组，即可以一次返回多个位置，每个位置都由 name 与 uri 组成。

2. Sampling 回调函数

与 Root 功能的实现相比，Sampling 功能的实现更为复杂。Sampling 功能的主要作用是使 MCP 服务端能够请求客户端执行一次大模型的生成任务。这通常适用于对安全要求较高的场景，其中大模型的访问权限由客户端进行审核和控制，而不是 MCP 服务端。这种做法可以确保敏感信息（如 API Key、私有数据上下文等）都必须经过客户端处理。因此，Sampling 功能需要能够接收来自 MCP 服务端的请求，并调用客户端的大模型生成相应的响应消息，最后将响应消息返回给客户端。

接下来，我们构建一个实现 Sampling 功能的客户端回调函数（源代码文件的路径为"myhandlers/handlers.py"）：

```python
async def handle_sampling_message(ctx:RequestContext,
                                  request:
types.CreateMessageRequestParams) -> types.CreateMessageResult:

    # 使用 LangChain 框架调用 OpenAI API
    # 将所有消息格式都转换为 LangChain 框架的消息格式

    messages = []
    for msg in request.messages:
        if msg.role == "user":
            messages.append(HumanMessage(content=msg.content.text))
        elif msg.role == "assistant":
            messages.append(AIMessage(content=msg.content.text))

    # 确保环境变量中设置了 OPENAI_API_KEY
    llm = ChatOpenAI(temperature=0.7, model="gpt-4o-mini")

    response = llm.invoke(messages)
    generated_response = response.content.strip()

    # 提示用户确认 Sampling 回调函数处理的结果
```

```python
    print("\n" + "="*50)
    print("收到MCP服务端的采样请求：")
    print("="*50)

    # 显示用户的最后一条消息
    last_user_message = next((msg.content.text for msg in
reversed(request.messages)
                            if msg.role == "user"), "无用户消息")
    print(f"采样消息: {last_user_message}")
    print(f"响应消息: {generated_response}")
    print("="*50)

    confirmation = input("请确认该响应消息是否正确与安全？(y/n):
").lower().strip()

    if confirmation != 'y':
        return types.ErrorData(
            code=-1,
            message="用户拒绝了响应消息",
        )

    # 用户确认了SQL语句，返回给MCP服务端
    return types.CreateMessageResult(
        role="assistant",
        content=types.TextContent(type="text",
text=generated_response),
        model="gpt-4o-mini",
        stopReason="endTurn"
    )
```

对这段代码的解释如下：

（1）Sampling请求的消息类型为CreateMessageRequestParams，其核心字段是包含多条消息上下文的messages。响应消息的类型为CreateMessageResult。这反映了Sampling功能的核心作用——"生成消息"。

（2）客户端在接收到MCP服务端的Sampling请求后，首先将request.messages中的消息转换为LangChain框架的ChatOpenAI组件所使用的格式，随后调用大模型进行生成（llm.invoke）（LangChain框架和OpenAI的大模型并非必需的，你可以根据个人喜好选择其他框架和大模型）。

（3）演示了一种关键机制：生成的结果必须经过客户端的审核批准后，才会发送至 MCP 服务端。这种审核机制正是 Sampling 功能设计中的一个重要安全特性。

（4）若用户确认，则程序将生成的结果返回给 MCP 服务端（这里请注意返回数据的格式）；若用户拒绝，则返回一个 ErrorData 类型，该类型用于构建标准的 JSON-RPC 错误响应。

3. 设置回调

设置 Root 与 Sampling 的回调可以通过 ClientSession 类的初始化方法来完成（这段代码存储于名为"clientdemo.py"的文件中）：

```
......
    async with ClientSession(
        read, write,
        list_roots_callback=handle_roots_message,
        sampling_callback=handle_sampling_message,
        logging_callback=handle_logging_message,
        message_handler=handle_other_message
    ) as session:
```

5.7.2　MCP 服务端调用客户端的 Sampling 功能

一旦客户端准备就绪，并具备处理 Root 与 Sampling 请求的能力，我们就需要在 MCP 服务端的适当位置调用客户端的功能。为此，我们构建了一个工具，该工具负责将自然语言查询请求转换为 SQL 语句，并在数据库中执行。然而，这些 SQL 语句必须在客户端生成，并且在获得客户端用户的审核批准后方可执行。

下面是针对 Sampling 请求的一个应用场景：期望客户端能够控制风险 SQL 语句的生成与执行，并通过引入客户审核来降低风险，代码如下（这段代码存储于名为"serverdemo.py"的文件中）：

......

```python
# 添加一个使用自然语言查询数据库的工具
@app.tool()
async def query_database_nlp(ctx: Context, natural_language_query: str) -> str:
    try:

        # 查询Root列表
        session = ctx.request_context.session
        roots_result = await session.list_roots()
        logger.info(f"收到客户端Root回复: {roots_result.roots}")

        # 获取数据库表结构信息
        db = ctx.request_context.lifespan_context.db

        # 获取每个表的列信息
        此处省略：从数据库中查询结构信息，存放在schema_info……

        # 构造发送给大模型的提示信息
        sampling_message = (
            "我需要你帮我将以下自然语言查询请求转换为SQL语句。"
            "请只返回SQL语句，不要有任何语言标识符。"
            "这是一个PostgreSQL数据库。以下是数据库表结构信息：\n\n"
            f"{chr(10).join(schema_info)}\n\n"
            f"用户查询: {natural_language_query}"
        )

        # 发送Sampling请求到客户端
        sampling_result = await session.create_message(
            messages=[
                types.SamplingMessage(
                    role="user",
                    content=types.TextContent(
                        type="text",
                        text=sampling_message
                    )
                )
            ],
            max_tokens=1024
        )
```

```
    # 获取生成的SQL语句
    sql_query = sampling_result.content.text.strip()
    results = await db.query(sql_query)
    if not results:
        return "查询未返回任何结果"

    # 将结果转换为可读格式
    formatted_results = []
    for row in results:
        formatted_results.append(str(dict(row)))

    return "\n".join(formatted_results)

except Exception as e:
    error_message = f"自然语言数据库查询失败: {str(e)}"
    logger.error(error_message)
    raise ValueError(error_message)
......
```

对这段代码的解释如下：

在 query_database_nlp 工具中，执行了以下步骤。

首先，调用了 list_roots 方法以测试客户端的 Root 功能。注意：此处仅用于演示 Root 功能的使用方法。在实际应用中，你应保存获取到的 Root 列表，并确保后续操作遵守 Root 功能的限制。

随后的代码表示一个将自然语言查询请求转换为 SQL 语句并执行的常规过程。这里省略了获取数据库结构的步骤，调用了 **create_message** 方法向客户端发送 Sampling 请求，并接收到了响应消息。

利用数据库执行响应消息中的 SQL 语句，并返回结果。当然，如果客户端对 SQL 语句的审核未通过，那么将会触发异常处理流程，从而返回失败信息。

5.7.3 测试 MCP 服务端调用客户端的 Sampling 功能

继续使用我们开发的 MCP 测试客户端来验证效果。由于在实际场景中可能会更多地使用 stdio 传输模式，因此首先执行：

```
python clientdemo.py --transport stdio --server-path serverdemo.py
```

在等到出现交互式提示后，进入"工具"菜单，此时应该能够看到创建的新工具（如图 5-29 所示）。

```
请选择功能：1
可用的工具：
1. query_database_nlp
2. query_database
3. long_running_task
4. send_test_logs
5. tavily_search
6. excel_stats
7. manage_cache

请选择一个工具 (1-7)，输入 'q' 返回：
```

图 5-29

选择 query_database_nlp 工具，并输入自然语言请求，如图 5-30 所示。

```
该工具需要以下参数：
 - natural_language_query (string):
请输入参数 'natural_language_query'：我们现在有多少客户？

正在调用工具 'query_database_nlp' 参数：{'natural_language_query'
```

图 5-30

很快将看到如图 5-31 所示的输出结果。

```
2025-05-01 22:34:57,892 - __main__ - INFO - 检查客户端Root功能：True
2025-05-01 22:34:57,898 - __main__ - INFO - 收到客户端Root回复：[Root(uri=FileUrl
y/mcp_root'), name='mcp_root')]
2025-05-01 22:34:57,898 - __main__ - INFO - 检查客户端Sampling功能：True
2025-05-01 22:35:01,371 - httpx - INFO - HTTP Request:
ompletions "HTTP/1.1 200 OK"

============================================
收到MCP服务端的采样请求：
============================================
采样消息：我需要你帮我将以下自然语言查询请求转换为SQL语句。请只返回SQL语句，不要有
任何语言标识符。这是一个PostgreSQL数据库。以下是数据库表结构信息：
```

图 5-31

很显然，MCP 服务端首先调用了客户端的 Root 功能并得到了响应，然后

调用了客户端的 Sampling 功能。随后，可以看到客户端的日志显示部分表明"收到 MCP 服务端的采样请求"，并展示了请求的消息内容。

在稍微等待后（等待大模型响应），你会看到如图 5-32 所示的输出结果。

```
响应消息: SELECT COUNT(*) FROM customers;
================================================
请确认该响应消息是否正确与安全？(y/n):
```

图 5-32

这表明客户端的大模型已经完成了生成，并展示了响应消息的内容——生成的 SQL 语句。这些内容需要人工进行确认，以确保其正确性和安全性。

此时，如果输入"y"，语句就会被送回 MCP 服务端执行。然后，你将看到最终的工具调用结果，如图 5-33 所示。

```
请确认该响应消息是否正确与安全？(y/n): y
调用结果:
[TextContent(type='text', text="{'count': 3}", annotations=None)]
```

图 5-33

如果你拒绝请求，那么工具调用就会返回错误（如图 5-34 所示），这说明审核机制是有效的。

```
请确认该响应消息是否正确与安全？(y/n): n
2025-05-01 22:44:06,905 - __main__ - ERROR - 自然语言数据库查询失败：用户拒绝了响应消息
调用结果:
[TextContent(type='text', text='Error executing tool query_database_nlp: 自然语言数据库拒绝了响应消息', annotations=None)]
```

图 5-34

本节展示了客户端的 Root 与 Sampling 功能的应用。这些功能与常规的 ping 请求有所区别，因为它们需要进行定制化的实现。同时，它们不同于 MCP 服务端的通知消息，不仅需要接收，还必须进行相应的响应。利用这两种功能，我们可以在关键时刻促进 MCP 服务端与客户端之间有效协作，既能够让 MCP 服务端使用大模型，又能够让客户端有足够的安全掌控力。

5.8 MCP服务端的安全机制

MCP 服务端提供了调用工具和资源的功能，这使得安全性成为一个关键问题。我们应该如何为 MCP 服务端引入必要的安全机制和保障措施呢？在本节中，我们将进行简单的探讨。

5.8.1 基于安全 Token 的认证

一种简便的方法是在客户端请求中附加一个预共享的令牌（如 API Key），让 MCP 服务端通过验证令牌的一致性来决定是否接受服务。如果令牌不匹配，请求就会被拒绝。以 SSE 传输模式为例，可以要求客户端在会话的 Header 中提供格式为 Authorization: Bearer <token>的信息。MCP 服务端在建立连接时会检查这个头部信息。这一过程可以通过 MCP 服务端的中间件来实现：

```
……
    # API 密钥认证中间件
class APIKeyMiddleware(BaseHTTPMiddleware):
    async def dispatch(self, request, call_next):
        # 检查 API 密钥
        request_api_key = request.headers.get("X-API-KEY")
        if not request_api_key or request_api_key != api_key:
            logger.warning(f"拒绝访问：无效的 API 密钥 - 路径：{request.url.path}, 来源 IP: {request.client.host if request.client else 'unknown'}")
            return JSONResponse(
                status_code=403,
                content={"error": "无效或缺失 API 密钥"}
            )
        return await call_next(request)
……
```

然后，将认证中间件添加到 starlette 应用上即可：

```
starlette_app.add_middleware(APIKeyMiddleware)
```

其他一些可能的安全认证手段如下。

（1）在工具层面实施认证。对于一些至关重要的工具，应当在其函数内部进行验证。例如，可以要求在调用某个关键工具时必须提供一个认证 Token，否则将拒绝执行。

（2）基于连接源的限制措施。例如，MCP 服务端可以仅限于本地调用。我们通过将监听地址设置为 localhost 或者检查客户端的 IP 地址来实现这一限制，但注意这种方法无法阻止来自本地的未授权程序的调用。

为了确保认证 Token 的安全，建议在远程模式下采用网络加密传输：利用 TLS 等加密协议来保护传输过程，防止 Token 被窃取。例如，SSE 传输模式可以通过 HTTPS 协议进行加密，而 WebSocket 传输模式则可以通过 WSS 协议进行加密。

5.8.2　基于 OAuth 的安全授权

基础的 Token 认证可以应对简单需求，但在多用户环境或需要更细致权限管理的情况下，建议引入 OAuth 2 等先进的安全授权机制。OAuth 2 的典型授权流程如下。

（1）当用户尝试访问需要授权的 MCP 功能时，MCP 服务端引导用户跳转至 OAuth 服务的授权页面；该服务可能是第三方、MCP 服务端本身或企业内部现有系统提供的。

（2）在用户完成登录并同意授权后，OAuth 服务会回调用户指定的 URI，并提供一个授权码。

（3）用户使用此授权码来交换访问 Token，之后在访问 MCP 服务端功能时携带此 Token。

MCP 规范在 2025-03-26 版本中新增了基于 OAuth 2.1 的标准授权框架与流程，具体请参考第 7 章。

通过 OAuth 的集成，MCP 服务端能够与现有的身份认证体系无缝对接，实现对用户级别的精细授权管理。这对于在云端为多用户服务的 MCP 平台来说，是未来必须考虑的关键安全策略。

第 6 章　基于 MCP 开发智能体系统

在前 5 章中，我们系统性地介绍了 MCP 的核心概念、集成架构，以及 MCP 服务端和客户端的基本开发方法，奠定了理解 MCP 的理论与技术基础。然而，MCP 并不仅仅是一个通信协议或开发接口，它的真正价值在于如何作为 AI 系统的"能力接口"，通过集成多样的"工具""资源""提示"等上下文能力，让智能体能够扩展出超越自身模型能力的实际执行力与任务处理能力。

本章将从 AI 应用开发者的角度出发，讨论如何在自己的 AI 系统中利用 MCP，特别是如何集成大量共享 MCP 服务端以构建更强大的智能体。通过学习本章的内容，你将能够理解并掌握如何将共享 MCP 服务端无缝融入自有智能体的运行环境中，实现"即插即用"的工具调用与上下文增强。这不仅是对前面内容的延伸，还是智能体应用落地的关键一步。

6.1　发现与配置共享MCP服务端

随着 MCP 生态系统不断发展，已经涌现出众多成熟的 MCP 服务端，它们提供了丰富多样的功能。比如，网络搜索、数据库访问、第三方 API 封装、设备控制等。开发者无须从零开始开发 MCP 服务端，能通过集成这些现成的 MCP 服务端，快速为自己的智能体赋能。

本节将介绍如何发现、选择共享 MCP 服务端，以及如何将它们集成到自己的 AI 应用中。通过对接这些"即插即用"的能力，开发者可以轻松地实现功能扩展。

6.1.1 发现共享 MCP 服务端

发现共享 MCP 服务端的最直接的途径是访问一些知名的 MCP 资源共享社区。以下是一些推荐的社区及其维护的项目信息。

1. MCP 官方仓库

Model Context Protocol 项目在 GitHub 上维护了一个 MCP 服务端仓库（GitHub 项目：modelcontextprotocol/servers）。其中包含了 MCP 官方维护和社区贡献的大量 MCP 服务端。你可以浏览其中的 README 文件了解每个 MCP 服务端的功能和用法。

2. Awesome MCP Servers 项目

该项目整理了 "Awesome MCP Servers" 列表（GitHub 项目：awesome-mcp-servers），汇总了各类 MCP 服务端及其来源，并对 MCP 服务端进行了分类整理，既包括各行各业真实应用的 MCP 服务端，也包括各技术领域封装的常见工具，罗列了大量项目链接供参考。

3. smithery.ai

这是著名的 MCP 服务端托管网站之一，收录了海量共享 MCP 服务端，提供即拿即用的配置。这些 MCP 服务端支持多平台使用，使用方法简单。开发者可以直接复制安装命令到对应的产品端运行，也可以跳转到对应的 GitHub 仓库找到相关运行流程和指令。

4. MCP.so

MCP.so 是一个专注于收集、组织和展示 MCP 服务端与客户端的平台，帮助用户（包括开发者、研究者和 AI 用户）发现、分享和使用各种 MCP 服务端，从而扩展 AI 应用的功能。MCP.so 提供了多种实用功能，包括分类浏览、搜索、排行等，还提供了在线 MCP 服务端的托管与测试功能等。

5. Glama.ai

Glama.ai 是一个集成了各项 MCP 功能的 AI 工作空间，提供了一个全面的 MCP 服务端目录。Glama.ai 对每个 MCP 服务端都有详细的功能描述、安装指南和相关评分，特别关注 MCP 服务端的安全性、许可证和质量，并标明哪些 MCP 服务端支持远程能力。

6.1.2 如何获取与启动 MCP 服务端

在集成第三方 MCP 服务端前，需要获取、安装并启动目标 MCP 服务端。多数第三方发布的 MCP 服务端都会提供源代码、npm/pip 包、Docker 镜像文件或独立可执行程序。开发者可以根据发布形式，选择最合适的部署方式。

以下是几种常见的获取与启动 MCP 服务端的方式。

1. 启动 Python 实现的 MCP 服务端

有以下几种常见的启动 Python 实现的 MCP 服务端的方式。

（1）直接在命令行启动。在通常情况下，你可以通过执行 pip install <package>命令来安装所需的包，随后执行该包提供的启动命令（可能是类似于 mcp-server-×××的命令行工具）。例如，一个名为"文档检索"的 MCP 服务端可能作为 PyPI 包 mcp-server-docsearch 发布，安装后执行以下命令：

```
mcp-server-docsearch --port 8001
```

即可使用 SSE 传输模式启动 MCP 服务端，或者通过在客户端工具中配置这里的命令行及参数，使用 stdio 传输模式启动 MCP 服务端。

（2）使用 uv 命令运行 python 脚本。"uv run"是 uv 工具集中的一个命令。它会自动激活当前目录下的虚拟环境（假设存在名为.venv 的环境），其后跟随的是 Python 脚本文件的路径。这个命令的作用等同于"python×××.py"命令，不同之处在于它使用的是.venv 中的解释器。因此，要使用 uv 命令启动 MCP 服务端，就首先需要安装所有必需的依赖（使用"uv pip install <package>"命令），然后在虚拟环境中执行以下类似的命令：

```
uv run xxx.py --port 8001
```

如果使用 stdio 传输模式启动 MCP 服务端，那么在客户端工具中配置这里的命令行和必要参数即可。

此外，部分 MCP 服务端也会支持通过 **uvx** 命令在临时环境中自动安装依赖并启动，支持用命令行参数调整模型、数据路径、鉴权配置等。请务必查看官方文档。

2. 启动 Node 实现的 MCP 服务端

一些 MCP 服务端采用 Node.js 开发，并被发布到 npmjs 网站上。此类 MCP 服务端一般支持通过 npx 命令快速启动，比如：

```
npx -y mcp-server-name@latest --port 8001
```

使用这种方式无须全局安装，适合临时验证或快速集成，但要注意在第一次启动时会根据 package.json 配置文件拉取依赖，请确保网络畅通。

3. 启动用其他形式发布的 MCP 服务端

部分 MCP 服务端通过 Docker 镜像文件或独立的二进制程序发布。这种形式的 MCP 服务端适合在生产环境中部署，同样需要根据文档配置数据源、API 密钥、模型路径等。比如：

```
docker run -p 8001:8001 repo/mcp-server-name
```

一般来说，MCP 社区共享的 MCP 服务端通常会在其 GitHub 仓库、官方主页或 npm/PyPI 的页面提供包括以下内容的 API 说明文档。

(1)提供的工具列表。

(2)每个工具的调用名称、参数格式、返回的数据结构。

(3)支持的协议(如 SSE、WebSocket、HTTP)。

开发者必须通过说明文档了解工具名称及参数格式,才能在客户端正确调用。使用错误的工具名称或缺失参数,会导致调用失败。

6.1.3　在客户端中配置与使用 MCP 服务端

将共享 MCP 服务端集成到客户端中使用的形式主要有以下几种。

1. 在支持 MCP 的客户端工具中使用

在通常情况下,在支持 MCP 的客户端工具中(如 Claude Desktop、Cursor、VS Code 等),用户仅需依照说明文档进行 MCP 服务端的安装与配置。这些工具通常已经内置了对 MCP 的支持,用户仅需通过界面操作或编辑配置文件来指定 MCP 服务端的参数,便能实现"即插即用",轻松调用 MCP 服务端所提供的工具和各类资源。

目前,支持 MCP 的客户端通常有以下几种配置方式。

(1)图形化配置。许多面向非开发者的工具都提供可视化界面供用户配置 MCP 服务端,其优点是无须写配置文件、上手门槛低、适合非技术用户。比如,开源的前端工具 Cherry Studio 的配置界面如图 6-1 所示。

(2)更改配置文件。面向开发者或高级用户的工具,通常会提供通过配置文件(如 .json、.yaml)定义 MCP 服务端的启动与连接参数。比如:

```
"mcp.servers": [
  {
    "name": "docsearch",
    "url": "http://localhost:8001",
    "auth": {
      "type": "token",
```

```
    "token": "your_token_here"
  }
}
```

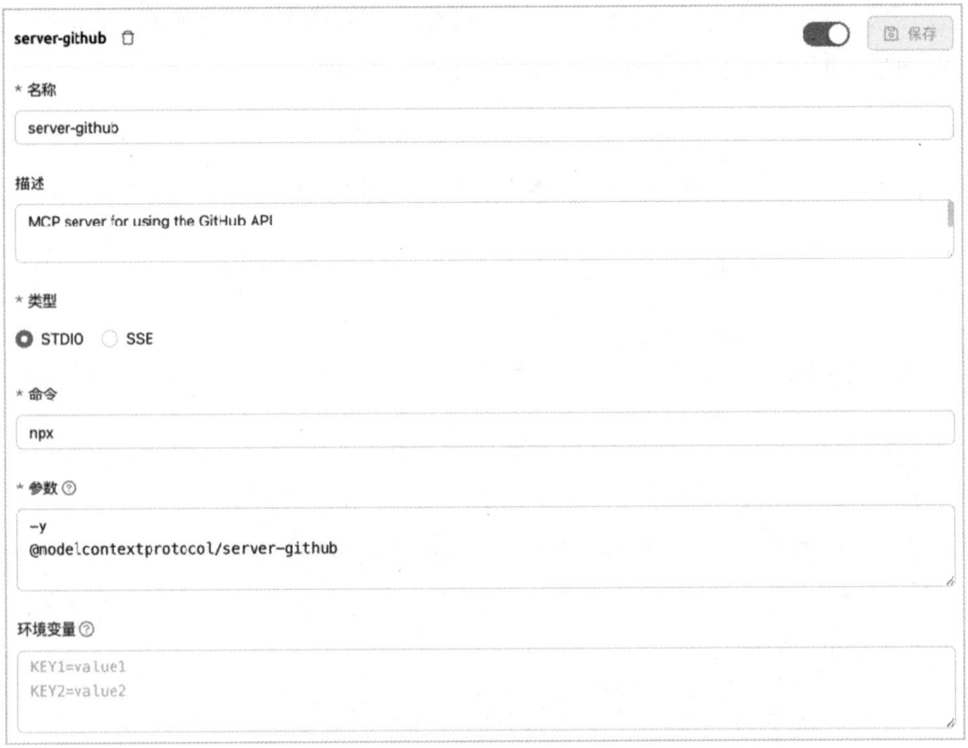

```
server-github

* 名称
server-github

描述
MCP server for using the GitHub API

* 类型
● STDIO   ○ SSE

* 命令
npx

* 参数 ⓘ
-y
@modelcontextprotocol/server-github

环境变量 ⓘ
KEY1=value1
KEY2=value2
```

图 6-1

在第 3 章曾介绍过在 VS Code 中如何通过 settings.json 文件配置 MCP 服务端，其他支持配置文件的客户端可以参考 VS Code 的配置方法进行配置。

（3）AI 辅助配置。一些智能化的客户端（如集成了 AI 助手的 IDE 工具）支持通过 AI 辅助完成 MCP 服务端的配置。用户只需用自然语言描述，工具会自动发现 MCP 服务端，阅读其安装文档，并修改配置文件以完成配置过程。比如，VS Code 中的著名编程辅助插件 Cline 支持 AI 辅助安装，如图 6-2 所示。

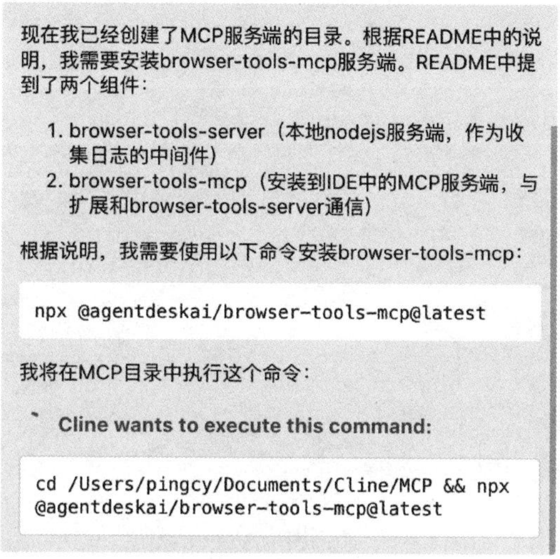

> 现在我已经创建了MCP服务端的目录。根据README中的说明，我需要安装browser-tools-mcp服务端。README中提到了两个组件：
>
> 1. browser-tools-server（本地nodejs服务端，作为收集日志的中间件）
> 2. browser-tools-mcp（安装到IDE中的MCP服务端，与扩展和browser-tools-server通信）
>
> 根据说明，我需要使用以下命令安装browser-tools-mcp：
>
> `npx @agentdeskai/browser-tools-mcp@latest`
>
> 我将在MCP目录中执行这个命令：
>
> ` Cline wants to execute this command:
>
> cd /Users/pingcy/Documents/Cline/MCP && npx @agentdeskai/browser-tools-mcp@latest

图 6-2

通过支持 MCP 的客户端工具，用户无须额外开发，即可将共享 MCP 服务端集成到自己的工作流中，实现"即插即用"的 AI 能力扩展。

这种方式特别适合希望在已有工具中增强 AI 功能的用户，无须直接编写对接代码。有些社区的 MCP 服务端可能部署在公共地址上供用户使用。如果使用这类 MCP 服务端，就需要在客户端配置中填入提供的 URL（适用于 SSE 传输模式）。例如，某团队公开了一个气象数据 MCP 服务端的地址，那么你需要在工具配置里添加：

```
"Weather": {
  "type": "sse",
  "url": "https://mcp.example.com/weather"
}
```

启动你的 AI 助手即可实时获取天气信息。不过，对于这种直接用他人的 MCP 服务端的方式，要注意接口的稳定性和安全性（不要传输敏感数据）。

2. 在自定义代码中使用

我们可以很容易地给自己编写的 MCP 服务端（比如，我们开发的 MCP 测试客户端）加入对社区服务的支持。比如：

```
......
    async with stdio_client(
        StdioServerParameters(
            command="npx",
            args=["-y", "mcp-sequentialthinking-tools"],
            env={**os.environ}
        )
    ) as (read, write):
        # 使用标准客户端会话
        async with ClientSession(
            read, write,
......
```

我们在开发的客户端中更改 StdioServerParameters 对象的参数，就可以轻松地集成这个共享 MCP 服务端。启动后，你就可以看到其提供的工具，如图 6-3 所示。

```
请选择功能：1
可用的工具：
1. sequentialthinking_tools
```

图 6-3

接下来，你将看到更多如何在自己的 AI 应用中整合第三方 MCP 服务端的样例。这使得我们能够迅速扩展 AI 应用的功能，避免重复开发。

6.2　集成大模型与MCP服务端

如果说大模型擅长"理解与生成"，那么 MCP 服务端则是它"感知外部世界"的窗口。接下来，我们将介绍如何在大模型与 MCP 服务端之间建立"连接"，让大模型能够充分利用 MCP 服务端丰富的工具和数据提升自己的能力。这也是 MCP 诞生的初衷。

在实际的应用场景，尤其是智能体系统的开发过程中，我们往往会借助一些成熟的开发框架（如 LangChain、LlamIndex、AutoGen 等）提高开发效率。

不过，了解如何基于原生的大模型 API 来集成 MCP 服务端，能让我们在理解工作原理的基础上，更加灵活、高效地运用这些开发框架。

6.2.1 准备：多 MCP 服务端连接管理组件

在后续的 AI 应用开发中，会经常用到一个自定义的多 MCP 服务端连接管理组件。我们首先来了解它。

1. 连接与管理多个 MCP 服务端

在很多场景下，我们希望构建一个聚合的客户端，同时连接多个 MCP 服务端，将它们的功能加以整合，如图 6-4 所示。这可以让单一的 AI 助手具备多种能力（如既能查找文件，又能上网搜索），或在不同的 MCP 服务端之间切换与工作。

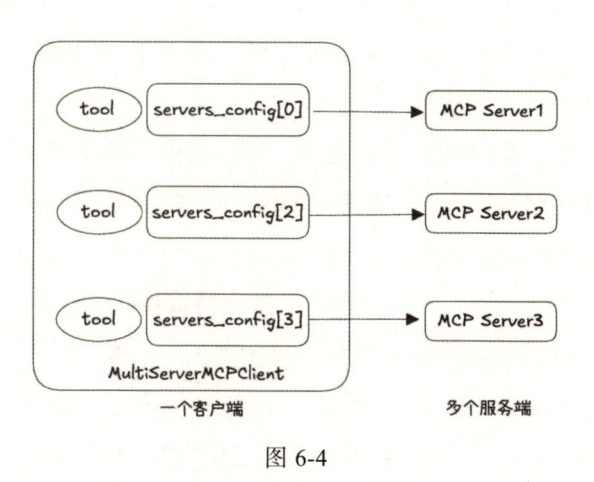

图 6-4

虽然像 VS Code 这样的工具已经支持多 MCP 服务端配置，但是在自主开发应用时，我们需要一个自己的、通用的连接管理组件。它能够做到以下几点。

（1）统一接口。希望通过一致的 API 与不同的 MCP 服务端交互，而不必关心底层的传输细节。

（2）动态切换。在运行时根据需要在不同的 MCP 服务端之间切换。

（3）功能聚合。能收集和管理所有可用的工具、资源和提示，以整合到一个应用中。

（4）配置灵活。通过简单的配置文件定义 MCP 服务端连接与加载参数，消除硬编码。

（5）框架集成。能够对流行的 AI 应用开发框架（如 LlamaIndex、LangGraph 等）进行扩展。

2. 主要设计思路

我们将基于现有的 MCP SDK 封装这个组件，并遵以下设计原则。

（1）组合式架构。客户端采用组合的方式管理多个 MCP 服务端连接。每个 MCP 服务端都由单独的配置对象表示，客户端负责管理这些连接的生命周期。

（2）配置驱动。通过 YAML 或 JSON 配置文件定义 MCP 服务端连接，使得添加、修改或禁用 MCP 服务端变得简单，无须更改代码。配置内容包括传输协议、连接参数、环境变量等。

（3）功能缓存。客户端会缓存每个 MCP 服务端的功能（工具、资源、提示等）列表，避免频繁查询 MCP 服务端，加快响应速度。同时，客户端提供刷新机制，确保数据的及时性。

（4）上下文管理。实现了异步上下文管理器接口（__aenter__ 和 __aexit__），确保了资源正确初始化和清理，简化了使用方式。

（5）可以针对开发框架适配与扩展。比如，为不同的 AI 应用开发框架（如 LangGraph、LlamaIndex）做扩展，可以方便地将 MCP 服务端的工具转化为框架所需要的工具。

（6）提供一些预置的客户端回调能力。比如，对 MCP 服务端的推送日志、Sampling 请求的处理。

图 6-5 所示为大致的类结构与接口。

```
                                from_config()
                                from_servers()
                                list_tools()
                                list_resources()
      ┌─────────────────────┐   list_prompts()
      │ MultiServerMCPClient │   call_tool()
      └─────────────────────┘   read_resource()
                 ▲              get_prompt()
           ┌─────┴─────┐        ...
           │           │
┌────────────────────────┐  ┌────────────────────────┐
│MultiServerMCPClientLLamaIndex│  │MultiServerMCPClientLangGraph│
└────────────────────────┘  └────────────────────────┘
     get_framework_tools          get_framework_tools
```

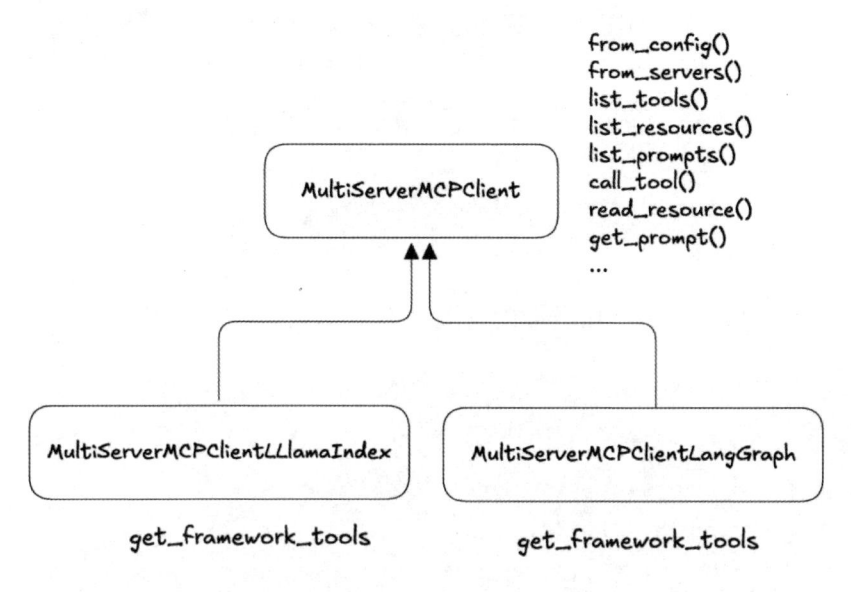

图 6-5

3. 关键代码实现

我们不会在此事无巨细地展示该组件的每个细节，仅对重要的代码实现做简单说明。你完全可以参考并包装更适合自己的封装组件。

（1）配置设计。基于传输类型设计灵活的配置类层次，以支持 stdio 或者 SSE 传输模式：

```python
class ServerConfig:
    """基础服务配置类"""
    transport: str
    allowed_tools: List[str] = None

    @classmethod
    def from_dict(cls, data: dict) -> 'ServerConfig':
        # 工厂方法，根据 transport 类型创建对应的配置对象
        ......

class StdioServerConfig(ServerConfig):
    """标准输入输出服务配置"""
    transport = "stdio"
# 包含 command, args, env 等标准输入输出相关配置
```

```
......

class SSEServerConfig(ServerConfig):
    """SSE 服务配置"""
    transport = "sse"
# 包含 url, headers, timeout 等 SSE 传输模式相关配置
......
```

一个典型的多 MCP 服务端配置文件大致如下：

```
{
  "servers": {
    "memory_server": {
      "disabled": false,
      "transport": "stdio",
      "command": "npx",
      "args": ["-y", "@modelcontextprotocol/server-memory"],
      "env": {
        "MEMORY_FILE_PATH": "./memory.json"
      },
"other_server": {...
}
},
......
}
```

在这里的配置设计基础上，实现 from_config（传入配置文件）或者 from_servers（传入 json 对象）接口，以立刻获得一个 MultiServerMCPClient 类型的连接对象。由于其支持上下文管理器的使用方式，因此你可以这样实现 MCP 服务端的工具和资源的自动连接与加载：

```
async with MultiServerMCPClient.from_config(config_path) as client:
        print(f"已加载配置，可用的 MCP 服务端: {', '.join(client.server_configs.keys())}")

        #已经自动连接并加载 MCP 服务端的工具和资源等
        ......
```

（2）内部数据。在连接 MCP 服务端后，会自动加载其中的工具和资源等。

这些工具和资源会被缓存在客户端的连接对象中：

```
......
        self.sessions: dict[str, ClientSession] = {}

        # MCP 服务端功能缓存
        self.server_name_to_tools: dict[str, list[types.Tool]] = {}
        self.server_name_to_resources: dict[str,
list[types.Resource]] = {}
        self.server_name_to_resource_templates: dict[str,
list[types.ResourceTemplate]] = {}
        self.server_name_to_prompts: dict[str, list[types.Prompt]] =
{}

        # 活动 MCP 服务端
        self._active_server: Optional[str] = None
        self.last_refresh_time = None
......
```

这里会保存所有连接 MCP 服务端的会话（ClientSession），并会对不同的 MCP 服务端保存其拥有的工具与资源等（根据配置的名称 server_name 做映射），因此提供的调用接口（如 call_tool 接口需要新增 server_name 作为参数输入）需要告诉客户端要调用哪个 MCP 服务端的工具。这也是与单个 MCP 服务端连接最大的区别所在。

对于 call_tool 等调用接口的实现，只需要借助 MCP SDK，并不复杂，此处不再详细讲解。

（3）特定 AI 应用开发框架的扩展。由于 AI 应用开发框架对工具使用有特定的要求，因此必须将 MCP 服务端的工具适配为框架所需的工具类型，这通常需要利用框架提供的适配器。以 LangGraph 为例：

```
class MultiServerMCPClientLangGraph(MultiServerMCPClient):
    """MultiServerMCPClient 的扩展类，提供与 LangGraph 集成的功能"""

    async def get_framework_tools(
        self,
        server_name: Optional[str] = None,
        allowed_tools: Optional[List[str]] = None
```

```python
    ):
        """获取 LangGraph 可用的工具列表"""
        from langchain_mcp_adapters.tools import load_mcp_tools
        async def langgraph_tool_converter(session):
            return await load_mcp_tools(session)

        return await self._get_tools_with_filter(server_name,
allowed_tools, langgraph_tool_converter)
```

对于获取特定框架的工具，需要自行实现 get_framework_tools 方法。这个方法会返回一个适配后的工具列表，该工具列表可以被框架直接使用。比如，用来绑定到智能体：

```
……
tools = await
self.client.get_framework_tools(allowed_tools=allowed_tools)
agent = create_react_agent(model=self.llm, tools=tools)
```

通过连接多个 MCP 服务端，一个客户端仿佛拥有了多位"专家助理"。它们既各司其职，又能协同合作，完成复杂任务，并具有出色的扩展性：若需新增功能，则只需部署新的 MCP 服务端，并在客户端进行注册即可使用。借助 MCP 标准化的接口，不同来源的工具和资源能够无缝整合，为大模型提供更广阔的"触角"，以连接外部世界。

6.2.2 集成函数调用（Function Calling）与 MCP 服务端的工具

利用准备的多 MCP 服务端连接管理组件，可以轻松地将来自不同 MCP 服务端的工具集成在一起。但如何让大模型使用这些工具呢？对于那些支持函数调用的大模型，一个直接的方法是将 MCP 服务端的工具转换为大模型所需的函数，从而允许大模型进行推理并使用这些工具。

1. 处理流程

将函数调用与 MCP 服务端的工具集成使用的通用流程如图 6-6 所示。

图 6-6

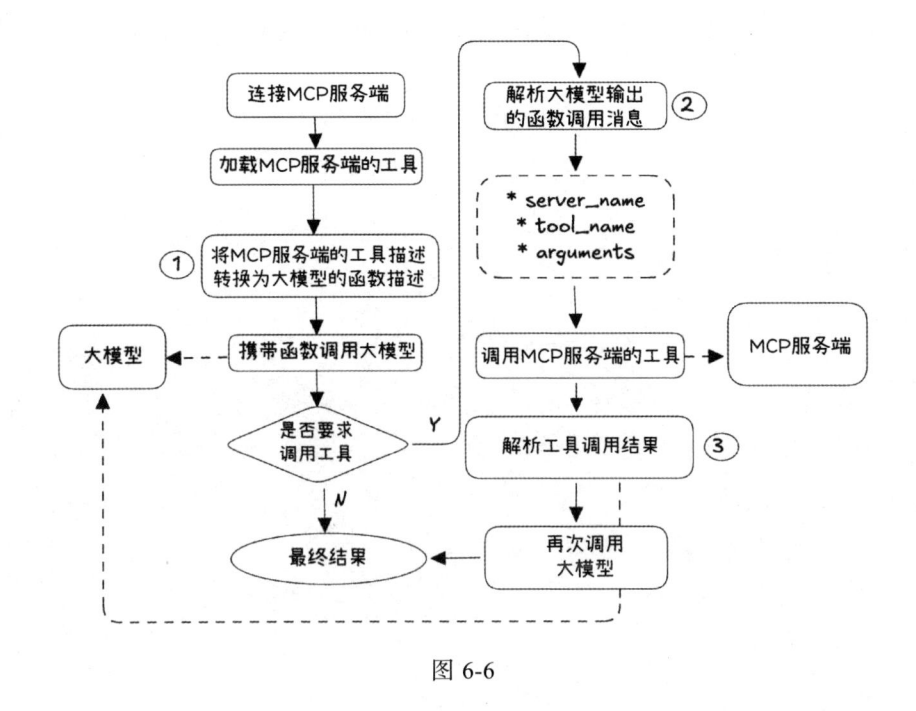

在这个流程中，需要理解以下 3 个关键的转换与解析步骤。

（1）将 MCP 服务端的工具描述转换为大模型的函数描述。这一过程是必要的，因为尽管这两种描述在定义输入参数格式时都采用 JSON Schema 格式，但在元数据命名上可能存在差异。例如，OpenAI 函数调用的参数信息被称为 parameters，而 MCP 服务端的工具调用的参数信息则被称为 inputSchema。

（2）解析大模型输出的函数调用消息。当大模型首次调用返回结果时，如果其中包含工具调用的要求（通常通过消息中的 tool_calls 部分来识别），则程序需要提取 tool_calls 部分的相应函数名称及其输入参数，将其转换为对 MCP 服务端的工具的调用。

（3）解析工具调用结果。这一步骤涉及将 MCP 服务端的工具调用结果转换为大模型的输入消息（通常包含 role、content 等属性），然后将转换后的消息提交给大模型进行输出（在实际应用中，大模型可能要求多次调用工具，这里做了简化）。

2. 关键代码实现

我们以 OpenAI（或兼容其 API 的其他大模型）的大模型 API 为例，针对以上流程进行代码实现,这里展示上述 3 个关键的转换与解析步骤。

(1)将 MCP 服务端的工具描述(即工具元数据)转换为大模型的函数描述(源代码文件的路径为"app_functioncalling/mcp_function_adaper.py"):

```
......
    def convert_tool_to_function(cls, tool: types.Tool) -> Dict[str, Any]:
        """将MCP服务端的工具描述转换为OpenAI的函数描述

        参数:
            tool: MCP服务端的工具

        返回:
            OpenAI的函数定义
        """

        function_def = {
            "name": tool.name,
            "description": tool.description or f"Tool: {tool.name}"
        }

        # 如果有输入模式,直接转换为parameters
        if tool.inputSchema:
            function_def["parameters"] = tool.inputSchema
        else:
            # 如果没有输入模式,创建一个空的参数对象
            function_def["parameters"] = {
                "type": "object",
                "properties": {}
            }

        return function_def
```

这个过程把 MCP 服务端的工具元数据的 inputSchema 属性替换成 parameters 属性即可。

(2)解析大模型输出的函数调用消息。大模型在推理时如果认为需要借助函数获取消息,就不会直接输出答案,而是输出一个带有 tool_calls 属性的消息,其中携带函数调用消息,程序对这部分消息做解析后即可调用 MCP 服务

端的工具。大致的代码如下（源代码文件的路径为"app_functioncalling/agent.py"）：

```
……假设已经完成大模型调用，获得了返回结果，"message"是大模型输出的消息……

# 存储所有工具调用结果
    for tool_call in message.tool_calls:
        # 解析工具调用
        function_name = tool_call.function.name
        try:
            arguments = json.loads(tool_call.function.arguments)
        except json.JSONDecodeError:
            arguments = {}
            logger.warning(f"无法解析工具参数JSON: {tool_call.function.arguments}")

        logger.info(f"准备调用工具: {function_name}，参数: {arguments}")

        # 检查工具是否存在
        if function_name not in self.tools_by_name:
            tool_result = {"error": f"找不到工具: {function_name}"}
            logger.error(f"找不到工具 {function_name}")
        else:
            server_name, _ = self.tools_by_name[function_name]
            try:
                logger.info(f"开始调用工具 {function_name} 在MCP服务端 {server_name} 上")
                call_result = await self.mcp_client.call_tool(
                    server_name=server_name,
                    tool_name=function_name,
                    arguments=arguments
                )
```

对这段代码的解释如下：

① 解析 message.tool_calls 属性以获取每个 tool_call 的消息，每个 tool_call 都代表一个函数调用请求。从请求中提取出 function.name 和 function.arguments 属性，这些代表了调用的参数。

② 通过 function.name 属性来确定 server_name 变量，这是因为客户端连接了多个 MCP 服务端。因此，仅知道函数名称是不够的，需要依据函数名称

来识别对应的 server_name，从而确定要调用哪个 MCP 服务端的工具。

这里要注意，连接的 MCP 服务端不能有同名的工具。

你也可以自行优化。例如，在加载工具时，根据 server_name 和 tool_name 生成唯一的函数名称供大模型调用，最终再将该函数名称解析回 server_name 和 tool_name 以执行工具调用。这样即使 tool_name 相同，也不会影响大模型推理使用。

③ 调用封装的 mcp_client.call_tool 方法，获得工具调用结果。

（3）解析工具调用结果（源代码文件的路径为"app_functioncalling/agent.py"）：

```
……延续上面的调用，假设已经获得了 call_result……
    try:
        if hasattr(call_result, 'content') and isinstance(call_result.content, list):
            # 提取文本内容
            extracted_texts = []
            for item in call_result.content:
                if hasattr(item, 'type') and item.type == 'text' and hasattr(item, 'text'):
                    extracted_texts.append(item.text)

            if extracted_texts:
                # 多段文本，合并为一个字符串
                combined_text = "\n".join(extracted_texts)
                tool_result = {"result": combined_text}
            else:
                # 找不到可用的文本结果
                tool_result = {"result": "工具执行成功，但没有返回文本结果"}

    ……异常处理……

    json_content = json.dumps(tool_result, ensure_ascii=False)
    self.messages.append({
        "role": "tool",
        "tool_call_id": tool_call.id,
        "name": function_name,
        "content": json_content
    })
```

对这段代码的解释如下：

在 OpenAI 及与其接口兼容的大模型中，函数调用的消息需要通过 role 属性进行标识。这里将调用结果（call_result）中的返回文本内容合并，并构建了一个 message 对象。在这个对象中，将 role 属性设置为"tool"，将 content 属性设置为合并后的内容，而 name 属性则被赋予了调用的工具名称。

由于不同的大模型在使用函数调用功能（如果支持）上可能有区别，因此在实际使用以上代码时可能需要根据大模型的 API 文档做适当调整。

3. 效果测试

我们用一个 MCP 测试客户端来测试函数调用与 MCP 服务端的工具集成的效果。首先启动应用（如图 6-7 所示）。

```
MCP服务端 'local_stdio' 已被禁用，将被跳过
MCP服务端 'memory_server' 已被禁用，将被跳过
2025-05-08 14:51:46,359 - mcp_agent - INFO - 正在加载MCP服务端 local_sse 的工具...
2025-05-08 14:51:46,359 - mcp_agent - INFO - 从MCP服务端 local_sse 加载了 7 个工具
2025-05-08 14:51:46,359 - mcp_agent - INFO - 正在加载MCP服务端 postgres_server 的工具..
2025-05-08 14:51:46,359 - mcp_agent - INFO - 从MCP服务端 postgres_server 加载了 1 个工具
2025-05-08 14:51:46,359 - mcp_agent - INFO - 初始化MCP智能体完成，已加载 8 个工具

====== MCP智能工具助手聊天 ======
输入 'q' 退出，'clear' 清除历史
```

图 6-7

查看客户端的日志，可以确认已经成功地连接了两个 MCP 服务端，并且加载了 8 个工具。这里的 local_sse 就是我们在前几章中开发的 MCP 服务端。

（1）测试一个普通的问题。输入内容：

你有什么工具可以用？

客户端的日志如图 6-8 所示。很显然，没有使用工具。

```
用户: 你有什么工具可以用？
正在思考...
助手: 我可以使用以下工具来帮助你：
1. **数据库查询工具**：
   - 使用自然语言查询数据库。
   - 执行 SQL 查询并返回结果。
2. **长时间运行的任务模拟**：
   - 模拟一个长时间运行的任务并报告进度。
   - 模拟执行任务并发送测试日志。
3. **网络搜索**：
   - 使用 Tavily API 执行网络搜索并返回相关结果。
4. **Excel 文件分析**：
   - 分析指定路径的 Excel 文件并返回统计信息。
5. **缓存管理**：
   - 查看和管理工具缓存系统的状态。
如果你有具体的问题或需求，请告诉我，我将为你提供帮助！
```

图 6-8

（2）测试是否使用工具。输入内容：

```
目前哪吒 2 的票房怎么样了？
```

客户端的日志显示，成功地调用了 tavily_search 这个工具进行搜索，如图 6-9 所示。

```
用户: 目前哪吒2的票房怎么样了?
正在思考...
2025-05-08 14:56:17,826 - mcp_agent - INFO - 检测到工具调用: 1 个
2025-05-08 14:56:17,826 - mcp_agent - INFO - 准备调用工具: tavily_search, 参数: {'query': '哪吒2 票房', 'max_results': 5}
2025-05-08 14:56:17,826 - mcp_agent - INFO - 开始调用工具 tavily_search 在服务端 local_sse 上
调用工具: tavily_search, 参数: {'query': '哪吒2 票房', 'max_results': 5}
2025-05-08 14:56:21,410 - mcp_agent - INFO - 工具调用成功: tavily_search
2025-05-08 14:56:21,410 - mcp_agent - INFO - 成功添加工具结果到对话历史
2025-05-08 14:56:21,410 - mcp_agent - INFO - 获取模型最终响应
助手: 《哪吒2》的票房如下:
1. **全球票房**: 截至2025年5月3日，《哪吒2》的全球票房达到了 21.79亿美元，展现出强大的票房吸引力。
2. **国内票房**: 根据最新的数据显示，《哪吒2》的总票房已经突破了 158亿元人民币，正逐步逼近《泰坦尼克号》的票房记录。
```

图 6-9

（3）一个有趣的测试。输入内容：

```
给我发送测试日志，发送 10 条。
```

send_test_logs 工具会模拟 MCP 服务端的异常发送各种日志，如图 6-10 所示。这里也测试了前面封装的多 MCP 服务端连接管理组件内置的消息接收能力。

```
用户：给我发送测试日志，发送10条。
正在思考...
2025-05-08 14:58:03,100 - mcp_agent - INFO - 检测到工具调用：1 个
2025-05-08 14:58:03,100 - mcp_agent - INFO - 准备调用工具：send_test_logs，参数：{'log_count': 10}
2025-05-08 14:58:03,100 - mcp_agent - INFO - 开始调用工具 send_test_logs 在服务端 local_sse 上
调用工具：send_test_logs，参数：{'log_count': 10}
● MCP服务端信息【info】：测试信息日志 #1：这是一条普通信息
  收到MCP服务端其他消息：method='notifications/message' params=LoggingMessageNotificationParams
(meta=None,是一条普通信息！') jsonrpc='2.0'
● MCP服务端信息【warning】：测试警告日志 #2：请注意可能的问题
  收到MCP服务端其他消息：method='notifications/message' params=LoggingMessageNotificationParams
(meta=None,请注意可能的问题！') jsonrpc='2.0'
● MCP服务端信息【error】：测试错误日志 #3：发生了错误情况！
  收到MCP服务端其他消息：method='notifications/message' params=LoggingMessageNotificationParams
(meta=None,生了错误情况！') jsonrpc='2.0'
● MCP服务端信息【debug】：测试调试日志 #4：详细的系统运行状态
  收到MCP服务端其他消息：method='notifications/message' params=LoggingMessageNotificationParams(meta=
```

图 6-10

（4）测试一个会调用客户端 Sampling 功能的请求。输入内容：

查询我的库里订单数量？

客户端的日志如图 6-11 所示。

```
用户：查询我的库里订单数量？
正在思考...
2025-05-08 15:09:50,110 - mcp_agent - INFO - 检测到工具调用：1 个
2025-05-08 15:09:50,110 - mcp_agent - INFO - 准备调用工具：query_database_nlp，参数：{'natural_langu
2025-05-08 15:09:50,110 - mcp_agent - INFO - 开始调用工具 query_database_nlp 在服务端 local_sse 上
调用工具：query_database_nlp，参数：{'natural_language_query': '查询订单数量'}
=========================================
收到MCP服务端的采样请求：
=========================================
采样消息：我需要你帮我将以下自然语言查询转换为SQL语句。请只返回SQL语句，不要有任何其他解释及```sql这
构信息：

Table: customers
Columns: customer_id (integer), first_name (character varying), last_name (character varying), email
Table: orders
Columns: order_id (integer), order_date (timestamp without time zone), total_amount (numeric), custo

用户查询：查询订单数量
响应消息：SELECT COUNT(*) FROM orders;
=========================================
请确认该响应消息是否正确与安全？(y/n): y
2025-05-08 15:10:04,499 - mcp_agent - INFO - 工具调用成功：query_database_nlp
2025-05-08 15:10:04,500 - mcp_agent - INFO - 成功添加工具结果到对话历史
2025-05-08 15:10:04,500 - mcp_agent - INFO - 获取模型最终响应

助手：您的库里当前有4个订单。
```

图 6-11

这个请求在调用 MCP 服务端的工具时，会需要客户端的大模型生成 SQL 语句，并要求用户确认是否安全，在确认后才会允许调用工具。

在本节中，我们学习了如何利用大模型的原生 API 集成 MCP 服务端的工具。在实际应用中，如果你的大模型不支持函数调用，那么可以利用 ReAct 范式引导大模型使用推理工具。整个处理逻辑与函数调用相似，这里不再展开介绍。

6.3 集成智能体开发框架与 MCP 服务端

本节将深入分析如何集成先进的智能体开发框架与 MCP 服务端，利用标准化协议来调用 MCP 服务端提供的工具。基于大量共享 MCP 服务端，开发智能体的难度将大幅减小，开发速度会显著加快，并能在确保模块间松散耦合的同时实现高效协作，从而增强系统的可维护性和可扩展性。

由于智能体开发框架往往有其特定的抽象层次，因此无法直接调用 list_tools 和 call_tool 等方法来发现和使用 MCP 服务端功能。值得庆幸的是，目前大多数知名的智能体开发框架已经提供了相应的 MCP 适配器，极大地简化了在这些框架中整合 MCP 服务端功能（主要是工具）的过程，这对于智能体开发来说至关重要。

本节将首先以 LangGraph 框架为起点，展示如何在该框架内迅速构建简单的 ReAct 范式的 MCP 智能体。

6.3.1 集成 LangGraph 框架与 MCP 服务端

LangGraph，源自知名的 LangChain 项目，是一个构建工作流的强大框架。它将任务流程建模为具有状态的 Graph 结构，使得实现更复杂的工作流成为可能。

我们将基于 LangGraph 框架构建一个基础的 ReAct 范式的智能体。在 LangGraph 框架中构建这样的智能体有两种方式，一种是使用 create_react_agent 方法，另一种是自定义工作流程。无论使用哪种方式，我们都可以使用 MCP 服务端提供的工具。

1. 快速创建 ReAct 范式的智能体

在 LangGraph 框架中,你可以使用 create_react_agent 方法快速构建 ReAct 范式的智能体。若要利用 MCP 服务端的工具,则需要借助官方提供的 langchain_mcp_adapters 适配器。首先,你必须安装这个适配器(这里为了演示 LangGraph 框架的能力,不使用我们在前面构建的多 MCP 服务端连接管理组件):

```
uv add langchain_mcp_adapters
```

借助其中的 MultiServerMCPClient 组件可以方便地连接 MCP 服务端并使用工具,以下是一个快速入门的样例(源代码文件的路径为 "app_langgraph/agent_prebuilt.py"):

```python
import asyncio
import os
from langchain_mcp_adapters.client import MultiServerMCPClient
from langgraph.prebuilt import create_react_agent
from langchain_openai import ChatOpenAI

# 创建大模型
llm = ChatOpenAI(
    model='gpt-4o-mini',
)
async def run_agent():
    async with MultiServerMCPClient(
        {
            "math": {
                "command": "python",
                "args": ["../serverdemo.py"],
                "transport": "stdio",
                "env": {**os.environ},
            }
        }
    ) as client:
        agent = create_react_agent(llm, client.get_tools())
        math_response = await agent.ainvoke({"messages": "搜索一下黑神话悟空的最新消息"})
        print(math_response["messages"][-1].content)
```

```
if __name__ == "__main__":
    asyncio.run(run_agent())
```

对这段代码的解释如下：

LangGraph 框架封装的 MultiServerMCPClient 组件专为连接多个 MCP 服务端而设计。它通过简单的配置信息即可实现快速连接，支持上下文管理器的使用方式，允许用户通过 with...as 语法轻松使用，无须手动断开或释放资源。

利用上下文管理器返回的 client 对象的 get_tools 方法，可以便捷地将所有 MCP 服务端的工具转换为 LangGraph 框架中的可用工具，并将其传递给 create_react_agent 方法，从而构建一个极简的 ReAct 范式的智能体。

通过调用智能体的 ainvoke 方法，即可立即利用 MCP 服务端的工具执行任务。在这个示例中，可以看到如图 6-12 所示的输出结果。

```
2025-05-07 22:47:35,962 - __main__ - INFO - 应用正在启动，初始化资源...
2025-05-07 22:47:35,991 - __main__ - INFO - 数据库连接已建立
2025-05-07 22:47:35,993 - mcp.server.lowlevel.server - INFO - Processing request of type ListToolsRequest
2025-05-07 22:47:39,034 - mcp.server.lowlevel.server - INFO - Processing request of type CallToolRequest
以下是关于《黑神话：悟空》的最新消息：

1. **[《黑神话悟空》游戏最新消息内容一览 - 游侠网](https://gl.ali213.***/html/2024-8/1472187.html)**
   摘要：黑神话悟空的游戏评测和媒体评分将于8月16日解禁，玩家可以了解更多信息。此外，性能测试工具已在STEAM商店开放免费下载。

2. **[游科官方确认，《黑神话》DLC正在开发，大概率明年8月发售 - 腾讯新闻](https://news.qq.***/rain/a/20240924A07WCG00)**
```

图 6-12

可以看到，这个简单的 ReAct 范式的智能体调用了 MCP 服务端的搜索工具来完成任务。由于这里采用 stdio 传输模式，因此可以观察并分析 MCP 服务端输出的跟踪信息。比如，这里的 ListToolsRequest 请求代表客户端向 MCP 服务端发起了 tools/list 方法的 JSON-RPC 调用，CallToolRequest 请求则代表发起了 tools/call 方法的调用，这证实了 LangGraph 框架在背后调用了 MCP 服务端的工具。

2. 自定义智能体的工作流

对于一些复杂的智能体的工作流，简单的 ReAct 范式的智能体可能无法满

足应用需求。在这种情况下,就需要自定义智能体的工作流,在 LangGraph 框架中体现为创建 Graph 类型的对象,并对其中的流程节点(称为 node)及节点间的流向(称为 edge)进行定义和配置。我们采用图的方式来重写前面的智能体,代码如下(源代码文件的路径为 "app_langgraph/agent_graph.py"):

```python
class State(TypedDict):
    messages: Annotated[Sequence[BaseMessage], add_messages]

# 使用上下文创建图
@asynccontextmanager
async def make_graph():
    mcp_client = MultiServerMCPClient(
        {
            "math": {
                "command": "python",
                "args": ["../serverdemo.py"],
                "transport": "stdio",
                "env": {**os.environ},
            }
        }
    )

#大模型调用节点
    def agent(state: State):
        messages = state["messages"]
        response = llm_with_tool.invoke(messages)
        return {"messages": [response]}

    async with mcp_client:  #根据 langchain_mcp_adapters 适配器的版本,这句可能不需要)
        mcp_tools = mcp_client.get_tools()
        print(f"可用工具: {[tool.name for tool in mcp_tools]}")
        llm_with_tool = model.bind_tools(mcp_tools)

        graph_builder = StateGraph(State)

        #大模型调用节点
        graph_builder.add_node(agent)

        #工具节点
```

```python
    graph_builder.add_node("tool", ToolNode(mcp_tools))
    graph_builder.add_edge(START, "agent")

    # 决定是否检索
    graph_builder.add_conditional_edges(
        "agent",
        tools_condition,
        {
            # 将条件输出转换为图中的节点
            "tools": "tool",
            END: END,
        },
    )
    graph_builder.add_edge("tool", "agent")
    graph = graph_builder.compile()
    graph.name = "工具代理"

    yield graph

# 使用问题运行图
async def main():
    async with make_graph() as graph:
        result = await graph.ainvoke({"messages": "搜索一下黑神话悟空的最新消息"})
        print(result['messages'][-1].content)

asyncio.run(main())
```

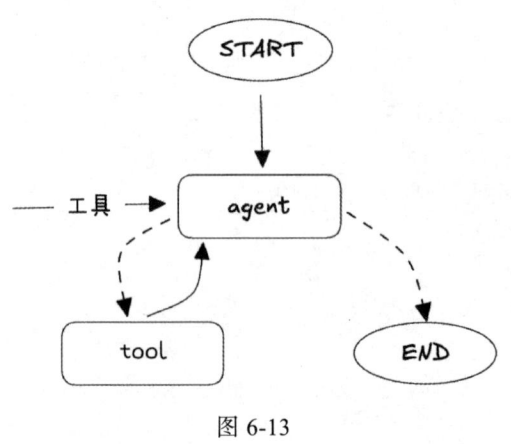

图 6-13

对这段代码的解释如下：

与 create_react_agent 方法相比，这里的实现方式略复杂，但两者其实是等价的。它们都实现了如图 6-13 所示的一种典型的基础工作流模式（图 6-13 中的节点与代码中的节点对应）。

这种工作流简单描述如下。

（1）利用大模型的函数调用

（FunctionCalling）特性，或者采用 ReAct 范式，引导大模型判断是否需要借助外部工具，并确定调用这些工具所需的输入参数（agent 节点）。

（2）一旦确定需要使用工具，就利用推理得出的输入参数来调用工具，并获取相应的调用结果（tool 节点）。

（3）将调用结果与之前的对话历史重新输入大模型中，由大模型决定接下来的行动步骤，直至大模型判断无须进一步调用工具，此时流程结束（END 节点）。

在上面的代码中，对 MCP 服务端的工具的使用其实与"1. 快速创建 ReAct 范式的智能体"的方法是完全相同的，只是这里展示了工作流内部更详细的工具使用过程。

（1）连接 MCP 服务端，然后调用 get_tools 方法加载并转换所有 MCP 服务端的工具（mcp_tools）。

（2）agent 节点：即 agent 函数，主要负责调用大模型。在此之前，它会为大模型绑定一系列工具（bind_tools，实际上是向大模型添加函数调用信息，这也是为什么这里的大模型需要支持函数调用功能），随后指导大模型推理工具使用的过程。

（3）tool 节点：如果需要调用工具，就会进入 tool 节点。该节点利用了 LangGraph 框架中预置的 ToolNode 类型，快速地实现对 MCP 服务端的工具的调用。

（4）定义节点之间的边（edge），也就是任务流向。在以下代码中，开始节点是 agent 节点，从 agent 节点到 tool 节点的边是一个"条件边"。

```
graph_builder.add_conditional_edges(
        "agent",
        tools_condition,
        {
            # 将条件输出转换为图中的节点
            "tools": "tool",
            END: END,
        },
    )
```

这里的含义是，对 agent 节点的输出执行条件判断（实际上通过检查 agent 节点执行后返回的消息中是否含有工具调用的标志来进行判断）。这一条件判断过程是通过 LangGraph 框架提供的 tools_condition 函数实现的。若函数返回"tools"，则意味着需要进行工具调用，因此接下来的步骤是进入 tool 节点；若函数返回"END"（结束），则表示无须进行工具调用，流程可以在此终止，因此接下来的步骤是进入 END 节点。

从 tool 节点返回 agent 节点是流程的必经之路，即任何工具调用完成后，都必须返回 agent 节点，以便 agent 节点重新发起调用并决定后续步骤。

以上便是该工作流的内部机制。可以看出，使用适配器，可以迅速地将 MCP 服务端的工具集成到 LangGraph 框架的工作流中，从而可以充分利用第三方丰富的 MCP 服务端快速构建智能体。

6.3.2　集成其他主流的智能体开发框架与 MCP 服务端

本节简要介绍一些其他知名的框架与 MCP 服务端集成的方法。一旦你掌握了 LangGraph 框架的集成方法，就会发现这些框架的集成方法大体相似，核心原理是相通的。因此，这里将不再提供详尽的解释。你可以通过阅读演示代码中的注释来理解。

1. OpenAI Agents SDK

OpenAI Agents SDK 是 OpenAI 官方推出的轻量级智能体开发框架，旨在方便开发者构建多智能体协作的智能体系统。该 SDK 框架源于 OpenAI 内部实验项目 Swarm。OpenAI Agents SDK 框架的特点是简单易用、轻量级、专注于最小集功能，并支持转交（Handoffs）、护栏（Guardrails）等功能。

以下代码演示了如何将 OpenAI Agent 实例连接到一个用于搜索的 MCP 服务端，并将其中的工具集成到智能体中：

```
import asyncio, os
```

```python
from agents import Agent, Runner, AsyncOpenAI,
OpenAIChatCompletionsModel, RunConfig
from agents.mcp import MCPServerStdio

async def main():
    # 1. 创建 MCP Server 实例
    search_server = MCPServerStdio(
        params={
            "command": "npx",
            "args": ["-y", "@mcptools/mcp-tavily"],
            "env": {**os.environ}
        }
    )
    await search_server.connect()

    # 2. 创建智能体并集成 MCP 服务端
    agent = Agent(
        name="助手 Agent",
        instructions="你是一个具有网页搜索能力的助手，在必要时使用搜索工具获取信息。",
        mcp_servers=[search_server],  # 将 MCP 服务端列表传入智能体
    )

    # 3. 运行智能体，让其自动决定何时调用搜索工具
    result = await Runner.run(agent, "Llama4.0 发布了吗？",run_config=RunConfig(tracing_disabled=True))
    print(result.final_output)

    await search_server.cleanup()

if __name__ == "__main__":
    asyncio.run(main())
```

在使用远程 MCP 服务端时，OpenAI Agents SDK 框架提供了自动缓存工具列表的选项（通过设置 cache_tools_list=True）。如果需要手动使缓存失效，那么可以调用 MCP Server 实例上的 invalidate_tools_cache 方法。

2. LlamaIndex

LlamaIndex 最初是一个专注于构建基于外部数据的大模型应用的框架，其

独特之处在于具有构建以数据为中心的应用，特别是复杂的企业级 RAG 应用的能力。随着 LlamaIndex Workflows 与 Agent Workflow 功能的推出，LlamaIndex 框架也发展为一个全能的专注于企业级 RAG+智能体系统的开发框架。其特点是功能强大、预置了大量 RAG 应用优化模块。LlamaIndex 框架在智能体开发上比 LangGraph 框架更简单。

LlamaIndex 框架目前也支持与 MCP 服务端集成，可以快速导入工具并使用：

```python
from llama_index.tools.mcp import McpToolSpec,BasicMCPClient
import asyncio
from llama_index.llms.openai import OpenAI
from llama_index.core.agent import ReActAgent
import os

llm = OpenAI(model="gpt-4o-mini")

async def main():

#MCP 服务端连接与工具加载
    mcp_client = BasicMCPClient("npx", ["-y", "@mcptools/mcp-tavily"], env={})
    mcp_tool = McpToolSpec(client=mcp_client)
    tools = await mcp_tool.to_tool_list_async()

    agent = ReActAgent.from_tools(
        tools,
        llm=llm,
        verbose=True,
        system_prompt="你是一个具有网页搜索能力的助手，在必要时使用搜索工具获取信息。"
    )

    response = await agent.aquery("Llama4.0 发布了吗？")
    print(response)

if __name__ == "__main__":
    asyncio.run(main())
```

3. AutoGen 0.4

AutoGen 是微软开发的一个框架，用于构建多智能体对话的下一代企业级 AI 应用。其独特之处是专注于通过多个智能体之间的协调交互来实现协作和解决复杂任务。在 AutoGen 0.4 版本中，微软开放了 AutoGen-Core 这一更低层的 API 层，可用于构建更强大的分布式多智能体系统。其特点是功能强大，支持分布式，可根据需要选择不同层次的 API 使用；其缺点是较复杂。

在 AutoGen 0.4 的扩展中提供了 MCP 集成的组件，演示如下（代码有省略）：

```python
from autogen_ext.tools.mcp import StdioServerParams, mcp_server_tools
......
async def get_mcp_tools():
    #声明MCP服务端连接参数
    server_params = StdioServerParams(
        command="npx",
        args = [
        "-y",
        "@mcptools/mcp-tavily",
        ],env={**os.environ}
)

#加载MCP服务端的工具
    tools = await mcp_server_tools(server_params)
    return tools
......
```

如果需连接远程的 MCP 服务端，那么请使用 SseServerParams 组件，并初始化 URL 参数。

4. Pydantic AI

Pydantic AI 是著名的 Pydantic 库开发者开发的，是一个将 Pydantic 与大模型集成的智能体开发框架。其独特之处是专注于在 AI 应用中利用 Pydantic 的类型验证、序列化与结构化输出等。Pydantic AI 框架的特点是天然的结构化输出与强类型验证，且简洁易用，与其他框架也能良好的集成，可以结合使用。

使用 Pydantic AI 框架集成 MCP 服务端的工具非常简单（与 OpenAI Agents SDK 框架类似），只需要提供 MCP 服务端配置即可：

```python
from pydantic_ai import Agent
from pydantic_ai.mcp import MCPServerStdio
import os
#配置MCP服务端对象
server = MCPServerStdio(
    'npx',
    ["-y", "@mcptools/mcp-tavily"],
    env={**os.environ}
)

#指定mcp_servers参数即可
agent = Agent(
      name="助手 Agent",
      system_prompt="你是一个具有网页搜索能力的助手，在必要时使用搜索工具获取信息。",
      model='openai:gpt-4o-mini',
      mcp_servers=[server])

async def main():
    #首先连接加载工具
    async with agent.run_mcp_servers():
        result = await agent.run('"Llama4.0发布了吗?')
    print(result.data)

if __name__ == "__main__":
    import asyncio
    asyncio.run(main())
```

如果需要使用远程 MCP 服务端，那么将 Server 实例更改为 MCPServerHTTP 类型即可。

5. SmolAgents

SmolAgents 是大名鼎鼎的 Hugging Face 开发的一个轻量级智能体开发框

架。其特点是简洁易用、基于生成的代码调用工具（核心抽象叫 CodeAgent），以及与 Hugging Face 生态系统集成。SmolAgents 框架为与 MCP 服务端的集成提供了一种直接的方式，可以为智能体添加复杂的功能，而无须为每个工具都进行自定义编码。

以下代码演示了如何初始化一个 SmolAgents 框架并将其连接到 MCP 服务端：

```python
from smolagents import ToolCollection, CodeAgent
from smolagents.agents import ToolCallingAgent
from smolagents import tool, LiteLLMModel
from mcp import StdioServerParameters
import os

model = LiteLLMModel(model_id="gpt-4o-mini")
#配置MCP服务端参数
server_parameters = StdioServerParameters(
    command="npx",
    args=["-y", "@mcptools/mcp-tavily"],
    env={**os.environ},
)

#从MCP服务端加载工具后交给智能体使用
with ToolCollection.from_mcp(server_parameters,
trust_remote_code=True) as tool_collection:
    agent = ToolCallingAgent(tools=[*tool_collection.tools], model=model)
    response = agent.run("Llama4.0 发布了吗？")
    print(response)
```

6. Camel

Camel 是一个专注于开发能够使用复杂对话完成任务的强大的多智能体开发框架。其独特之处是使用智能体之间的角色扮演和交互协作来完成任务，并内置了多种角色的智能体抽象及大量组件。现在这些智能体也可以通过 MCP 得到增强。Camel 框架还提供了一个将 Camel 框架中创建的工具集发布成 MCP 服务端的功能。

你可以参考以下方式将使用 Camel 框架开发的智能体与 MCP 服务端集成：

```python
import asyncio
from mcp.types import CallToolResult
from camel.toolkits.mcp_toolkit import MCPToolkit, MCPClient
import os
from camel.agents import ChatAgent

async def run_example():

    #配置 MCP 服务端参数，创建 client 对象，然后连接并加载工具
    mcp_client = MCPClient(
        command_or_url="npx",
        args=["-y", "@mcptools/mcp-tavily"],
        env={**os.environ}
    )
    await mcp_client.connect()
    mcp_toolkit = MCPToolkit(servers=[mcp_client])
    tools = mcp_toolkit.get_tools()

    try:
        agent = ChatAgent(system_message='根据任务描述，使用网页搜索工具获取信息。', tools=tools)
        response = await agent.astep("Llama4.0发布了吗？")
        print("Response:", response.msgs[0].content)
    except Exception as e:
        print(f"Error during agent execution: {e}")
    finally:
        # 确保在任何情况下都会断开连接
        await mcp_client.disconnect()

if __name__ == "__main__":
    asyncio.run(run_example())
```

如果需要连接使用 SSE 传输模式的远程 MCP 服务端，那么把 MCPClient 中的输入参数替换为 URL 即可。

上面整理了诸多流行的智能体开发框架及它们与 MCP 服务端的集成方式。这些开发框架对 MCP 的兼容性正在持续迭代和优化。如果你在 AI 项目中使用了这些开发框架，那么务必查阅你所用的开发框架的最新官方文档，以便掌握更新信息。

6.4 实战：基于MCP集成架构的多文档Agentic RAG系统

RAG是一种借助外部知识来给大模型提供上下文的AI应用范式。从这个角度来说，RAG与MCP有着相似的意义：给大模型补充上下文，以增强其能力。MCP以提供外部工具为主，而RAG则以注入参考知识为主。这就像在一个学生考试时，MCP给他提供的是计算器，RAG给他提供的是一本书。

当然，两者的重点并不一样，MCP强调的是提供工具的方式（集成标准），RAG则是需要你实现的完整应用。所以两者并不冲突，完全可以用MCP的方法来集成一个RAG应用。

本章用示例探讨如何用MCP的形式来实现Agentic RAG，实现一种有趣的融合。

6.4.1 整体架构设计

传统RAG的局限性在于它通常仅限于查询单一数据源并单次检索与生成。在复杂的企业应用场景中，这显然无法满足需求：一次查询任务往往需要跨越多个文档、多个数据源，甚至涉及多种不同类型的索引以实现综合查询。Agentic RAG通过引入智能体，实现了一次任务中的RAG循环，解决了这类问题。它允许智能体规划查询计划与步骤，并调用多个RAG管道来完成多次RAG查询。智能体根据中间结果调整策略，最终得出答案。

Agentic RAG的架构如图6-14所示。

图 6-14

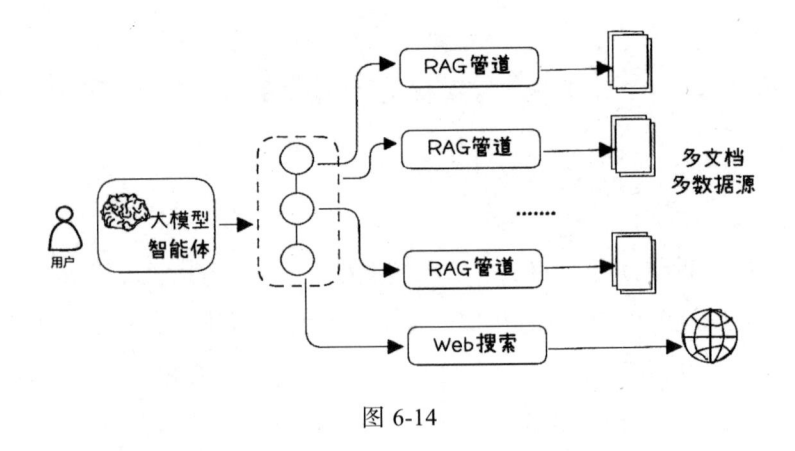

现在假设需要实现一个典型的 Agentic RAG 应用：

"一个针对大量不同文档的问答智能体。它需要回答的问题既有事实问题，也有摘要问题，更有跨越多个文档的融合问题，甚至需要搜索引擎来补充信息。"

在传统的架构中，我们通常会借助诸如 LangChain 或者 LlamaIndex 框架来完成 RAG 应用的两个阶段，并且会在相同的技术栈中完成。

（1）索引阶段。对所需查询的数据源进行解析、拆分并创建索引。常见的索引类型包括向量索引，而根据不同的应用场景，我们还可以采用知识图谱索引、关键词索引等多种形式。

（2）生成阶段。在已构建的索引基础上，构建 RAG 管道和智能体，并向用户开放使用权限，用户可以直接使用或通过 API 模式进行访问。

但在基于 MCP 的集成架构下，无论是 SSE 传输模式还是 stdio 传输模式，都是客户端/服务端模式。你必须在开始编码之前设计好 MCP 服务端与客户端的分工及交互。比如：

（1）MCP 服务端提供的工具，包括功能边界、输入、输出。

（2）服务功能粒度既不能太大（丧失模块化），也不能太小（复杂化）。

（3）缓存与持久化设计，毕竟 RAG 应用是数据密集型应用。

（4）客户端的智能体设计，包括模型、工作流、与 MCP 服务端的交互等。

（5）如果是多用户环境，那么要考虑只隔离文档与索引。

我们基于如图 6-15 所示的总体架构来实现这个应用。

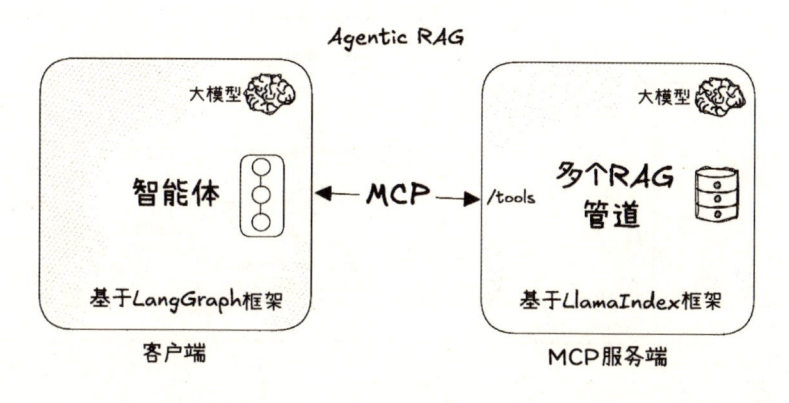

图 6-15

其设计思想如下。

（1）在 MCP 服务端上提供构建多个 RAG 管道的工具；在客户端上创建使用这些工具的智能体，提供查询任务规划与执行能力。

（2）MCP 服务端借助 LlamaIndex 框架实现 RAG 管道；客户端借助 LangGraph 框架实现智能体。让每个框架都做更擅长做的事。

由于我们的目的是展示基于 MCP 集成架构的应用而非 RAG 实现的细节，因此案例中的 RAG 管道会基于最常见的向量索引与经典的 RAG 流程构建。

6.4.2 实现 MCP 服务端

1. MCP 服务端设计

MCP 服务端是 RAG 功能实现的位置。图 6-16 所示为对 MCP 服务端的功能进行拆解设计。

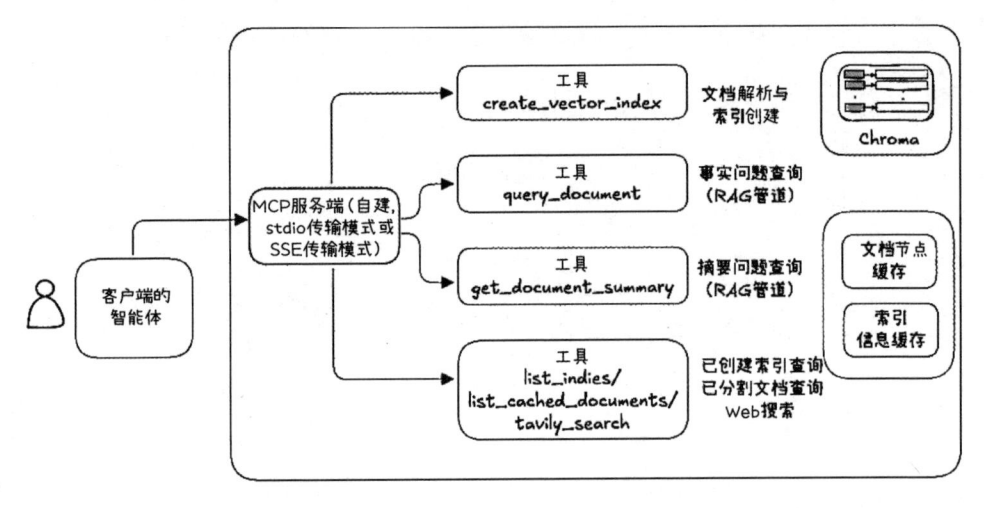

图 6-16

1）工具

（1）create_vector_index。输入文档、索引名称与参数，完成文档解析与索引创建。

（2）query_document。查询事实问题的 RAG 管道，输入索引名称与查询问题。

（3）get_document_summary。查询摘要问题的 RAG 管道，输入文件和查询问题。

（4）list_indies 等。辅助工具，包括一个自己实现的 Web 搜索工具。

需要说明的是，在这里的设计中，不同的 RAG 管道使用的工具是一样的（query_document），但输入参数（索引名称，依赖于客户端的智能体推理）不同。在通常情况下，Agentic RAG 让智能体推理出不同的查询工具，但这里则是推理出不同的参数，但最终效果是一致的。

2）缓存机制

MCP 服务端要对文档解析（含分割）与索引创建的信息进行缓存（持久化存储），以防止可能的重复解析与创建索引，从而提高性能。

（1）文档节点缓存。缓存文档解析后的结果，确保文档解析过一次后，只要内容与参数（如 chunk_size）不变，就不会被重新解析。文档节点缓存的唯一名称是文档内容的哈希值+解析参数。比如：

"questions.csv_f4056ac836fc06bb5f96ed233d9e2b63_500_50"

（2）索引信息缓存。缓存已经创建过的索引信息，防止重复嵌入及向量数据库访问，避免不必要的模型调用成本。索引信息缓存的唯一名称是每个文档关联的唯一索引名称。比如：

"questions_for_customerservice"

在以下情况下会导致索引被重建：客户端强制重建、索引信息缓存不存在、文档节点缓存不存在。

这样的缓存管理方式，可以增加处理的灵活性与健壮性。例如，更改文档内容或解析参数，即使文档名称与索引名称不变，也会触发索引重建。如果文档内容与解析参数不变，只修改索引名称，那么会创建新索引，但不会重新解析文档。

2. 实现 MCP 服务端的工具：创建向量索引

MCP 服务端的实现只需要重点关注两个核心的工具：创建向量索引的工具与文档查询的工具。首先是用来创建向量索引的 create_vector_index 工具，以下为它的核心代码（源代码文件的路径为"app_rag/rag_server.py"）：

```
......
@app.tool()
async def create_vector_index(
    ctx: Context,
    file_path: str,
    index_name: str,
    chunk_size: int = 500,
    chunk_overlap: int = 50,
    force_recreate: bool = False
) -> str:
    """创建或加载向量索引（使用缓存的节点）

    Args:
```

```python
        ctx: 上下文对象
        file_path: 文档文件路径
        index_name: 索引名称
        chunk_size: 文本块大小
        chunk_overlap: 文本块重叠大小
        force_recreate: 是否强制重建索引

    Returns:
        操作结果描述
    """
    storage_path = f"{storage_dir}/{index_name}"

    try:
        # 获取 Chroma 客户端
        chroma = ctx.request_context.lifespan_context.chroma

        # 获取节点缓存路径
        cache_path = get_cache_path(file_path, chunk_size, chunk_overlap)

        # 确定是否需要重建索引：强制重建 or 索引信息缓存不存在 or 文档节点缓存不存在
        need_recreate = (
            force_recreate or
            not os.path.exists(storage_path) or
            not os.path.exists(cache_path)
        )

        if os.path.exists(storage_path) and not need_recreate:
            return f"索引 {index_name} 已存在且参数未变化，无须创建"

        # 如果需要重建索引，那么首先尝试删除现有的索引向量数据库
        try:
            chroma.delete_collection(name=index_name)
        except Exception as e:
            logger.warning(f"删除集合时出错（可能是首次创建）：{e}")

        # 创建新的向量数据库
        collection = chroma.get_or_create_collection(name=index_name)
        vector_store = ChromaVectorStore(chroma_collection=collection)
```

```
    # 加载与拆分文档
    nodes = await load_and_split_document(ctx, file_path,
chunk_size, chunk_overlap)
    logger.info(f"加载了 {len(nodes)} 个节点")

    # 创建向量索引
    storage_context =
StorageContext.from_defaults(vector_store=vector_store)
    vector_index = VectorStoreIndex(nodes,
storage_context=storage_context, embed_model=embedded_model)

    # 缓存索引信息，这样下次不会重建
vector_index.storage_context.persist(persist_dir=storage_path)
    return f"成功创建索引：{index_name}，包含 {len(nodes)} 个节点"

except Exception as e:
    error_msg = f"创建索引失败：{str(e)}"
    logger.error(error_msg)
    raise ValueError(error_msg)
```

对这段代码的解释如下：

MCP 服务端的实现借助了更擅长 RAG 应用开发的 LlamaIndex 框架。

（1）用 need_recreate 变量判断是否需要重建索引，依据是前面所说的 3 种情况（客户端强制重建、索引信息缓存不存在或者文档节点缓存不存在）。

① 根据 index_name 参数生成的索引缓存路径与名称（storage_path）判断索引信息缓存是否存在：

```
storage_path = f"{storage_dir}/{index_name}"
```

② 根据文档内容与索引参数生成的文档缓存路径与名称（cach_path）判断文档节点缓存是否存在：

```
cache_path = get_cache_path(file_path, chunk_size, chunk_overlap)
```

（2）MCP 服务端使用 Chroma 作为后端向量数据库（你可以将其更换为任

意向量数据库，注意 Chroma 连接通过生命周期管理器自动管理，可通过 lifespan_context 对象来获得）。在开始重建索引前，删除可能存在的同名向量数据库集合（collection）。

（3）调用 load_and_split_document 方法来解析与分割文档（如果已经存在文档节点缓存会自动跳过）。无论如何，在完成后都会把分割后的节点（分块）返回。

（4）调用 LlamaIndex 框架的 VectorIndex 组件基于返回的文档节点创建向量索引，并通过 persist 方法将其缓存到本地地址（即 storage_path 指向的地址）。

3. 实现 MCP 服务端的工具：文档查询

在创建好向量索引后，就可以进行文档查询。文档查询的工具是 query_document，其输入是索引名称（通常对应某个文档）与查询问题，其输出是问题的答案，代码如下（源代码文件的路径为"app_rag/rag_server.py"）：

```python
@app.tool()
async def query_document(
    ctx: Context,
    index_name: str,
    query: str,
    similarity_top_k: int = 5
) -> str:
    """从文档中查询事实信息，用于回答具体的细节问题

    Args:
        ctx: 上下文对象
        index_name: 索引名称
        query: 查询文本
        similarity_top_k: 返回的相似节点数量

    Returns:
        查询结果
    """
    storage_path = f"{storage_dir}/{index_name}"

    try:
```

```python
    # 获取Chroma客户端
    chroma = ctx.request_context.lifespan_context.chroma

    # 检查索引是否存在
    if not os.path.exists(storage_path):
        error_msg = f"索引 {index_name} 不存在,请先创建索引"
        raise ValueError(error_msg)

    await ctx.info(f"加载索引: {index_name}")
    collection = chroma.get_or_create_collection(name=index_name)
    vector_store = ChromaVectorStore(chroma_collection=collection)
    storage_context = StorageContext.from_defaults(persist_dir=storage_path, vector_store=vector_store)
    vector_index = load_index_from_storage(storage_context=storage_context)

    # 创建查询引擎
    query_engine = vector_index.as_query_engine(similarity_top_k=similarity_top_k)

    # 执行查询
    await ctx.info(f"执行查询: {query}")
    response = query_engine.query(query)
    await ctx.info(f"查询完成: {index_name}")
    return str(response)

except Exception as e:
    error_msg = f"查询失败: {str(e)}"
    logger.error(error_msg)
    raise ValueError(error_msg)
```

对这段代码的解释如下:

首先,判断索引是否已经创建,因为索引必须提前创建,不支持即时创建,这是为了提高查询性能。

然后,从索引信息缓存与向量数据库中加载索引并创建查询引擎(query_engine)。

最后,使用查询引擎进行查询。LlamaIndex 框架会自动完成从向量数据库中检索相关节点→组装查询到的上下文与提示→发送给大模型生成答案的后续过程。

按类似方法,再创建一个用于回答摘要问题的工具(利用 LlamaIndex 框架的 SummaryIndex 类型索引),此处不再赘述。

6.4.3 实现客户端的智能体

1. 工作流程

有了 MCP 服务端的工具,就可以设计客户端的智能体。为了能连接多个 MCP 服务端,我们会使用前面创建的多 MCP 服务端连接管理组件。客户端的整体工作流程如图 6-17 所示。

在客户端的交互流程中,有以下 3 个主要参与角色。

(1)智能体的使用者。用于测试的客户端,未来也可能是 API 服务。为了便于测试,我们这里采用的是一个命令行交互式客户端。

(2)智能体。这是一个执行复杂 RAG 查询任务的智能体。它通过调用 MCP 服务端的多个 RAG 工具,负责创建索引和查询。

(3)MCP 服务端。提供创建 RAG 索引和查询工具的服务。

客户端的基本交互流程如下。

(1)当客户端启动时,它会加载两个重要的配置信息:一个是智能体将要使用的 MCP 服务端的配置信息;另一个是用于创建索引和查询的文档配置信息。

(2)在读取 MCP 服务端的配置信息后,智能体连接 MCP 服务端并完成初始化流程。需要注意的是,这里可能会连接多个 MCP 服务端。

(3)智能体在启动后,会调用 create_vector_index 方法来创建索引。在实际应用中,这个阶段的执行时机可以根据具体需求来决定,可能在做后台管理时执行,或者在每次智能体启动时自动执行。无须担心重复创建索引。

（4）创建用于执行任务的智能体。这里使用 LangGraph 框架的 create_react_agent 方法来创建一个简单的 ReAct 范式的智能体。你也可以根据需求选择自定义图工作流。在创建智能体之前，先从 MCP 服务端加载工具，并将其转换为 LangGraph 框架的工具。

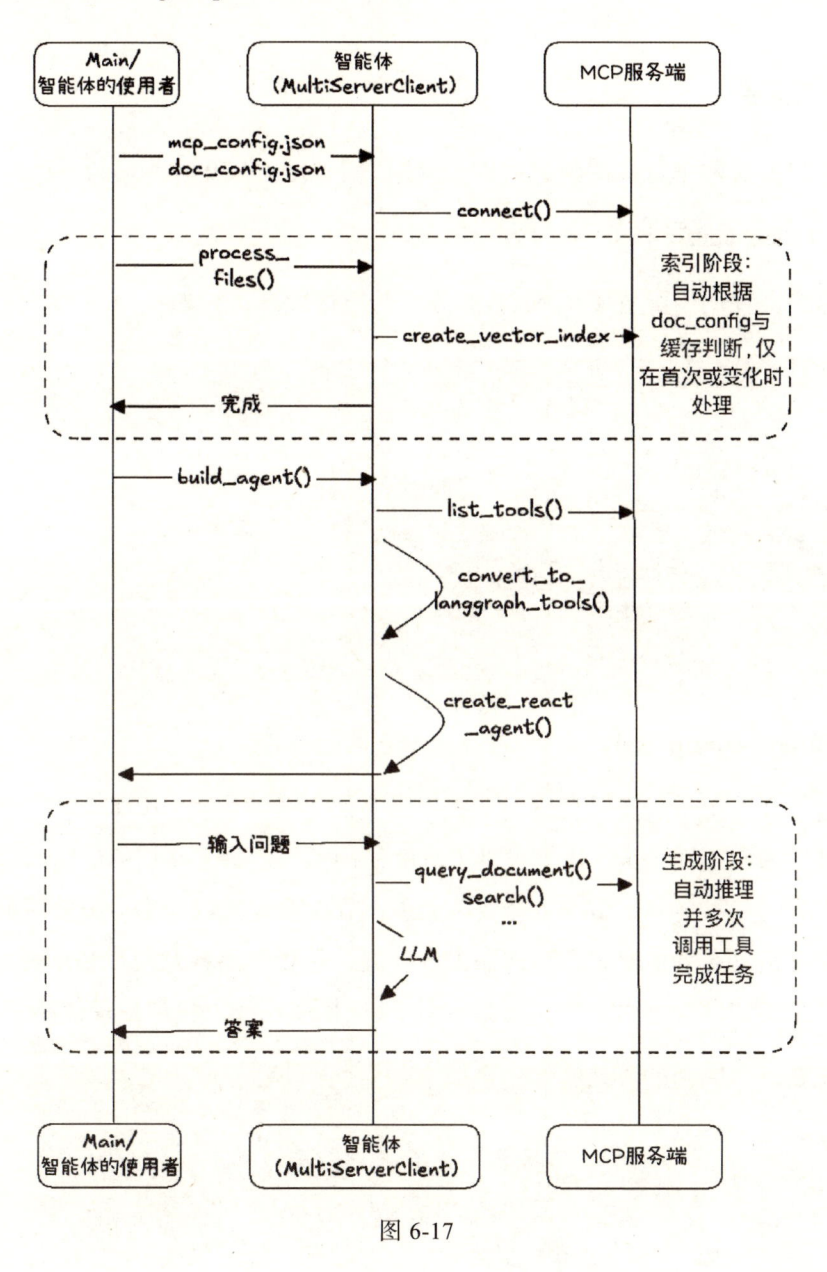

图 6-17

（5）执行查询任务。此时进入一个可持续对话的交互式测试问答环节。在输入查询任务后，智能体会进行推理并使用 MCP 服务端的工具，同时推理出必要的参数来完成任务。如果有必要，那么智能体可能会多次调用工具，甚至借助网络搜索。

2. 配置文件

客户端有两个重要的配置文件，分别用于配置 MCP 服务端与文档。

1）mcp_config.json

这个文件用于配置多个 MCP 服务端的连接信息，比如：

```
{
  "servers": {
    "rag_server": {
      "transport": "sse",
      "url": "http://localhost:5050/sse",
      "allowed_tools": ["load_and_split_document", "create_vector_index", "get_document_summary", "query_document"]
    },
……其他 MCP 服务端……
}
```

2）doc_config.json

这个文件用于配置需要索引和查询的全部文档的信息。这些信息还会在查询时被注入系统提示词，用来推理工具的使用参数。每个文档的信息都包括名称、对应的索引名称、节点（分块）大小、节点重合区域大小。未来还可能扩充的配置信息有解析时是否生成假设性问题、是否使用视觉模型做增强解析、索引类型（如向量索引、知识图谱索引）、文档使用的大模型配置信息。

比如，本应用的文档配置信息如下：

```
{
  "data/c-rag.pdf": {
    "description": "c-rag 技术论文，可以回答 c-rag 有关问题",
    "index_name": "c-rag",
```

```
        "chunk_size": 500,
        "chunk_overlap": 50
    },
    "data/questions.csv": {
        "description": "税务问题数据集，包含常见的税务咨询问题和答案",
        "index_name": "tax-questions",
        "chunk_size": 500,
        "chunk_overlap": 50
    },
    "data/北京市.txt": {
        "description": "北京的城市介绍，包括基本信息、历史文化、旅游景点等",
        "index_name": "beijing",
        "chunk_size": 1000,
        "chunk_overlap": 100
},
……可自行增加其他查询文档……
}
```

3. 核心代码实现

客户端主程序的流程非常简单，基于一个封装的客户端与自定义的 AgenticRAG 类型而实现，代码如下（源代码文件的路径为 "app_rag/rag_agent_langgrapy.py"）：

```
async def main():
    """主函数"""
    try:
        # 从配置文件中加载配置文档的信息
        config_file = 'doc_config.json'
        with open(config_file, 'r', encoding='utf-8') as f:
            doc_config = json.load(f)

        # 使用异步上下文管理器处理连接
        client = MultiServerMCPClient.from_config('mcp_config.json')
        async with client as mcp_client:

            # AgenticRAG 对象
            rag = AgenticRAGLangGraph(client=mcp_client,
```

```
doc_config=doc_config)
        
        # 处理文档索引
        await rag.process_files()
        
        # 创建智能体
        await rag.build_agent()
        
        # 启动交互式对话
        await rag.chat_repl()

except Exception as e:
    logger.error(f"运行时错误: {str(e)}")
    import traceback
    traceback.print_exc()
```

对这段代码的解释如下：

（1）主程序的处理过程简单总结为加载配置信息→连接 MCP 服务端→创建索引→创建智能体→开始对话。

（2）创建索引部分通过直接调用 MCP 服务端的 create_vector_index 工具完成。

（3）创建智能体（build_agent）需要首先从 MCP 服务端中获取工具。实现过程如下：

```
......
    async def build_agent(self) -> None:
        """创建智能体
        
        使用 LangGraph 框架的 create_react_agent 方法创建 ReAct 范式的智能体
        """
        
        # 获取 MCP 服务端提供的工具列表
        mcp_tools = await self.client.get_framework_tools()
        
        if not mcp_tools:
            raise ValueError(f"没有可用的工具")
        
        # 为提示准备文档信息
        doc_info = []
```

```
        for file_path, config in self.doc_config.items():
            index_name = config.get("index_name",
os.path.basename(file_path).split('.')[0])
            description = config.get("description", "无描述")
            doc_info.append(f"- 文档: {file_path}")
            doc_info.append(f"  索引: {index_name}")
            doc_info.append(f"  描述: {description}")
        doc_info_str = "\n".join(doc_info)

        # 使用 LangGraph 框架创建 ReAct 范式的智能体
        self.agent = create_react_agent(
            model=llm,
            tools=mcp_tools,
            prompt=SYSTEM_PROMPT.format(doc_info_str=doc_info_str,
current_time=datetime.now().strftime('%Y-%m-%d %H:%M:%S')),
        )

        logger.info("===== 智能体创建完成 =====")
```

首先，调用客户端的 get_framework_tools 方法以获取转换后的工具集，随后将这些工具传递给 create_react_agent 方法以进行智能体的创建。需特别注意提示词的组装，尤其是必须包含文档信息（doc_info_str），因为它是智能体进行推理的关键依据。

4. 系统提示词设计

Agentic RAG 应用的核心是一个能够自我推理并有效利用工具的智能体。因此，对其提示词的设计至关重要。我们为 ReAct 范式的智能体提供以下系统提示词，你需要依据具体的测试结果（不同模型的适应性各异）进行调整和优化。其中的参数信息将在 build_agent 方法中根据配置信息生成：

```
SYSTEM_PROMPT = """
当前时间: {current_time}
你是一个文档处理与查询智能体，会使用多个工具完成任务。
-- 当前文档工具可以查询的信息如下:

--------------
```

```
文档和索引信息：
{doc_info_str}
---------------

-- 你必须分析当前任务及历史消息，判断下一步使用的文档工具及其可以查询的信息。
-- 不要使用文档工具查询其无法提供的信息。
-- 尽可能地使用文档工具查询到足够的信息。
-- 如果文档工具无法一次查询全部信息，考虑分步骤多次查询信息。
-- 仅当无法通过文档工具查询到全部信息时，才能使用搜索工具（search）来补充信息。
-- 使用文档工具，请严格使用以上文档信息的文档名称、索引名称作为输入。
-- 如果使用搜索工具，注意搜索最新信息。
-- 你可以分步骤多次使用不同的工具，以最大可能地回答问题或完成任务。
-- 不要编造答案。如果判断无法使用工具完成任务，请直接告诉用户。
"""
```

6.4.4 效果测试

最后，我们按照以下步骤来测试这个"MCP 化"的 Agentic RAG 应用的运行效果。

（1）启动 RAG 的 MCP 服务端。这里用更复杂的 SSE 传输模式（由于暂时未支持上传文档，因此只能本机启动），如图 6-18 所示。

```
python rag_server.py --transport sse
```

```
2025-05-06 11:39:39,103 - __main__ - INFO - 
2025-05-06 11:39:39,103 - __main__ - INFO - ==== RAG Server可用工具 ====
2025-05-06 11:39:39,103 - __main__ - INFO - 1. create_vector_index:创建或加载向量索引
2025-05-06 11:39:39,103 - __main__ - INFO - 2. query_document:从文档中查询事实信息，用于
2025-05-06 11:39:39,103 - __main__ - INFO - 3. get_document_summary:获取文档摘要信息，用于
2025-05-06 11:39:39,103 - __main__ - INFO - 4. list_indices:列出所有可用的文档索引
2025-05-06 11:39:39,103 - __main__ - INFO - 5. list_cached_documents:列出已缓存的文档节点
2025-05-06 11:39:39,103 - __main__ - INFO - 6. tavily_search:使用 Tavily API 执行网络搜索
2025-05-06 11:39:39,103 - __main__ - INFO - ================================
2025-05-06 11:39:39,103 - __main__ - INFO - 启动RAG的MCP服务端，传输方式：sse, 端口：5051
INFO:     Started server process [94216]
INFO:     Waiting for application startup.
INFO:     Application startup complete.
INFO:     Uvicorn running on http://0.0.0.0:5051 (Press CTRL+C to quit)
```

图 6-18

在启动时会自动提取并展示 MCP 服务端的工具清单。

（2）准备文档与配置文件。配置好 mcp_config.json 文件与 doc_config.json 文件中的信息，并将需要索引和查询的文档放在 doc_config.json 文件中配置的目录下。不做任何其他处理。直接启动客户端：

```
python rag_agent_langgraph.py
```

客户端在首次启动时的跟踪信息如图 6-19 所示。

```
(serverdemo) (base) pingcy@pingcy-macbook app_rag % python rag_agent_langgraph.py
MCP服务端 'rag_server_stdio' 已被禁用，将被跳过
MCP服务端 'tavily' 已被禁用，将被跳过
2025-05-06 11:46:14,533 - mcp.client.sse - INFO - Connecting to SSE endpoint: http://localhost:5051/
2025-05-06 11:46:14,722 - httpx - INFO - HTTP Request: GET http://localhost:5051/sse "HTTP/1.1 200 O
2025-05-06 11:46:14,722 - mcp.client.sse - INFO - Received endpoint URL: http://localhost:5051/messa
2025-05-06 11:46:14,722 - mcp.client.sse - INFO - Starting post writer with endpoint URL: http://loc
2025-05-06 11:46:14,726 - httpx - INFO - HTTP Request: POST http://localhost:5051/messages/?session_
2025-05-06 11:46:14,728 - httpx - INFO - HTTP Request: POST http://localhost:5051/messages/?session_
2025-05-06 11:46:14,730 - httpx - INFO - HTTP Request: POST http://localhost:5051/messages/?session_
2025-05-06 11:46:14,733 - httpx - INFO - HTTP Request: POST http://localhost:5051/messages/?session_
2025-05-06 11:46:14,735 - httpx - INFO - HTTP Request: POST http://localhost:5051/messages/?session_
2025-05-06 11:46:14,738 - httpx - INFO - HTTP Request: POST http://localhost:5051/messages/?session_
2025-05-06 11:46:14,738 - __main__ - INFO - 已连接到MCP服务端：rag_server
2025-05-06 11:46:14,738 - __main__ - INFO - ===== 开始处理文档 =====
2025-05-06 11:46:14,738 - __main__ - INFO - 为文档 data/c-rag.pdf 创建索引 c-rag
2025-05-06 11:46:14,740 - httpx - INFO - HTTP Request: POST http://localhost:5051/messages/?session_
2025-05-06 11:47:28,669 - __main__ - INFO - 索引创建结果：成功创建索引：c-rag，包含 796 个节点
2025-05-06 11:47:28,669 - __main__ - INFO - 为文档 data/questions.csv 创建索引 tax-questions
2025-05-06 11:47:28,672 - httpx - INFO - HTTP Request: POST http://localhost:5051/messages/?session_
2025-05-06 11:47:29,069 - __main__ - INFO - 索引创建结果：成功创建索引：tax-questions，包含 4 个节点
2025-05-06 11:47:29,069 - __main__ - INFO - 为文档 data/北京市.txt 创建索引 beijing
2025-05-06 11:47:29,076 - httpx - INFO - HTTP Request: POST http://localhost:5051/messages/?session_
2025-05-06 11:47:34,063 - __main__ - INFO - 索引创建结果：成功创建索引：beijing，包含 38 个节点
2025-05-06 11:47:34,063 - __main__ - INFO - 为文档 data/上海市.txt 创建索引 shanghai
2025-05-06 11:47:34,065 - httpx - INFO - HTTP Request: POST http://localhost:5051/messages/?session_
2025-05-06 11:47:39,412 - __main__ - INFO - 索引创建结果：成功创建索引：shanghai，包含 44 个节点
2025-05-06 11:47:39,412 - __main__ - INFO - ===== 文档处理完成 =====
2025-05-06 11:47:39,412 - __main__ - INFO - ===== 构建智能体 =====
2025-05-06 11:47:39,423 - httpx - INFO - HTTP Request: POST http://localhost:5051/messages/?session_
2025-05-06 11:47:39,425 - __main__ - INFO - 从MCP服务端共获取了 4 个工具
2025-05-06 11:47:39,431 - __main__ - INFO - ===== 智能体构建完成 =====
2025-05-06 11:47:39,431 - __main__ - INFO - ===== 开始交互式对话 =====
2025-05-06 11:47:39,431 - __main__ - INFO - 输入 'exit'或 'quit'退出对话

请输入问题 >
```

图 6-19

这里展示了客户端运行的完整过程。

① 连接 RAG 的 MCP 服务端与初始化。

② 调用 MCP 服务端的工具创建索引。因为是首次访问，MCP 服务端还没有索引缓存，所以会逐个解析文件并创建索引。

③ 在索引创建完成后，会加载 MCP 服务端的工具，创建智能体。

退出程序，再次启动客户端，观察输出信息（如图 6-20 所示），可以看到

由于索引已经创建，因此会显示"无须创建"。

```
2025-05-06 11:55:47,412 - __main__ - INFO - 已连接到MCP服务端：rag_server
2025-05-06 11:55:47,412 - __main__ - INFO - ===== 开始处理文档 =====
2025-05-06 11:55:47,412 - __main__ - INFO - 为文档 data/c-rag.pdf 创建索引 c-rag
2025-05-06 11:55:47,415 - httpx - INFO - HTTP Request: POST http://localhost:5051/messages/?session_id=44ccad1b0409454fb9
2025-05-06 11:55:47,417 - __main__ - INFO - 索引创建结果：索引 c-rag 已存在且参数未变化，无须创建
2025-05-06 11:55:47,417 - __main__ - INFO - 为文档 data/questions.csv 创建索引 tax-questions
2025-05-06 11:55:47,420 - httpx - INFO - HTTP Request: POST http://localhost:5051/messages/?session_id=44ccad1b0409454fb9
2025-05-06 11:55:47,420 - __main__ - INFO - 索引创建结果：索引 tax-questions 已存在且参数未变化，无须创建
2025-05-06 11:55:47,420 - __main__ - INFO - 为文档 data/北京市.txt 创建索引 beijing
2025-05-06 11:55:47,422 - httpx - INFO - HTTP Request: POST http://localhost:5051/messages/?session_id=44ccad1b0409454fb9
2025-05-06 11:55:47,422 - __main__ - INFO - 索引创建结果：索引 beijing 已存在且参数未变化，无须创建
2025-05-06 11:55:47,422 - __main__ - INFO - 为文档 data/上海市.txt 创建索引 shanghai
2025-05-06 11:55:47,425 - httpx - INFO - HTTP Request: POST http://localhost:5051/messages/?session_id=44ccad1b0409454fb9
2025-05-06 11:55:47,425 - __main__ - INFO - 索引创建结果：索引 shanghai 已存在且参数未变化，无须创建
2025-05-06 11:55:47,425 - __main__ - INFO - ===== 文档处理完成 =====
2025-05-06 11:55:47,425 - __main__ - INFO - ===== 构建智能体 =====
2025-05-06 11:55:47,428 - httpx - INFO - HTTP Request: POST http://localhost:5051/messages/?session_id=44ccad1b0409454fb9
2025-05-06 11:55:47,429 - __main__ - INFO - 从MCP服务端中共获取了 4 个工具
2025-05-06 11:55:47,429 - __main__ - INFO - 可用工具列表：
2025-05-06 11:55:47,429 - __main__ - INFO -    - create_vector_index: 创建或加载向量索引（使用缓存的节点）
2025-05-06 11:55:47,429 - __main__ - INFO -    - query_document: 从文档中查询事实信息，用于回答具体的细节问题
2025-05-06 11:55:47,429 - __main__ - INFO -    - get_document_summary: 获取文档摘要信息，用于回答文档总结性与概要性的问题
2025-05-06 11:55:47,429 - __main__ - INFO -    - tavily_search: 使用 Tavily API 执行网络搜索并返回格式化的结果。
2025-05-06 11:55:47,433 - __main__ - INFO - ===== 智能体构建完成 =====
2025-05-06 11:55:47,433 - __main__ - INFO - ===== 开始交互式对话 =====
2025-05-06 11:55:47,433 - __main__ - INFO - 输入 'exit' 或 'quit' 退出对话
请输入问题 >
```

图 6-20

（3）开始交互式测试（图 6-20 中的 MCP 服务端信息是通过接口推送到客户端的远程日志，用来方便观察 MCP 服务端的工作状态）。

① 关联两个文档信息的查询。输入内容：

比较上海与北京的基础信息，比如面积、人口等

由于提供的文档中有北京和上海的城市信息介绍，因此可以看到 MCP 服务端调用了北京和上海的 RAG 管道查询，还"自作主张"地调用了搜索引擎做补充（如图 6-21 所示）。

```
请输入问题 > 比较上海和北京的基础信息，比如面积、人口等
2025-05-06 11:57:40,213 - __main__ - INFO - 用户查询：比较北京的基础比如面积、人口等
2025-05-06 11:57:46,844 - httpx - INFO - HTTP Request: POST http
2025-05-06 11:57:46,863 - httpx - INFO - HTTP Request: POST http://localhost:5051/messa
 * MCP服务端信息【info】：加载索引：beijing
 * MCP服务端信息【info】：执行查询：北京的面积和人口信息
 * MCP服务端信息【info】：查询完成：beijing
2025-05-06 11:57:54,522 - httpx - INFO - HTTP Request: POST http://                  .com
2025-05-06 11:57:54,528 - httpx - INFO - HTTP Request: POST http://localhost:5051/messa
 * MCP服务端信息【info】：加载索引：shanghai
 * MCP服务端信息【info】：执行查询：上海的面积和人口信息
 * MCP服务端信息【info】：查询完成：shanghai
2025-05-06 11:58:01,689 - httpx - INFO - HTTP Request: POST http://                  .com
2025-05-06 11:58:01,698 - httpx - INFO - HTTP Request: POST http://localhost:5051/messa
 * MCP服务端信息【info】：正在调用搜索引擎进行搜索：2025年北京和上海的面积和人口信息对比
 * MCP服务端信息【info】：搜索完成
```

图 6-21

最后，输出了如图 6-22 所示的答案。

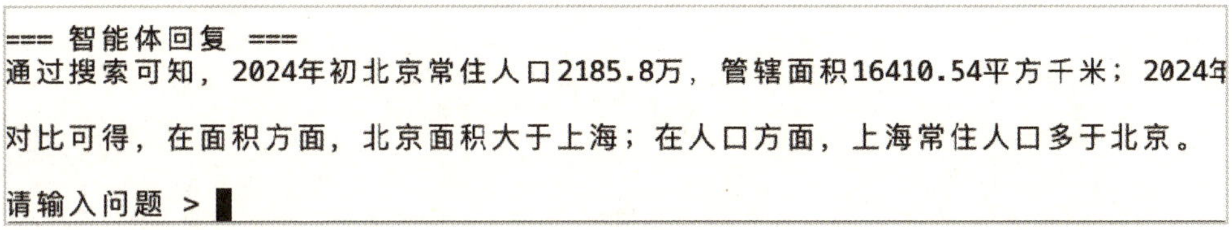

```
=== 智能体回复 ===
通过搜索可知，2024年初北京常住人口2185.8万，管辖面积16410.54平方千米；2024
对比可得，在面积方面，北京面积大于上海；在人口方面，上海常住人口多于北京。
请输入问题 >
```

图 6-22

② 查询知识库答案，并要求用网络搜索结果核对。输入内容：

办理灵活就业人员养老保险费暂停扣缴需要注意什么？通过网络搜索验证知识库的答案是否正确。

日志显示，智能体先用本地索引查询，然后通过搜索引擎对比，非常准确，如图 6-23 所示。

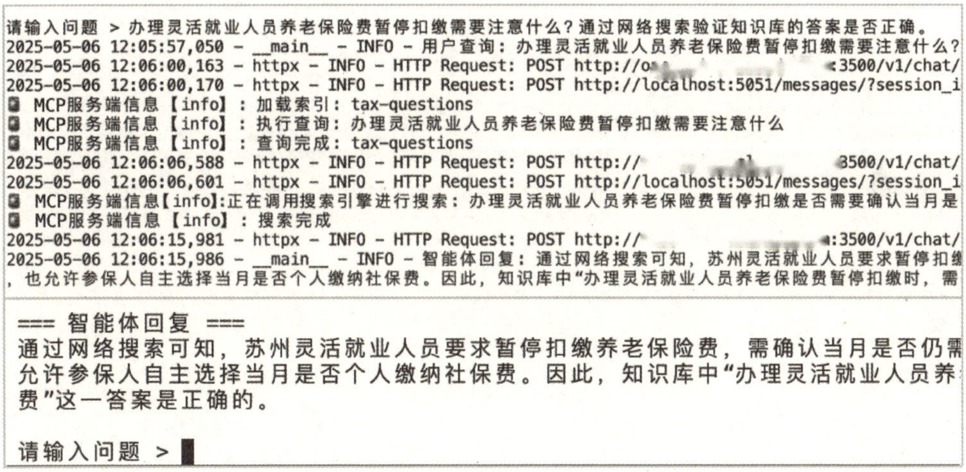

```
请输入问题 > 办理灵活就业人员养老保险费暂停扣缴需要注意什么？通过网络搜索验证知识库的答案是否正确。
2025-05-06 12:05:57,050 - __main__ - INFO - 用户查询：办理灵活就业人员养老保险费暂停扣缴需要注意什么？
2025-05-06 12:06:00,163 - httpx - INFO - HTTP Request: POST http://        :3500/v1/chat
2025-05-06 12:06:00,170 - httpx - INFO - HTTP Request: POST http://localhost:5051/messages/?session_i
 MCP服务端信息【info】：加载索引：tax-questions
 MCP服务端信息【info】：执行查询：办理灵活就业人员养老保险费暂停扣缴需要注意什
 MCP服务端信息【info】：查询完成：tax-questions
2025-05-06 12:06:06,588 - httpx - INFO - HTTP Request: POST http://        :3500/v1/chat
2025-05-06 12:06:06,601 - httpx - INFO - HTTP Request: POST http://localhost:5051/messages/?session_i
 MCP服务端信息【info】：正在调用搜索引擎进行搜索：办理灵活就业人员养老保险费暂停扣缴是否需要确认当月是
 MCP服务端信息【info】：搜索完成
2025-05-06 12:06:15,981 - httpx - INFO - HTTP Request: POST http://        :3500/v1/chat
2025-05-06 12:06:15,986 - __main__ - INFO - 智能体回复：通过网络搜索可知，苏州灵活就业人员要求暂停扣
，也允许参保人自主选择当月是否个人缴纳社保费。因此，知识库中"办理灵活就业人员养老保险费暂停扣缴时，需

=== 智能体回复 ===
通过网络搜索可知，苏州灵活就业人员要求暂停扣缴养老保险费，需确认当月是否仍需
允许参保人自主选择当月是否个人缴纳社保费。因此，知识库中"办理灵活就业人员养
费"这一答案是正确的。
请输入问题 >
```

图 6-23

③ 总结性问题测试。输入内容：

C-RAG 说了啥，总结一下论文的主要观点

日志表明，此处未加载索引，而是由工具加载了文档的节点，并在生成文档摘要后返回（如图 6-24 所示）。

```
请输入问题 > C-RAG说了啥，总结一下论文的主要观点
2025-05-06 12:10:50,386 - __main__ - INFO - 用户查询：C-RAG说了啥，总结一下论文的主要观点
2025-05-06 12:10:53,328 - httpx - INFO - HTTP Request: POST                          com:3500/v
2025-05-06 12:10:53,339 - httpx - INFO - HTTP Request: POST http://localhost:5051/messages/?se
HTTP/1.1 202 Accepted"
● MCP服务端信息【info】：从缓存加载节点：./cache/c-rag.pdf_a82cbd6b6947ff053f20ac7193fc0d5d_1000_
● MCP服务端信息【info】：从缓存加载了 420 个节点
● MCP服务端信息【info】：生成文档摘要，查询：'论文的主要观点总结'...
● MCP服务端信息【info】：查询完成
2025-05-06 12:12:18,332 - httpx - INFO - HTTP Request: POST http:                         3500/v
2025-05-06 12:12:18,336 - __main__ - INFO - 智能体回复：这篇 C - RAG论文主要观点为：探讨了CRAG
) 模型的设计与应用，指出该模型结合检索和生成优势，能提升处理复杂查询和生成高质量文本的性能。同
际应用中可能遇到的挑战及解决方案，为自然语言处理领域提供新思路，推动了检索增强生成技术发展。
```

图 6-24

④ 下面做一个很有意思的测试。输入内容：

```
帮我重建一下 csv 文档的索引
```

因为我们把创建索引的过程"工具"化了，所以可以用自然语言来管理索引。比如，这里要求重建 csv 文档的索引，智能体准确地推理出工具及参数，并重建了 csv 文档的索引（在实际应用时要考虑安全性），如图 6-25 所示。

```
请输入问题 > 帮我重建一下csv文档的索引
2025-05-06 12:14:40,175 - __main__ - INFO - 用户查询：帮我重建一下csv文档的索引
2025-05-06 12:14:44,051 - httpx - INFO - HTTP Request: POST http://             com:3500/v
2025-05-06 12:14:44,062 - httpx - INFO - HTTP Request: POST http://localhost:5051/messages/?se
HTTP/1.1 202 Accepted"
2025-05-06 12:14:47,813 - httpx - INFO - HTTP Request: POST http://             com:3500/v
2025-05-06 12:14:47,817 - __main__ - INFO - 智能体回复：已成功重建`data/questions.csv`文档的含
3 个节点。
=== 智能体回复 ===
已成功重建`data/questions.csv`文档的索引，索引名称为`tax-questions`，该索引包含 3 个节点。

请输入问题 >
```

图 6-25

6.4.5　后续优化空间

本样例展示了一种基于 MCP 集成架构的 Agentic RAG 系统的实现方式。下面总结了在基于 MCP 的集成架构下观察到的一些显著的架构变化及其带来的益处。

（1）基于 MCP 的集成架构要求对整个系统进行模块化和松耦合的重新设

计，这将带来一系列工程上的优势。例如，可以实现更明确的分工、提高效率、增加系统的可维护性和独立扩展性，以及更灵活地部署。

（2）基于 MCP 的集成架构不依赖于特定的技术堆栈，因此在技术选择上提供了更大的灵活性。例如，MCP 服务端可以采用 LlamaIndex 框架，而客户端可以使用 LangGraph 框架，甚至可以使用不同的编程语言。

（3）基于 MCP 的集成架构实现了基于标准的模块间互操作。这有助于资源共享，减少重复开发的工作量。例如，其他开发者可以基于你的 RAG 的 MCP 服务端构建智能体，而无须深入了解 RAG 的具体实现细节。

当然，本章展示的应用还只是基本能力的实现，实际上还存在大量优化空间。你可以在此基础上不断完善以满足自己或企业个性化的需要。这些优化空间如下。

（1）提升 MCP 服务端解析文档与创建索引的能力。例如，实现对复杂多模态文档的解析、借助于视觉模型的解析，以及基于多模态模型生成响应消息的能力。你只需要在 MCP 服务端扩展 create_vector_index 与 query_document 工具的功能以支持新的能力要求。

（2）在现有的实现中，为了简化操作流程，目前采用的是一个文档对应一个索引名称的策略。你可以考虑多个文档共享一个索引名称。在 MCP 服务端，需要以数组形式传入输入文档。

（3）引入更多的 MCP 服务端索引管理工具，如索引统计信息、索引删除、索引插入等。

（4）优化远程模式，提供 SSE 传输模式下的文档上传、管理、多用户的文档与缓存隔离等功能。

（5）实现 MCP 服务端查询工具的缓存，实现针对工具查询的、带有过期管理机制的结果缓存。

（6）实现并行处理的 MCP 服务端，以提高大规模文档环境下的处理性能，特别是在索引创建阶段。

（7）为客户端提供个性化记忆功能，甚至可以利用 MCP 规范的 Completion 机制实现智能提问补全。

（8）预检索关联文档。设想一下，如果企业内部有成百上千个文档，那么你需要考虑提供一个先根据输入问题查询关联文档的工具，以缩小智能体推理的复杂度并节约 Token 成本。

（9）实现智能体的 API 使用模式。在 API 使用模式下，会遇到更复杂的问题。一方面，智能体要作为 API 服务端。另一方面，它又作为 MCP 服务端的客户端，需要更谨慎地管理用户与会话（一个可行的方案可能是为每个客户端都配备一个服务它的智能体）。

6.5 实战：基于MCP集成架构的多智能体系统

在本章的最后，我们将创建一种不同类型的 AI 应用：多智能体系统。与单个智能体相比，多智能体系统具备一些独特的属性，使其成为未来智能体中备受瞩目的形式。它的特点如下。

（1）分工协作。每个智能体都专注于完成其擅长的任务。它们可以独立开发、调试和评估。

（2）可扩展性。根据需求的变化，可以动态地增加新的智能体，并将它们整合进工作团队。

（3）高灵活性。多个智能体能够以不同的协作模式工作，并共同完成复杂任务。

多智能体系统的基础是单个智能体。通过利用大量共享 MCP 服务端，我们无须从零开始开发，便能迅速获得丰富的智能体基础工具，从而实现快速创建多智能体系统的目标。本节将展示如何利用开放社区的 MCP 服务端，快速创建一个多智能体系统。

6.5.1 整体架构设计

这个多智能体系统的整体架构如图 6-26 所示。

图 6-26

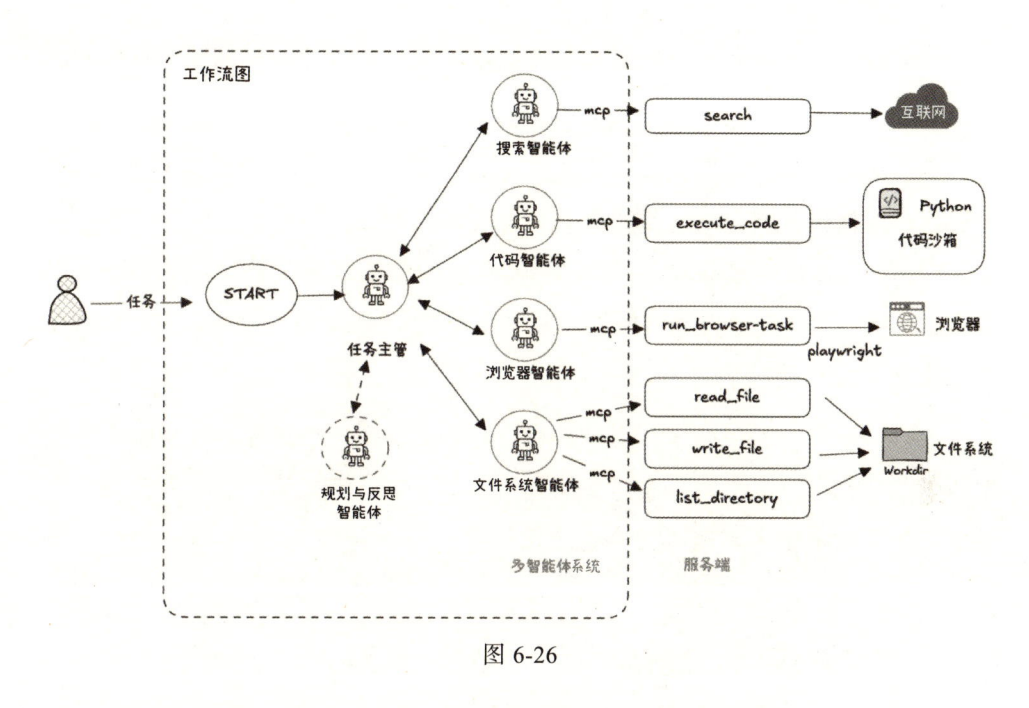

我们将继续利用 LangGraph 框架来创建这个多智能体系统。为了更有效地控制流程及后续优化，这里采用自定义工作流的方法。该工作流包含以下核心元素。

（1）流程节点-任务主管（Supervisor）。负责任务的规划与分解，以及协调多个下属智能体执行子任务。任务主管的工作将借助大模型来完成。

（2）流程节点-多个功能专一的工作智能体。具体包括以下智能体。

① 搜索智能体（Search Agent）：负责完成网络搜索任务，调用公开的搜索 API。

② 代码智能体（Code Agent）：负责执行 Python 代码任务，代码执行将在一个安全的沙箱（Sandbox）环境中进行。

③ 浏览器智能体（Browser Agent）：用于自动浏览，完成网页数据抓取、模拟用户交互等任务，通常会使用 Playwright 自动测试框架和浏览器内核 Chromium 来完成这些任务。

④ 文件系统智能体（FS Agent）：用于访问本地文件系统，在指定的安全目录中执行目录查询、创建、文件增删、写入、读取等操作。

（3）可选的流程节点。为了使大模型规划的任务流程更加合理，可以在任务规划的过程中引入专门的规划与反思智能体（Planner/Reflection Agent）。例如，可以利用深度思考模型来预生成任务执行计划，并在每个（或多个）步骤完成后，根据执行情况对计划进行调整和完善。

（4）共享 MCP 服务端。提供各个功能专一的工作智能体所需的标准化工具。在本项目中，我们将尽可能使用共享 MCP 服务端，以充分利用 MCP 的强大功能。

这是一个典型的任务主管多智能体合作模式，即一个任务主管带领多个工作智能体（Worker）协作完成任务的模式。接下来，将按照从后端到前端，从基础到上层的顺序来实现这个多智能体系统。

6.5.2　MCP 服务端准备

MCP 服务端旨在为这里的众多智能体提供所需的工具。在实际开发过程中，你可以根据需求，在共享 MCP 服务端的社区中进行搜索和测试，以便挑选出最满足需求的 MCP 服务端。MCP 服务端的使用依赖于前面实现的多 MCP 服务端连接管理组件。每个智能体都能够配置多个 MCP 服务端，并且在创建时可以从 MCP 服务端中加载工具。

为了管理智能体所使用的众多 MCP 服务端，这里对所有 MCP 服务端集中配置：

```
{
  "search_agent":{
    "servers": {
      "tavily": {
        "transport": "stdio",
        "command": "npx",
        "args": ["-y", "@mcptools/mcp-tavily"],
        "env": {}
      }
    }
  },
```

```
  "browser_agent": {
    "servers": {
      "browser": {
        "transport": "stdio",
        "command": "python",
        "args": ["mcp/browser.py"],
        "env": {}
      }
    }
  },
……更多智能体的配置
}
```

这个配置文件将在后续创建智能体时被读取。在这个项目中,我们使用了以下 3 个共享 MCP 服务端,分别用于网络搜索、文件管理,以及在沙箱环境中执行 Python 代码。

(1)网络搜索。@mcptools/mcp-tavily(npx)。

(2)文件管理。@modelcontextprotocol/server-filesystem(npx)。

(3)代码执行。codebox-ai(python)。

如果你无法找到满意的共享 MCP 服务端,当然也可以自行开发。在上面的配置文件中,我们自行开发了 browser 这个 MCP 服务端,用来提供自动浏览的工具,代码如下(源代码文件的路径为"mcp/browser.py")。这个工具会借助一个开源的项目 browser-use 来实现自动浏览。

```
……
@app.tool()
async def run_browser_task(
    ctx: Context,
    task: str,
    model_name: str = "gpt-4o-mini",
    use_vision: bool = False,
    max_failures: int = 3,
    max_actions_per_step: int = 10
) -> Dict[str, Any]:
    """执行自动浏览任务

    Args:
```

```
        ctx: 上下文对象
        task: 要执行的任务描述
        model_name: 使用的大模型名称，默认为 gpt-4o-mini
        use_vision: 是否使用视觉功能，默认为不使用
        max_failures: 最大失败次数，默认为 3
        max_actions_per_step: 每个步骤的最大操作数，默认为 10

    Returns:
        任务执行结果
    """
    from browser_use import Agent, Browser, BrowserConfig
......
        try:
            # 创建智能体
            agent = Agent(
                task=task,
                llm=llm,
                use_vision=use_vision,
                max_failures=max_failures,
                max_actions_per_step=max_actions_per_step,
                browser=browser
            )

            # 运行智能体
            result = await agent.run()
            final_result = result.final_result()
            logger.info(f"任务结果: {final_result}")

            # 返回结构化结果
            return final_result

        finally:
......
```

这个工具的任务是借助开源的 browser-use 框架完成自动浏览任务。

6.5.3　工作智能体准备

在准备好 MCP 服务端后，接下来需要设计并创建能够使用这些 MCP 服务

端的智能体。为了便于扩展出多种不同的智能体，首先实现一个使用 MCP 服务端的工具的智能体基础类型，下面展示基本结构和核心方法（源代码文件的路径为"app_manus/agent/agent_base.py"）：

```
class BaseMCPAgent:
    """
    智能体基础类型，用于创建基于 LangGraph 框架和使用 MCP 服务端的工具的 ReAct 范式的智能体
    """

    def __init__(self,
                 client: Optional[MultiServerMCPClientLangGraph] = None,
                 servers_config: Optional[Dict[str, Any]] = None,
                 mcp_config_path: Optional[str] = None,
                 llm: Optional[BaseChatModel] = None,
                 system_prompt: Optional[Union[str, SystemMessage]] = None,
                 agent_name: str = "MCP 智能体"):
    ……

    async def initialize(self,allowed_tools: Optional[List[str]] = None):
        """初始化智能体：连接 MCP 服务端，获取工具，创建智能体"""

        ……根据配置信息初始化客户端连接……

        # 获取可用工具
        tools = await self.client.get_framework_tools(allowed_tools=allowed_tools)
        self.agent = create_react_agent(model=self.llm, tools=tools, prompt=self.system_prompt, debug=False)

        return self

    async def ainvoke(self, *args, **kwargs):
        """调用智能体的 ainvoke 方法"""
    ……

    async def chat_repl(self):
```

```
            """交互式聊天界面，保持对话上下文"""
......
```

对这段代码的解释如下：

基于 MCP 服务端的 LangGraph 智能体（使用 LangGraph 框架开发的智能体的简称）的几个基础方法如下。

（1）__init__。为了启动 MCP 服务端，必须在启动阶段提供必需的客户端连接配置信息。支持的配置方式包括传入 client 对象、多服务配置对象（servers_config）或配置文件（mcp_config），至少需要提供其中一种。此外，还可以选择性地提供用于智能体的模型和系统提示信息。

（2）initialize。此方法用于从已连接的 MCP 服务端中加载工具，并将其转换为 LangGraph 框架的工具，随后创建一个 ReAct 范式的智能体。

（3）ainvoke。此方法用于调用智能体，本质上是将请求转发给在初始化阶段创建的 ReAct 范式的智能体以执行操作。

回顾 6.2 节与 6.3 节所述的内容，这些方法的实现过程并不复杂，这里不再详细说明。

有了这个基础的智能体基础类型，在此基础上扩展出多个智能体就很方便。以执行搜索任务的智能体（search_agent）为例，下面是完整的实现（源代码文件的路径为"app_manus/agent/search_agent.py"）：

```
class SearchAgent(BaseMCPAgent):
    """搜索智能体，使用 MCP 服务端的 Tavily 搜索工具"""

def __init__(self, **kwargs):
        if 'system_prompt' not in kwargs:
            kwargs['system_prompt'] = SEARCH_SYSTEM_PROMPT
        
        # 设置智能体名称
        if 'agent_name' not in kwargs:
            kwargs['agent_name'] = "search_agent"
        
        # 调用父类构造函数
        super().__init__(**kwargs)
```

```python
    @classmethod
    async def create(cls, **kwargs):
        """
        异步工厂方法，创建并初始化搜索智能体
        """
        instance = cls(**kwargs)
        await instance.initialize(allowed_tools=["search"])
        return instance

# 使用异步工厂函数创建全局实例
_search_agent = None

async def get_search_agent():
    """获取已初始化的搜索智能体实例"""
    global _search_agent
    
    if _search_agent is None:
        servers_config = load_agent_config('search_agent')
        _search_agent = await SearchAgent.create(servers_config=servers_config)
    
    return _search_agent
```

对这段代码的解释如下：

（1）从基础的 BaseMCPAgent 类中派生出一个专门执行特定任务的 SearchAgent 类。通常会为执行这个特定任务的智能体指定一个专用的提示词，而其他功能则继承自基础类。

（2）为了便于使用，我们提供了一个 get_search_agent 方法。该方法通过实现单例模式来创建智能体，旨在优化资源利用并提高性能（仅在首次调用时创建）。在这个方法中，会从预先准备好的配置文件中加载相应的 MCP 服务端配置信息，并利用这些信息创建智能体。

多智能体系统的优势是可以对每个智能体都单独进行设计、开发和测试，甚至可以采用不同的技术。所以，你可以使用以下简单的交互式测试代码对刚刚创建的智能体单独进行测试：

```
async def main():
    """简单的测试函数"""
    try:
        search_agent = await get_search_agent()

        # 启动交互式搜索
        await search_agent.chat_repl()

        # 关闭连接
        await search_agent.close()
......
```

然后，就可以对这个智能体进行独立测试（如图 6-27 所示）。

```
2025-05-07 16:11:13,841 - INFO - 成功加载智能体 'search_agent' 的配置
2025-05-07 16:11:13,937 - INFO - ===== 初始化 search_agent =====
2025-05-07 16:11:13,937 - INFO - 从 servers_config 创建 MCP 客户端
2025-05-07 16:11:14,549 - INFO - 获取到 1 个工具
2025-05-07 16:11:14,549 - INFO - 工具 1: search - Perform a basic web search using Tavily API. Returns search r
2025-05-07 16:11:14,553 - INFO - ===== search_agent 初始化完成 =====
2025-05-07 16:11:14,553 - INFO - ===== 开始与 search_agent 连续对话 =====
2025-05-07 16:11:14,553 - INFO - 输入 'exit' 或 'quit' 退出
请输入内容 > 搜索MCP的最新消息
2025-05-07 16:11:24,536 - INFO - 调用智能体的 ainvoke 方法，参数: ({'messages': [HumanMessage(content='搜索MCP
2025-05-07 16:11:28,333 - INFO - HTTP Request: POST http://one-api.cmclouds.com:3500/v1/chat/completions "HTTP/
2025-05-07 16:11:38,725 - INFO - HTTP Request: POST http://one-api.cmclouds.com:3500/v1/chat/completions "HTTP/
2025-05-07 16:11:38,731 - INFO - 智能体返回结果: {'messages': [HumanMessage(content='搜索MCP的最新消息', ad
```

图 6-27

参考这里 search_agent 的实现，可以快速实现并测试其他几个智能体，为创建工作流做好准备。

注意：我们并没有用智能体实现 Supervisor 节点。在实际开发中，你可以根据自身需要来决定是用普通的模型直接调用还是用智能体来实现。

6.5.4 构建多智能体工作流

我们在负责具体任务的智能体基础上构建了更高层次的智能体工作流（Workflow）。在 LangGraph 框架内，工作流的定义和构建是通过 Graph（图）这一基础类型来实现的。本项目的实施步骤如下。

（1）设计状态管理及必需的输出对象类型。
（2）实现 Supervisor 节点，该节点负责动态推理任务步骤和任务分配。

（3）实现 Graph 中调用智能体的节点，明确每个节点的具体职责。

（4）构建 Graph，连接各个节点，定义工作流路径，实现多节点间的协同工作流程。

1. 状态（State）与类型定义

在 LangGraph 框架中，State 是一个核心概念。它是一个使用 TypedDict 定义的字典结构，用于存储工作流执行过程中的所有关键信息，并在不同节点间进行传递（每个节点都接收 State，处理任务后再返回更新的 State）。例如，为了让工作流中的各个环节都能了解消息上下文，你可能需要一个 messages 字段，用来存放这次工作流运行过程中的历史消息等。

LangGraph 框架内置了一些更具体的 State 类型，但为了便于理解，这里直接使用 TypedDict 类型。下面是我们使用的 State 类型的定义（源代码文件的路径为"app_manus/graph/types.py"）：

```
class State(TypedDict):
    """
    工作流状态字典，包含：
    - messages: 历史消息
    - next: 下一个要执行任务的智能体名称
    - current_task: 当前要执行的任务描述
    - current_step: 当前步骤索引（仅作为参考）
    """
    messages: List[BaseMessage]
    next: str
    current_task: str
    current_step: int
```

在本处定义的 State 类型中，有以下几个字段。

（1）messages。此字段用于存储历史消息，涵盖人类消息、AI 消息、工具调用消息、系统消息等多种类型。具体的保存内容可根据实际需求调整，以降低大模型调用的成本。

（2）next。此字段代表下一个将要执行任务的智能体，用于控制流程的走向，即决定任务将流向哪一个智能体。

（3）current_task。此字段用于描述下一个将要执行的任务，帮助相应的智能体理解其任务内容。

（4）curretn_step。此字段用于记录当前执行的步骤数量。此数据作为参考，本身不具有实际操作意义。

基于这个 State 类型的定义，每个节点都能够依据最新的状态信息执行任务，并确保执行历史和上下文的完整性。

除此之外，这里还定义了一个结构化的输出结构，用以表示 Supervisor 节点在每次规划任务步骤时的输出：

```
class Router(BaseModel):
    """任务主管智能体的决策输出格式"""
    next: Literal["search", "coder", "browser", "fs", "FINISH"]
    task: str = Field(description="详细的任务描述，应足够让智能体独立完成任务")
```

由于 Supervisor 是一个直接调用大模型进行输出的节点，因此这里使用 Router 类型让其做结构化输出（需要大模型支持 Function Calling），或者输出后转换成该类型。在这个类型中，**next** 代表推理出的下一个执行任务的智能体名称，**task** 代表推理出的下一个任务描述，这个描述会追加到 State 类型的 messages 字段中，用来流转给对应的智能体帮助推理。

2. 工作流节点（node）实现

需要实现的工作流节点主要有两类：一类是具体的工作任务节点，通过调用智能体来实现；另一类是 Supervisor 节点。

1）Supervisor：任务规划节点

通过直接调用大模型来实现这个节点（源代码文件的路径为"app_manus/graph/nodes.py"）：

……
```
def supervisor_node(state: State):
    """任务主管节点，决定下一步应该由哪个智能体执行任务及具体的任务内容"""
    logger.info("任务主管评估下一步行动")

    variables = prepare_template_variables(state)
    system_prompt = SUPERVISOR_PROMPT.format(**variables)

    # 创建消息列表
    messages = [
        SystemMessage(content=system_prompt)
    ]
    for msg in state.get("messages", []):
        messages.append(msg)

    # 执行调用任务，使用结构化输出获取下一个智能体和任务
    response = llm.invoke(messages)
    response_content = response.content.strip()
```
省略：从 response_content 中提取 next_agent 与 next_task
```
    if next_agent == "FINISH":
        logger.info("工作流完成")
    else:
        logger.info(f"任务主管委派给：{next_agent}")
        logger.info(f"任务描述：{next_task}")

    new_state = state.copy()
    new_state["next"] = next_agent
    new_state["current_task"] = next_task  # 存储动态生成的任务
    new_state["current_step"] = state.get("current_step", 0) + 1

    # 将任务主管的任务消息也添加到 messages 字段中
    if next_agent != "FINISH":
        new_state["messages"].append(
            HumanMessage(
                content=f"任务主管指派任务给{next_agent},任务内容:{next_task}",
                name="supervisor"
            )
        )

    return new_state
```

对这段代码的解释如下：

① 构建一个系统提示词（system_prompt），生成一条系统消息，并将其与状态中已存在的历史消息一同提交给大模型，以推理下一步的行动。

② 从推理结果中，提取规划出的下一步行动的智能体及其任务描述。

③ 更新状态中的 next（下一个任务智能体名称）属性与 current_task（下一个任务描述）属性，并将新的任务描述作为一个新消息加入状态的 messages 字段中，传递给下一个智能体。若 Supervisor 节点判定任务已经完成，则输出 "FINISH" 标识，以通知任务结束，如图 6-28 所示。

```
主管回复: ```json
{
  "next": "FINISH",
  "task": "任务已完成，北京5日观光旅游计划已成功保存为Markdown文档。"
}
```

图 6-28

2）工作智能体节点

工作智能体节点的职责是获得对应的智能体，并通过智能体执行当前流转过来的任务，完成任务后更新状态，以搜索智能体为例（源代码文件的路径为 "app_manus/graph/nodes.py"）：

```python
async def search_node(state: State):
    """执行搜索任务的节点"""
    logger.info("搜索智能体开始执行任务")

    # 获取搜索智能体实例
    agent = await get_search_agent()

    input_state= deepcopy(state)
    result = await agent.ainvoke(input_state)

    logger.info("搜索智能体完成任务")
    response_content = result["messages"][-1].content if result.get("messages") else "未获得结果"

    input_state["messages"].append(
        AIMessage(
```

```
            content=RESPONSE_FORMAT.format("搜索智能体", 
response_content),
            name="search",
        )
    )
    return input_state
```

对这段代码的解释如下：

由于 Supervisor 节点已经将智能体的任务分配至 State 类型的 messages 字段中，因此我们只需直接提取这些 messages 字段，并调用智能体的 ainvoke 接口来执行任务。在任务完成后，将结果重新附加到 messages 字段中，并返回更新后的 State 类型即可。

采用相同的方法，可以实现所有其他工作智能体节点。

这些智能体在内部逻辑上基本一致，理论上可以将它们合并为单一节点，并根据 State 类型中的 next 字段来决定哪个智能体执行任务。但保持它们独立的好处是，为后期对不同工作智能体节点进行特定优化提供了便利。例如，可以使用嵌套工作流来替换某个工作智能体节点。

3. 创建工作流图（Graph）

在节点准备完成后，就可以将这些节点"连接"起来，形成 Graph，并编译成可调的工作流。因为这里已经忽略了反思这样的优化环节，所以这个流程就变得相对简单。下面是创建工作流的代码（源代码文件的路径为"app_manus/graph/builder.py"）：

```python
def build_graph():
    """创建并返回智能体工作流图"""
    builder = StateGraph(State)

    builder.add_node("supervisor", supervisor_node)
    builder.add_node("search", search_node)
    builder.add_node("coder", code_node)
    builder.add_node("browser", browser_node)
    builder.add_node("fs", fs_node)
```

```python
# 设置工作流
builder.add_edge(START, "supervisor")

# 从 Supervisor 节点到各个工作智能体节点的条件边
builder.add_conditional_edges(
    "supervisor",
    lambda state: state["next"],
    {
        "search": "search",
        "coder": "coder",
        "browser": "browser",
        "fs": "fs",
        "FINISH": END
    }
)

# 所有工作智能体节点完成任务后回到 Supervisor 节点
builder.add_edge("search", "supervisor")
builder.add_edge("coder", "supervisor")
builder.add_edge("browser", "supervisor")
builder.add_edge("fs", "supervisor")

return builder.compile(debug=False)
```

对这段代码的解释如下：

这个工作流与 6.3.1 节的示例在模式上具有一定的相似性，不同之处在于，6.3.1 节的示例是函数调用与工具调用的结合，而本例则是大模型推理与智能体调用的结合。

（1）需要添加工作流中的各个节点，每个节点都对应着之前实现的节点函数。

（2）流程的起始点设置为 Supervisor 节点，意味着从 Supervisor 节点开始执行。

（3）从 Supervisor 节点出发的流程需要依据条件判断（依据 State 类型中的 next 信息），根据分配任务的执行者不同，进入不同的工作智能体节点。

（4）在所有工作智能体节点完成各自的任务后，流程都会返回至 Supervisor

节点，由 Supervisor 节点决定是结束任务还是将任务转交给下一个工作智能体节点。

（5）如果 Supervisor 节点推理出的下一步是"FINISH"，那么整个工作流结束。

6.5.5 客户端（支持 API 模式）

实际上，到这里为止，一个基于多智能体工作流的多智能体系统已经基本创建完成了。当然，一个 AI 应用从可用到好用通常还需要经历大量的评估、调整和优化过程。不过，目前我们已经可以对这个工作流进行初步测试。为此，我们创建了一个简单的交互式客户端，支持 API 模式，并增加了基础的会话管理功能。

这个使用多智能体系统的客户端的主要逻辑如下（源代码文件的路径为"app_manus/main.py"）：

```python
from graph.builder import build_graph
from graph.types import State

class AgentWorkflow:
    """多智能体系统"""

    def __init__(self):
        """初始化多智能体系统"""
        self.graph = build_graph()
        self.sessions: Dict[str, Any] = {}
        self.current_session_id: Optional[str] = None

async def create_session(self, session_id: Optional[str] = None) -> str:
    ……

    async def process_message(self, message: str, session_id: Optional[str] = None) -> List[BaseMessage]:
        """处理用户消息并返回响应消息"""
        session_id = session_id or self.current_session_id
```

```python
        # 如果没有会话，就创建新会话
        if session_id is None or session_id not in self.sessions:
            session_id = await self.create_session(session_id)

        # 获取当前状态
        session = self.sessions[session_id]
        current_state = session["state"]

        # 把用户消息添加到状态中
        current_state["messages"] = current_state.get("messages", [])
+ [HumanMessage(content=message)]

        # 获取工作流实例
        graph_instance = session["graph"]

        # 调用工作流
        final_state = await graph_instance.ainvoke(current_state)

        # 更新会话状态
        session["state"] = final_state
        session["last_updated"] = datetime.now().isoformat()
        ......

def get_all_sessions(self) -> Dict[str, Dict[str, Any]]:
    ......

def get_session_messages(self, session_id: str) -> List[Dict[str, Any]]:
    ......

async def clear_session(self, session_id: Optional[str] = None):
    ......

async def delete_session(self, session_id: str):
    ......
```

对这段代码的解释如下：

（1）在初始化阶段，客户端调用 build_graph 函数以获取 LangGraph 框架的工作流实例，并在随后的交互式会话中使用。

（2）在交互式会话中，一旦用户输入任务消息，系统就通过 process_message 函数进行处理：首先将任务消息加入当前会话的 State 对象中，接着调用工作流实例进行处理，在处理完成后得到 "final_state"，从中解析出最终答案（通常是最后一条 AI 消息）。

（3）这里构建的客户端类型既可以在交互式的命令行终端中使用，也可以在 API 模式下使用。特别是在 API 模式下，多个客户端之间不会出现会话干扰，每个客户端都拥有独立的 State 信息，并且可以通过 session_id 实现连续对话。

6.5.6 效果测试

最后来到这个多智能体系统的测试环节。需要明确的是，多智能体系统是一个高度依赖于大模型的 AI 应用，其本身存在显著的不确定性，这主要源自其所依赖的大模型天然的可预测性不足。因此，每次测试的结果很可能都难以完全一致（即便测试任务与大模型完全相同）。在实际应用中，你通常需要一个庞大的评估测试数据集来全面评估一个多智能体系统的能力与准确性。

（1）启动客户端。这里使用普通的命令行模式（默认）：

```
python run.py --mode cli
```

客户端日志如图 6-29 所示。

```
启动命令行交互模式
2025-05-07 20:19:54,608 - main - INFO - 初始化多智能体工作流系统

===== 多智能体工作流系统 =====
输入 'exit' 退出，'clear' 清除当前会话
2025-05-07 20:19:54,611 - main - INFO - 创建新会话：session_20250507_201954
已创建新会话：session_20250507_201954

请输入任务描述 >
```

图 6-29

（2）进入交互式的任务测试。

① 测试搜索与文件操作任务。输入内容：

搜索哪吒 3 的最新消息，并保存成文本文件。

在测试模式下，会看到大量的调试信息输出，如图 6-30 所示。

```
2025-05-07 14:49:10,872 - graph.nodes - INFO - 任务主管评估下一步行动
2025-05-07 14:49:10,872 - graph.nodes - INFO - 当前状态: {'messages': [HumanMessage(content='
2025-05-07 14:49:17,960 - httpx - INFO - HTTP Request: POST http://          .com:3500/
任务主管回复: ```json
{
  "next": "search",
  "task": "使用搜索引擎查询'哪吒3 最新消息'，获取相关的新闻报道、官方发布信息等内容。要求搜索
}
```
****
2025-05-07 14:49:17,971 - graph.nodes - INFO - 任务委派给: search
2025-05-07 14:49:17,972 - graph.nodes - INFO - 任务描述: 使用搜索引擎查询'哪吒3 最新消息'，获
[1:writes] Finished step 1 with writes to 4 channels:
- messages -> [HumanMessage(content='搜索哪吒3的最新消息,并保存成文本文件.', additional_kwargs={}
  HumanMessage(content="任务主管指派任务给search,任务内容:使用搜索引擎查询'哪吒3最新消息',获取
  s={}, response_metadata={}, name='supervisor')]
- next -> 'search'
- current_task -> "使用搜索引擎查询'哪吒3 最新消息'，获取相关的新闻报道、官方发布信息等内容。
- current_step -> 1
```

图 6-30

从图 6-30 中可以观察到 Supervisor 节点的推理过程，首先指示搜索智能体执行搜索任务。在任务完成后，Supervisor 节点会继续推理，并指示文件系统智能体将搜索结果保存为文件，如图 6-31 所示。

```
****
任务主管回复: ```json
{
  "next": "fs",
  "task": "将上述关于《哪吒3》的最新消息保存为文本文件。文件命名为'哪吒3最新消息.tx
成需要五年时间，创作过程充满挑战。\n   新闻来源：https://www.163.com/dy/article/JUA
进一步引发了公众对该电影的关注。\n   新闻来源：https://news.qq.com/rain/a/20250421A
成预计要五年。\n   新闻来源：https://news.zhibo8.com/game/2025-05-07/681ad8e625360n
众见面。\n   新闻来源：https://finance.sina.com.cn/tech/roll/2025-05-06/doc-inevrra
求都很高，因此计划需要五年的时间。\n   新闻来源：https://finance.sina.com.cn/tech/r
}
```
```

图 6-31

在经过多次迭代后，如果成功，就可以看到类似于图 6-32 所示的输出日志。

```
<回复>
文件《哪吒3最新消息.txt》已成功保存到路径 `/Users/
- 最新消息的详细信息，包括来源和发布日期。
请告知是否需要进一步的帮助！
```

图 6-32

② 测试代码运行与文件操作任务。输入内容：

生成 100 条模拟订单数据，将其保存成一个 csv 文件，并让我预览前 10 条订单数据。

客户端日志如图 6-33 所示。

```
<回复>
已成功创建名为 `orders_mock.csv` 的CSV文件，并生成了100条模拟订单数据。以下是前10条记录的预览：

| order_id | customer_name     | product_name | quantity | unit_price | order_date |
|----------|-------------------|--------------|----------|------------|------------|
| 1        | Judy Webb         | town         | 6        | 100.67     | 2024-11-30 |
| 2        | Carla Phillips    | father       | 8        | 401.40     | 2024-08-30 |
| 3        | Mrs. Rachel Ward  | why          | 4        | 92.44      | 2024-11-11 |
| 4        | Anthony Pittman   | rest         | 2        | 577.63     | 2024-08-12 |
| 5        | Gary Walter       | nature       | 4        | 866.59     | 2024-06-22 |
| 6        | Michael Kaufman   | himself      | 2        | 487.12     | 2024-07-24 |
| 7        | Lisa Sanchez      | phone        | 9        | 932.88     | 2025-01-16 |
| 8        | Martin Garcia     | maybe        | 2        | 231.58     | 2024-08-30 |
| 9        | Lisa Parker       | myself       | 8        | 982.05     | 2024-08-22 |
| 10       | Aaron Johnson     | despite      | 6        | 147.74     | 2024-08-16 |

文件保存在路径 `/Users/pingcy/codebox/orders_mock.csv`。如果需要进一步的操作，请告诉我！
</回复>

*请继续执行下一步骤。*
```

图 6-33

③ 测试数据读取并生成统计图表任务。输入内容：

读取刚才生成的订单文件 orders_mock.csv 的数据，统计不同产品的订单数量，生成统计图表。

客户端日志如图 6-34 所示。

```
<回复>
来自代码执行的回复：

1. **产品订单数量的统计结果表格**：
```
    product_name order_count
0   understand   2
1   phone   2
2   improve   2
3   then   1
4   think   1
..   ..
92   art   1
93   according   1
94   represent   1
95   stock   1
96   member   1

[97 rows x 2 columns]
```
（统计结果仅显示部分内容，总共有97种不同产品的订单统计。）

2. **生成的图表**：
已成功创建并保存产品订单数量的条形图，文件名为 `product_order_statistics.png`。

如果需要进一步的操作或其他需求，请告诉我！
</回复>
```

图 6-34

生成的统计图表如图 6-35 所示。

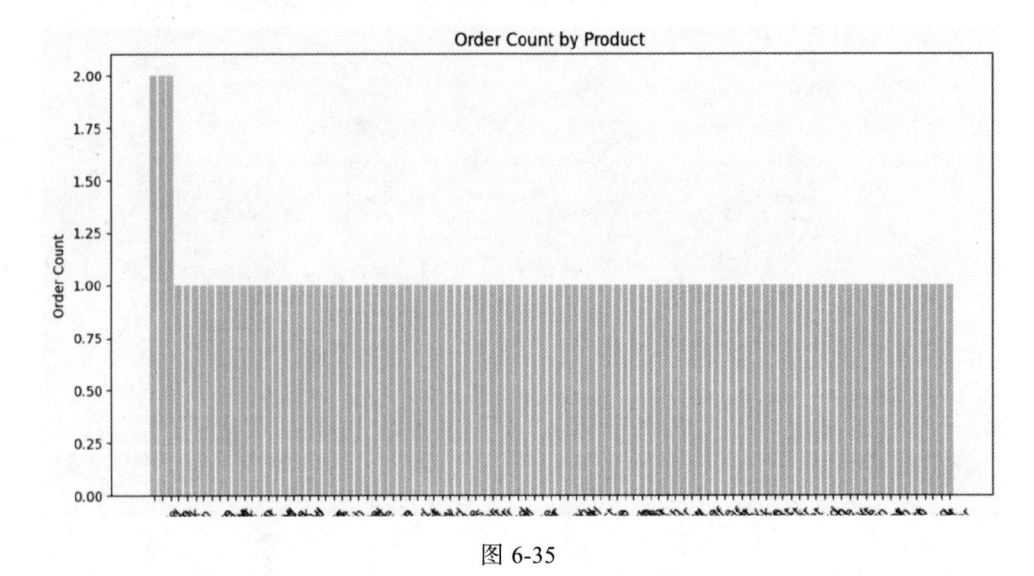

图 6-35

④ 测试自动使用浏览器任务。输入内容：

到苹果公司网站查找 iPhone 16 的配置参数和价格并与小米 15 手机的配置参数和价格做比较

这个任务在测试时会自动使用浏览器，在运行过程中，你会看到浏览器被自动打开，并标注页面元素（用于识别和推理浏览动作），如图 6-36 所示。

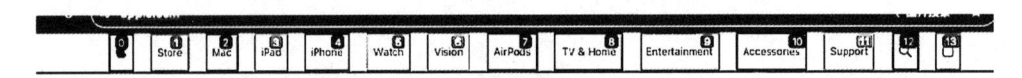

图 6-36

最后，经过若干次迭代，输出结果如图 6-37 所示。

```
### iPhone 16e 配置参数与价格
- **起始价格**: $599
- **处理器**: A18芯片（4核GPU）
- **内存**: 6GB
- **存储选项**: 128GB, 256GB, 512GB
- **屏幕**: 6.1英寸 Super Retina XDR 显示屏
- **摄像头**: 双摄系统（48MP 主摄，12MP 超广角）
- **电池寿命**: 最多可播放26小时视频
- **操作系统**: iOS 17

---

### 小米 15 配置参数与价格
1. **型号及颜色**:
```

图 6-37

6.5.7　后续优化空间

一个成熟的、能够投入生产的多智能体系统是极其复杂的，需要经历大量的工程测试和持续优化。尤其是大模型固有的幻觉、不确定性等问题，可能会给生产级应用带来显著的风险。我们尝试利用共享 MCP 服务端和 LangGraph 框架来构建一个通用的多智能体系统，显著减少了工作量并迅速实现了原型应用，但距离真正应用还有大量优化空间，以下是一些建议。

（1）对于复杂的多步骤长链条任务，利用独立的规划器实现预先的任务规划甚至人工审核是必要的。同时，这样的任务在执行过程中应能根据任务步骤的执行结果进行动态调整。我们还可以考虑把复杂任务拆解成子工作流，并让其支持根据资源和需求设定优先级。

（2）可以考虑为智能体的每次决策结果都附加置信度分数，当分数低于业务阈值时，自动触发人工复核或者采用多智能体投票机制。

（3）在工作智能体层面，通过设定提示模板库（可以开发 MCP 服务端的提示功能），对不同工作角色严格限定输入和输出的要求与格式，限制模型的自由发挥空间，对上下文进行约束和强化。

（4）对单个工作智能体进行严格评估与优化。比如，在测试时发现本样例中实现的基于共享 MCP 服务端的智能体有许多不足，如任务执行不稳定、纠错能力不足，甚至陷入无效循环等。尽管共享 MCP 服务端带给我们很大的开发便利，但存在一定程度的质量参差不齐，因此在实际使用中，测试与评估显得尤为重要。另外，2025-03-26 版本的 MCP 规范中支持工具注解（Tool Annotation）。在使用共享 MCP 服务端之前，通过工具注解了解其工具的行为特征（比如，是否会做破坏性的操作）并引入必要的安全控制是一个好的使用习惯。

第7章　解读2025-03-26版本的MCP规范与相应的SDK

MCP依然是一个正处于快速发展和完善阶段的AI应用集成协议。作为一个开放的协议，MCP获得了众多行业内的企业、标准化组织及独立技术专家的广泛支持。在不断采纳众多开发者及社区反馈意见的基础上，MCP规范的版本持续修订。本书之前介绍的规范和开发都基于2024-11-05版本的MCP规范和相应的SDK，而本章将解读2025-03-26版本的MCP规范与相应的SDK的功能更新。

截至本章完稿时，MCP规范的最新版本为2025-03-26版本，相应的SDK的最新版本为1.9.0版本。因此，本章的解读内容将基于这两个版本。

7.1　解读2025-03-26版本的MCP规范

7.1.1　新的Streamable HTTP传输模式

2025-03-26版本的MCP规范中引入了新的Streamable HTTP传输模式来代替之前的SSE传输模式（stdio模式仍然保留）。

1. 背景与动机

2024-11-05版本的MCP规范中采用的SSE传输模式如图7-1所示（图7-1

中未涵盖 MCP 服务端发送请求的场景）。

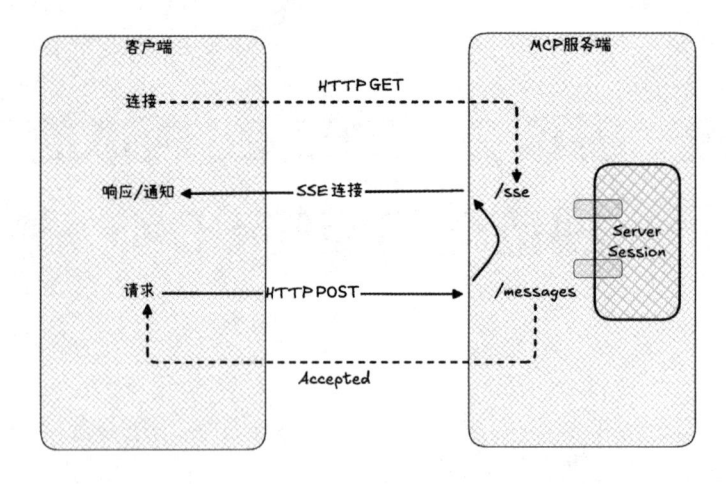

图 7-1

其大致的工作方式如下。

（1）客户端通过 HTTP GET 请求连接到 MCP 服务端的/sse 端点。

（2）MCP 服务端进行响应，建立 SSE 连接，并告诉客户端后续使用的发送消息的 URI（默认为/messages）。

（3）客户端使用此 URI 与 MCP 服务端交互，发送请求。

（4）MCP 服务端通过 SSE 连接发送响应消息或通知消息给客户端。

这种方式存在以下问题。

（1）需要维护两个独立的连接与端点。

（2）有较高的连接可靠性要求。一旦 SSE 连接断开，客户端无法自动恢复，就需要重新建立新连接，会导致上下文丢失。

（3）MCP 服务端必须为每个客户端都维持一个高可用连接，对可用性和伸缩性提出挑战。

（4）强制所有 MCP 服务端→客户端的消息都经过 SSE 连接单向推送，缺乏灵活性。即使对于简单的无状态请求与响应的场景，也需要开启 SSE 连接。

2. 变更说明

与 SSE 传输模式相比，Streamable HTTP 传输模式的主要变化如下（如图 7-2 所示，未涵盖 MCP 服务端发送请求的场景）。

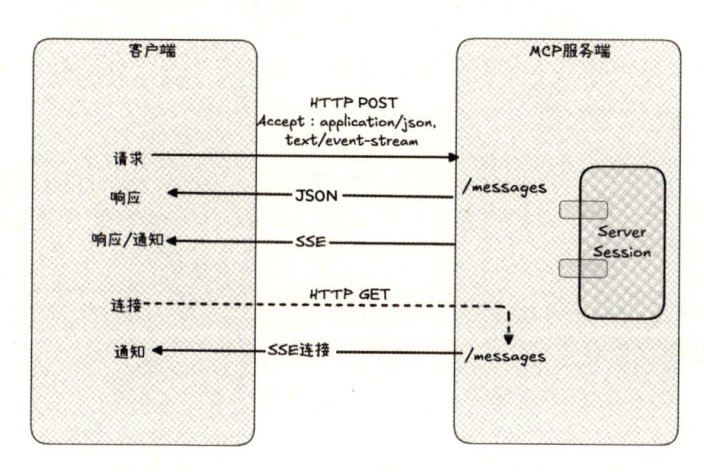

图 7-2

（1）MCP 服务端只需共享一个统一的 HTTP 端点（如/messages）用于通信。

（2）客户端可以以完全无状态的方式与 MCP 服务端进行交互，即 RESTful HTTP POST 方式。

（3）客户端可以在单次请求中获得 SSE 流或 JSON 格式的响应消息。

（4）客户端通过 HTTP GET 请求来被动打开一个 SSE 连接，这种方式与 SSE 传输模式类似，但区别在于这个 SSE 连接主要用于后续的 MCP 服务端向客户端推送通知消息或发起 MCP 服务端请求（比如，Sampling 请求），而不会用于响应普通的 HTTP POST 请求。

（5）MCP 服务端会在初始化时返回代表唯一会话的 mcp-session-id，后续客户端在每次请求中都会携带该 mcp-session-id。这个 mcp-session-id 的作用如下。

① 用来关联一次会话的多次交互。

② MCP 服务端可以用 mcp-session-id 来终止会话，要求客户端开启新

会话。

③ 客户端也可以用 HTTP DELETE 请求来终止会话。

很显然，新的传输模式在打破了旧方案局限性的基础上，进一步提升了传输层的灵活性与健壮性。

（1）允许无状态的 MCP 服务端存在，不依赖连接。有更好的部署灵活性与更强的快速扩展能力。

（2）对 MCP 服务端中间件的兼容性更好，只需要支持 HTTP 即可，无须做特殊的 SSE 处理。

（3）允许根据自身需要开启 SSE 响应或连接，保留了对现有规范的兼容性与 SSE 传输模式的优势。

3. 影响与应用

客户端必须设置 Accept 支持两种返回类型（application/json 和 text/event-stream），以便同时支持 MCP 服务端返回 JSON 格式的数据或 SSE 流。如：

```
POST /mcp HTTP/1.1
Host: mcp.example.com
Accept: application/json, text/event-stream
Content-Type: application/json

{"jsonrpc":"2.0","id":1,"method":"tools/list","params":{}}
```

如果 MCP 服务端不支持流式输出，则返回一个 JSON 格式的响应消息；如果 MCP 服务端支持流式输出，则响应头为 Content-Type: text/event-stream，并以 SSE 流的方式发送一个或多个 JSON-RPC 消息。客户端通过以下方式开启 SSE 连接，用来接收 MCP 服务端推送的消息：

```
GET /mcp HTTP/1.1
Host: mcp.example.com
Accept: text/event-stream
```

传输模式的重大调整会在新旧规范过渡期带来一定兼容性上的麻烦。以下是一些关于兼容性方面的建议。

（1）对于 MCP 服务端开发者来说，若需同时兼容旧版客户端，则应在部署新的统一端点的同时，继续维护旧的 SSE 端点和 POST 端点。这样，老版客户端仍可沿用原有方式连接，而新版客户端则可直接利用新端点，但不要将旧端点与新端点合并，这会导致系统复杂性过高，可能对稳定性造成威胁。

（2）对于客户端开发者来说，为了确保新版客户端与老版 MCP 服务端兼容，建议不要预先假设 MCP 服务端支持的协议版本。应首先尝试对 MCP 服务端 URL 执行一次初始化动作（HTTP POST）。

① 若收到正常响应消息或 SSE 流，则表明 MCP 服务端支持新版的 Streamable HTTP 传输模式，此时可按照新协议进行传输。

② 若请求返回错误（例如，405 方法不允许或 404 找不到资源），则可推测目标 MCP 服务端为旧版 MCP 服务端，此时客户端的传输模式应切换至旧版的传输模式。

通过这种模式，新版客户端能够自动适配 MCP 服务端的版本，从而避免了开发者进行手动配置。

从整体上来说，现有 MCP 规范下的系统可以按照以下方式实现平滑迁移：MCP 服务端逐步升级以支持新端点，同时暂时保留旧端点，以便客户端能够与新旧版 MCP 服务端进行交互。最终，在所有相关方都完成升级后，旧的 SSE 传输模式即可被废弃，而不会影响服务的连续性。

7.1.2　引入基于 OAuth 2.1 的授权框架

2025-03-26 版本的 MCP 规范中引入了基于 OAuth 2.1 的授权框架，为基于 HTTP 交互的客户端与 MCP 服务端提供了标准化的安全机制。当然，这种机制仅适用于远程传输模式，通过标准输入输出（stdio）传输的交互则无须遵循此规范。

1. 背景与动机

目前，大多数 MCP 应用都采用 stdio 传输模式，部署几乎是一对一的，安全边界清晰。然而，在采用 SSE 传输模式的远程 MCP 服务端场景中，尤其是随着第三方 MCP 服务端迅速增多，缺少统一的授权机制会导致无法安全地管理对 MCP 服务端功能的访问权限。引入 OAuth 2.1 可以使资源所有者通过标准的授权流程安全地访问。

例如，在企业环境中，一个 MCP 服务端可能连接内部数据库或敏感 API。使用 OAuth 2.1 授权，可以确保只有经过用户同意的客户端才能访问这些资源。这使构建安全的智能体成为可能：用户可以随时撤销安全令牌，终止其对数据的访问。此外，由于使用了标准的 OAuth 授权流程，因此开发者可以方便地将现有企业的身份认证与授权服务整合到 MCP 服务端中。

2. 变更说明

如果选择遵循 2025-03-26 版本的 MCP 规范中的 OAuth 2.1 授权流程，那么客户端在向 MCP 服务端的受限资源发起请求（工具调用等）之前，必须先通过浏览器引导用户授权访问 MCP 服务端，完成授权流程以获取访问的安全令牌（Access Token）。随后，客户端需携带此令牌访问 MCP 服务端；若客户端未获得授权，MCP 服务端应返回未授权的响应消息，并提示客户端启动授权流程。

此外，MCP 规范建议 MCP 服务端支持 OAuth 动态注册客户端和发现授权 MCP 服务端的元数据，以便客户端能够自动获取 MCP 服务端的授权端点信息。这一设计借鉴了成熟的标准协议，旨在增强远程 MCP 服务端的安全性和互操作性，同时尽可能保持协议的简洁性。

整体授权流程如图 7-3 所示。

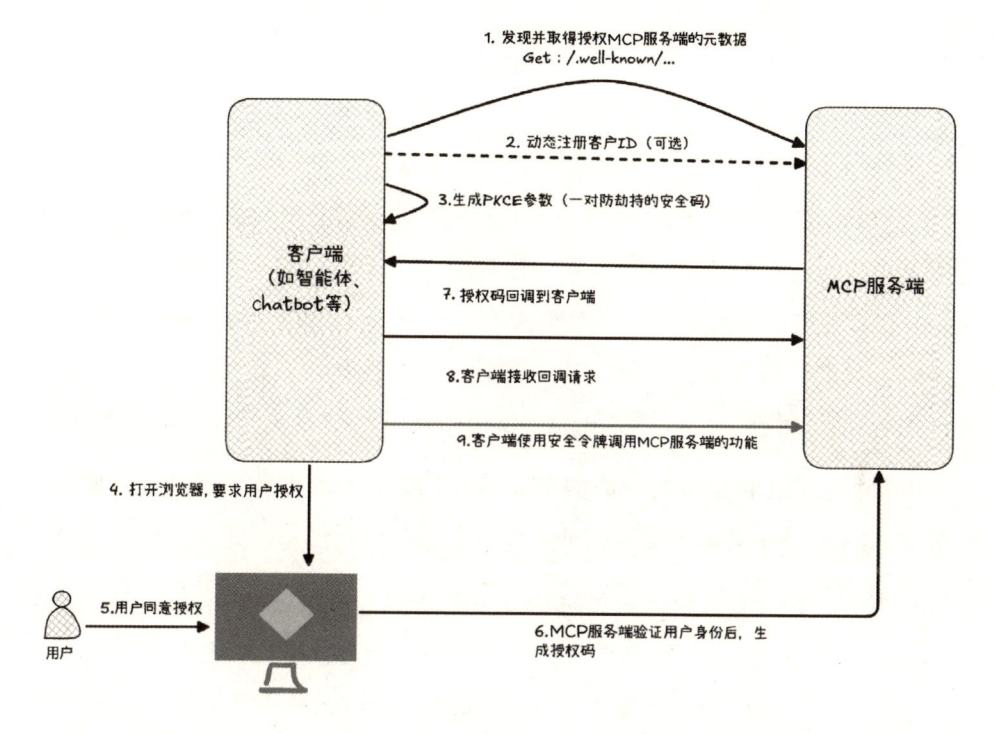

图 7-3

1）角色定义

（1）浏览器。用户使用的网络浏览器，用于实现交互式授权。

（2）客户端（如智能体、Chatbot）。需要调用 MCP 服务端功能的应用程序。

（3）MCP 服务端（同时担任 OAuth 授权 MCP 服务端的角色）。既是受保护资源的 MCP 服务端，也是 OAuth 认证授权的 MCP 服务端。

2）流程描述

（1）客户端发现并取得授权 MCP 服务端的元数据。客户端访问标准路径（一般为.well-known/oauth-authorization-server），希望自动发现 MCP 服务端的授权端点、令牌端点等元数据。这不是一种必须实现的 MCP 服务端机制，所以有以下两种可能的返回结果。

① [Server Supports Discovery]。MCP 服务端返回标准的元数据信息（通常是 JSON 格式的，里面有 authorization_endpoint、token_endpoint 等地址）。

② [No Discovery]。如果 MCP 服务端返回 404，那么客户端自行配置，相当于 MCP 服务端直接告诉客户端："我没有实现发现机制，你自己用文档里配置好的端点地址。"

（2）动态注册客户 ID（可选）。如果你做过 OAuth 授权流程的开发，那么可能了解在调用授权服务的过程中，需提供一个 client_id（如调用 Google 的 OAuth 授权服务，需要在后台创建并获得 client_id）。如果 MCP 服务端支持动态注册客户端，那么客户端无须预先注册，即可在运行时直接向 MCP 服务端进行注册，从而获得一组新的 client_id、client_secret，以及其他授权配置信息。

由于你的 MCP 服务端可能拥有众多客户端，因此推荐实现动态注册客户端机制，以减少登记客户端的烦琐工作。

（3）生成 PKCE 参数（一对防劫持的安全码）。PKCE（Proof Key for Code Exchange）是 OAuth 2.1 强制要求的保护机制，旨在防范"授权码被劫持"的攻击。它涉及一组 PKCE 参数，包括 code_verifier（一串随机字符串）和 code_challenge（基于 code_verifier 编码生成）。

在授权过程中，客户端会携带 code_challenge 以获取授权码。在使用授权码交换安全令牌时，客户端再提供 code_verifier，授权 MCP 服务端验证 code_verifier 与先前的 code_challenge 是否匹配，只有在匹配的情况下，才会发放令牌，从而有效防止授权码被劫持。

（4）打开浏览器，要求用户授权。客户端打开浏览器，跳转到 MCP 服务端返回的授权地址，并携带以下信息：client_id、redirect_uri、response_type=code、scope、code_challenge 等。此时，浏览器界面显示让用户确认授权，如"授权 MCP ×××应用访问你的 MCP 服务端与资源"。

（5）用户同意授权。用户在浏览器上单击"允许授权"（也可能需要输入额外的验证信息）按钮。

（6）MCP 服务端验证用户身份后，生成授权码。此时，MCP 服务端验证用户身份与授权请求是否合法，如果用户同意授权，MCP 服务端就生成一个临时的授权码（authorization_code）。

（7）授权码回调到客户端。MCP 服务端通过浏览器重定向到客户端提供的重定向 URI（redirect_uri），并在参数中附带授权码 code=×××。

（8）客户端接收回调请求。客户端捕获这个回调请求，拿到授权码，并使用授权码访问 MCP 服务端的令牌颁发端点，获得安全令牌，一般需要携带 code、code_verifier、client_id 等信息。MCP 服务端在验证授权码合法且 code_verifier 验证通过后，就会下发安全令牌。

（9）客户端使用安全令牌调用 MCP 服务端的功能。客户端拿到安全令牌后，正式调用 MCP 服务端的受保护功能。令牌在 HTTP 的请求头中携带即可：

```
POST /mcp
Authorization: Bearer {access_token}
Content-Type: application/json
```

然后，客户端就可以发起正常的 MCP JSON-RPC 调用，如 tool/call、resource/fetch 等。

3. 影响和应用

（1）旧版客户端、MCP 服务端如果不实现授权，那么默认为仍可在不需要认证的环境下正常通信，因为授权是可选的。

（2）MCP 规范明确仅在 SSE 传输模式下推荐 OAuth 授权，stdio 传输模式下的行为不被影响。

（3）不支持 OAuth 授权的旧版客户端仍可连接不要求认证的新版 MCP 服务端。然而，如果新版 MCP 服务端开启了授权要求，客户端就需要升级以实现 OAuth 授权流程。

总体而言，OAuth 授权框架的加入对原有功能不造成破坏，但要求在需要安全接入的场景下，客户端和 MCP 服务端都进行相应升级来实现这一流程。如果需要在新版 MCP 服务端支持 OAuth 授权，就需要实现以下功能（见表 7-1）。

表 7-1

事项	说明
实现 OAuth 授权服务	支持授权码生成、PKCE 验证、安全令牌发放等标准流程
支持发现授权的元数据	公开 .well-known/oauth-authorization-server 端点，返回授权 MCP 服务端的元数据（如 authorization_endpoint、token_endpoint 等）
支持注册客户端（可选）	如果要支持动态注册客户端，就需实现该服务
验证安全令牌	MCP 服务端必须在收到客户端请求（带 Authorization: Bearer ×××）时，验证安全令牌的合法性、权限范围正确，并且其未过期
处理标准 OAuth 错误返回	如 401 Unauthorized、403 Forbidden（无效令牌、权限不足）等，按照标准的 OAuth 错误处理
管理 Refresh Token（可选）	支持刷新令牌流程（Refresh Token Flow），保持长时间授权

7.1.3 支持 JSON-RPC 批处理

JSON-RPC 2.0 本身支持批量（Batch）模式，允许一次性发送一个包含多个请求对象的数组。MCP 服务端随后可以返回一个数组，其中包含对应的多个响应消息。MCP 规范也明确了这个批处理功能，它允许客户端在单一操作中发送多个请求消息或通知消息，这与 JSON-RPC 2.0 保持一致。

1. 背景与动机

在 2024-11-05 版本的 MCP 规范中，每个 MCP 服务端的请求都必须单独发送至对端，这不仅增加了网络延迟，还带来了额外的开销。对于那些需要一次性调用多个工具或进行批量处理任务的场景，批处理技术能够显著提升效率并减轻 MCP 服务端的压力。比如：

（1）当一个智能体在编写总结报告时，可能需要同时调用多个数据源工具（如同时查询数据库和调用 API 以获取实时数据）。通过使用批处理，智能体可以将这些操作全部包含在一个请求中发送给 MCP 服务端，MCP 服务端随后并行处理这些请求，并一次性返回结果列表。这种方法减少了串行等待的时间，从而加快了整体的响应速度。

（2）在涉及多模型协作或事务性操作的场景中，批处理同样具有重要意义：可以将多个子请求作为一个原子事务发送。MCP 服务端在执行过程中可以确保要么全部成功，要么全部失败，这极大地简化了错误处理的逻辑。

2. 变更说明

客户端可以通过 POST 方式发送一个 JSON-RPC 请求的数组，数组中的每个元素都为一个合法的请求。例如，一个包含两个方法调用的批处理示例如下：

```
[
{"jsonrpc":"2.0","id":1,"method":"tools/call","params":{"name":"sum","arguments":{"a":1,"b":2}}},
{"jsonrpc":"2.0","id":2,"method":"tools/call","params":{"name":"multiply","arguments":{"x":5,"y":6}}}
]
```

MCP 服务端在接收到这个批处理任务后，可以并行或顺序执行每个请求，最终返回一个包含对应响应对象的数组：

```
[
{"jsonrpc":"2.0","id":1,"result":{"content":[{"type":"text","text":"3"}]}},
{"jsonrpc":"2.0","id":2,"result":{"content":[{"type":"text","text":"30"}]}}
]
```

如果客户端发送的是多个通知消息（无须响应），那么也可以用数组的形式将其发送到 MCP 服务端。MCP 服务端在接收后，如果能够处理，则返回 202 Accepted 状态而无须具体的响应体。

3. 影响和应用

尽管批处理能够提高性能，但是客户端仍需记录每个请求的唯一标识符（ID）及其响应，以确保结果正确对应。处理错误更为复杂：开发者需要增强对批量消息的编码/解码和追踪能力，并妥善处理可能出现的部分错误。在批处理过程中，若某个请求失败，则 MCP 服务端会在响应数组中为该条目返回一个错误对象。因此，开发者应确保批处理消息的大小和复杂性保持在可控范围内。

由于 JSON-RPC 批处理在旧版协议中未被提及，因此一些旧实现可能未考虑处理数组形式的消息。对于旧版 MCP 服务端而言，如果收到批量 JSON 数组，那么可能会无法识别或直接报错。因此，新版客户端在与旧版 MCP 服务端通信时应避免发送批请求，除非通过版本协商确认对方支持。同样，新版 MCP 服务端在未确定客户端版本支持前，应谨慎返回批量结果，可在初始化时告知客户端支持批处理，以便客户端决定是否使用。

由于批处理特性不影响非批处理的正常单请求路径，因此一个兼容的方法是，一端检测到另一端不支持批量模式，则自动退化为逐条请求模式。

7.1.4　增加工具注解

2025-03-26 版本的 MCP 规范在工具的元数据中新增了一组工具注解（Tool Annotation）字段，可以为每个工具都提供更丰富的行为元数据。

1. 背景与动机

增加工具注解旨在满足安全性和用户体验的需求，尤其在自动化调用场景中，缺乏对工具功能的了解可能会引发安全风险。例如，一个智能体可能在没有任何警告的情况下调用具有副作用的工具，从而修改了用户数据。如果它能够预先获知调用某工具会产生破坏性效果，就可以谨慎采取行动，甚至向用户确认。因此，引入工具注解，使得 MCP 服务端在列出工具时能够明确标注其特性。如果说 OAuth 2.1 授权确保了"谁"可以调用工具，那么工具注解则提示"调用此工具将产生何种后果"，这两者共同增加了工具行为的可控性和透明度。

此外，工具注解还能够为信任和安全审计提供服务：客户端可以根据注解对不熟悉的工具执行额外的验证。例如，对可能访问互联网或外部系统的工具，应特别注意防止敏感信息泄露或执行未授权操作。

2. 变更说明

2025-03-26 版本的 MCP 规范对工具定义添加了一个可选字段 annotations（注解），用于描述工具的行为属性和使用提示，注解内部可以包含若干布尔或字符串字段表示该工具的特性。常见的工具注解如下。

（1）title。工具的可读标题，用于向用户或大模型展示。

（2）readOnlyHint。若设置为 true，则表示该工具不会改变环境状态，即为只读工具。

（3）destructiveHint。若设置为 true，则表示该工具可能会执行破坏性操作，此字段仅在 readOnlyHint 为 false 时具有意义。

（4）idempotentHint。若设置为 true，则表示多次使用相同参数调用该工具不会产生额外效果（具有幂等性），此字段仅在 readOnlyHint 为 false 时适用。

（5）openWorldHint。若设置为 true，则表示该工具可能会与外部开放系统进行交互（如网络搜索、数据库查询等）。若设置为 false，则表示其交互仅限于封闭环境。

这些注解字段提供了关于工具行为方式的元数据信息。例如，一个"删除文件"的工具可能会被注解为：

```
{
  "name": "delete_temp_files",
  "description": "删除临时文件",
  "inputSchema": { ... },
  "annotations": {
    "title": "删除临时文件",
    "readOnlyHint": false,
    "destructiveHint": true,
    "idempotentHint": true,
    "openWorldHint": false
  }
}
```

此示例揭示了 delete_temp_files 工具会改变环境设置（"readOnlyHint":false），并且可能具有破坏性（"destructiveHint":true）。然而，多次使用相同的参数调用该工具不会产生额外的影响（"idempotentHint":true），且其操作仅限于本地环境（"openWorldHint":false）。

3. 影响和应用

通过这些工具注解，客户端获得了更丰富的工具使用"参考说明"。这有助于提高安全性和交互体验（例如，防止误用破坏性工具），让大模型与客户端能够更加智能地做出决策和展示信息。例如：

（1）大模型在规划调用工具时可以参考工具注解：当面对具有相同功能的两个工具时，它可以优先使用 readOnlyHint 设置为 true 的工具，以免产生副作用。如果必须调用具有破坏性的工具，那么它可以在调用前向用户确认，以防止误用。

（2）对于终端用户或开发者来说，客户端的用户界面可以将工具的注解信息展示出来，增强可解释性。例如，在一个智能体的工具面板中，可以使用特殊图标或警示颜色来标注"此工具会修改数据"或"需要网络访问"等信息，让用户更加明了。

（3）对于由多个工具组成的复杂 AI 工作流，工具注解还能协助管理上下文：客户端可以追踪并记录哪些工具产生了外部影响，哪些工具仅用于获取信息。这对于调试和审计同样具有重要价值。

总之，工具注解使得客户端和大模型对工具的理解更加深入，并让用户对智能体的行为感到更可控。

需要注意的是，这些注解字段都是"提示（hint）"，它们**仅作为参考信息而非强制性限制**——MCP 规范要求客户端不应完全依赖工具注解，除非这些工具来自可信的 MCP 服务端。当然，这也确保了无论新旧规范的实现，都能按照各自的逻辑运行，避免出现严重的不兼容问题。

7.1.5 增强其他方面的功能

在 2025-03-26 版本的 MCP 规范中，除了对前面介绍的 4 个功能进行了较大的升级，还增强了其他方面的功能，下面简单介绍。

1. 在进度通知消息中增加 message 字段

我们演示过如何借助进度通知消息优化长时间运行的任务的体验。在 2025-03-26 版本的 MCP 规范中，在进度通知（notifications/progress）消息中增加了可选的 message 字段，用于提供当前进度的文本描述。以前的进度通知消息只有数字型的 progress 和可选的 total，无法传递具体的阶段信息。新字段允许 MCP 服务端在发送进度通知消息时附带易读的说明信息，提高用户体验。

以下是一个进度通知消息的示例：

```
{
  "method": "notifications/progress",
  "params": {
    "progressToken": "task123",
    "progress": 30,
    "total": 100,
    "message": "正在上传文件，进度为 30%"
  }
}
```

在上述示例中，大模型或客户端在接收到进度通知消息后，能够立即向终端用户展示包含进度说明的提示信息，如"正在上传文件，进度为 30%"。这样的设计使得进度通知消息不再是单调的数字，而是附带了富有意义的文本描述。典型的智能体场景包括当大模型调用耗时的工具（如网络爬取、处理大型文件）时，用户界面能够实时显示诸如"正在爬取网页..."" 分析日志文件（50%）"等文字，让用户清晰地了解智能体当前的工作内容和进度，从而增加用户的信任感和耐心。这一细微的改进显著提升了用户与智能体交互的体验，使得长时间运行的任务变得更加透明。

需要注意的是，message 字段是可选的，仅在 MCP 服务端提供相关说明内容时才会被包含；客户端在展示进度时，也可以根据需要选择是否向用户展示这一消息。

message 字段是一个新增的可选字段，不会影响原有的必需字段，因此对系统的兼容性影响极小。

2. 新增音频类型支持

在以前的 MCP 规范中，调用工具或资源返回的内容主要支持 text（文本）和 image（图像）这两种类型。然而，2025-03-26 版本的 MCP 规范将 audio（音频）正式加入了标准内容类型之中。音频的表示方法与图像类似，采用一个 JSON 对象，其中包含键值对""type":"audio""、一个 data 字段（用于存储音频文件的 Base64 编码数据），以及一个 mimeType 字段（用于指定音频的格式类型，如 audio/wav 或 audio/mpeg 等）。例如，一个工具可能会返回以下内容：

```
{
  "content": [{
    "type": "audio",
"data": "<Base64 编码的 WAV 或 MP3 数据>",
"mimeType": "audio/wav"
  }]
}
```

MCP 服务端的工具被调用后能够返回音频、声音片段等多媒体内容。客户端在接收到这些内容后，可以根据实际需求播放音频或进行进一步处理。

音频类型支持的引入，为语音交互打开了新的大门，降低了实现多模态功能的难度。语音助手类的大模型应用现在可以通过 MCP 服务端的工具直接获取音频，并将其播放给用户。例如，一个具备语音功能的天气查询智能体，可以调用 MCP 服务端的"天气播报"工具，该工具会返回一段预先合成的音频，客户端在接收到音频后将其播放出来，为用户提供无缝的语音回答体验。这种方法比客户端获取文本后再自行调用 TTS（文本转语音）技术更直接，并且允许 MCP 服务端使用特定风格的声音。

需要注意的是，音频文件通常较大，因此在传输过程中我们需要合理控制文件大小或采用分块传输的方式来处理。

对于旧版 MCP 服务端的实现，增加音频类型是一种向后兼容的扩展。如果旧版客户端仅严格支持 text 和 image 类型，那么在遇到键值对 ""type":"audio"" 时可能无法识别。但是，大多数设计健壮的实现会忽略未知类型或采用通用的处理方式。总体而言，这一变更不会影响文本和图像内容的现有处理流程，而是增加了新的可能性。建议相关开发者在适当的时候更新客户端逻辑，至少做到能够接受并跳过未知的内容类型，以确保未来能够兼容更多内容类型。

3. 新增自动补全功能标识

2025-03-26 版本的 MCP 规范在功能声明中引入了一个名为 completions 的标识，用以显示 MCP 服务端是否支持参数自动补全功能。客户端可以在初始化时根据 MCP 服务端的声明了解到其是否具备该功能：

```
{
  "capabilities": {
    "completions": {}
  }
}
```

在 MCP 规范中，自动补全指的是，当用户填写某个工具的参数时，客户端可以调用 MCP 服务端获取该参数的候选建议列表。例如，当用户填写一个"翻译语言"参数时，自动补全功能可以提示支持的语言列表。有了这个标识，客户端在交互界面上就能决定是否启用相应的用户界面交互。

需要注意的是，completions 只是代表一个开关，具体的补全功能则通过调用 MCP 服务端的 completion/complete 方法（客户端发送要补全的引用和当前内容）完成（该方法在旧版中已经存在，但缺乏功能标识的协商机制）。

以下是一个针对提示中"language"参数的自动补全请求，该请求用来获取候选值：

```
{
  "jsonrpc": "2.0",
  "id": 1,
  "method": "completion/complete",
  "params": {
    "ref": { "type": "ref/prompt", "name": "code_review" },
    "argument": { "name": "language", "value": "py" }
  }
}
```

MCP 服务端将返回一个包含候选值列表的响应消息。

声明支持 completions 功能的 MCP 服务端表明需要实现相应的逻辑。例如，根据特定参数提供补全建议（可能基于预设列表或实时计算）。这为构建更智能的工具提供了机会：MCP 服务端可以内置常用值列表、数据库字段名索引等来响应补全请求。这有助于使 MCP 生态更接近于许多编程 IDE 的用户体验，在人与 AI 工具的互动过程中提供实时辅助，减少人工输入成本。

这一改动完全兼容旧版本，仅在元数据层面增加了协议的自描述信息，不影响基础通信和其他功能。对于开发者来说，建议在升级后充分利用这一功能：如果 MCP 服务端实现了这一功能声明，客户端就可以实现自动补全，让用户享受到更便捷的体验。

7.2 解读与使用MCP SDK 1.9.0版本

MCP SDK 1.9.0 版本在功能上实现了与 2025-03-26 版本的 MCP 规范大量对齐。本节将对该版本的主要更新内容进行解读，并介绍其在实际开发中的使用。

7.2.1　Streamable HTTP 传输模式

在 MCP SDK 1.9.0 版本中，实现了 2025-03-26 版本的 MCP 规范中提出的新传输模式——Streamable HTTP。也就是说，MCP 可以支持以下 3 种传输模式：stdio、SSE 与 Streamable HTTP，其保留 SSE 传输模式是为了维持兼容性。注意：这 3 种传输模式的 MCP 服务端与客户端必须匹配，即使用 Streamable HTTP 传输模式的客户端无法与使用 SSE 传输模式的 MCP 服务端交互。下面对这种新传输模式进行详细解读。

1. 开启 MCP 服务端的 Streamable HTTP 传输模式

仍然建议借助 FastMCP API 开启 MCP 服务端的 Streamable HTTP 传输模式。关键代码示例如下：

```python
# 创建 FastMCP 实例
app = FastMCP(
    name="SimpleServer",
    port=5050,
    stateless_http=False,
    json_response=False,
    streamable_http_path="/mcp"
)
……

if __name__ == '__main__':
    app.run(transport='streamable-http')
```

新传输模式的主要变化来自以下 3 个参数：transport 参数增加了 streamable-http 选项，stateless_http 参数和 json_response 参数则控制了不同的工作模式（都默认为 False）。

2. 客户端建立 Streamable HTTP 连接

对应的客户端代码修改方法如下（注意：使用 Streamable HTTP 传输模式的服务端点默认为 /mcp，因此这里的 server_url 参数一般形如 http://[server]:[port]/mcp）：

```
......
try:
    async with streamablehttp_client(url=server_url) as (read, write, get_session_id):
        async with ClientSession(read, write) as session:
            print(f"连接成功!")

            # 初始化会话
            await session.initialize()
            print("会话初始化完成")

            # 获取会话 ID
            session_id = get_session_id()
            print(f"会话 ID: {session_id}")
......
```

其中的主要变化如下。

（1）需要使用 streamablehttp_client 这一客户端传输模块。

（2）新增了可回调的 get_session_id 方法，用来获取 mcp-session-id。

3. 解读两个重要参数

在 Streamable HTTP 传输模式下，MCP 服务端与客户端的通信规则如下。

（1）HTTP POST 通道用于客户端到 MCP 服务端的所有消息传输。同时，MCP 服务端对客户端的响应消息也通过该通道直接返回（基本类似于 RESTful API 的交互方式）。响应消息的形式可能是 SSE 流，也可能是 JSON 格式的。

（2）SSE 通道变为可选的通道，仅用于 MCP 服务端向客户端发送通知（Notification 类型，如进度更新）与请求（Request 类型，如 Sampling 请求）。当然，响应消息的形式只能是 SSE 流。此外，MCP SDK 1.9.0 版本引入的会话恢复功能也会用到 SSE 通道。

那么，在什么时候会有 SSE 通道？HTTP POST 的响应消息的形式是怎么确定的？这些由 stateless_http 与 json_response 这两个参数控制。这两个参数组合使用产生的效果如图 7-4 所示。

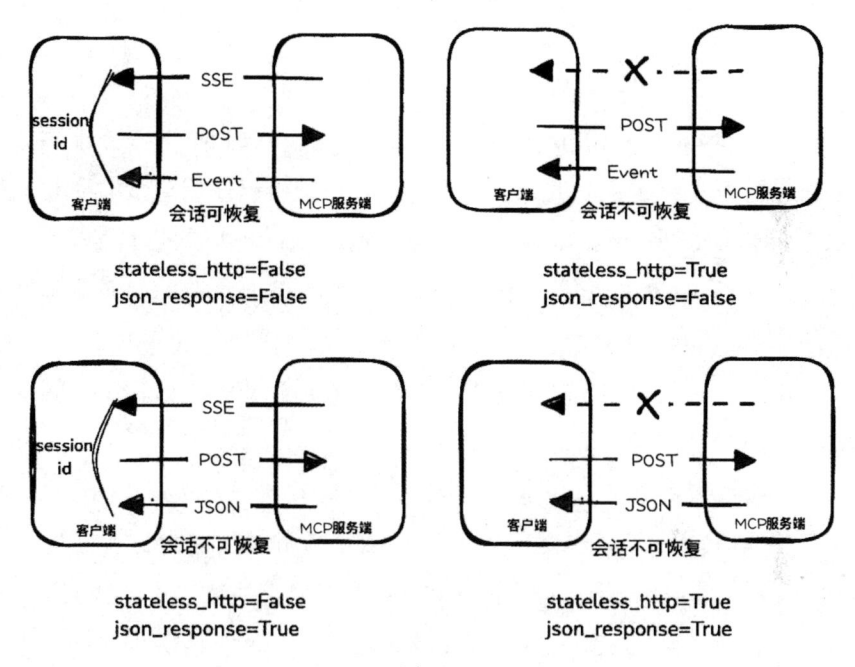

图 7-4

stateless_http 参数的作用如下。

（1）控制 MCP 服务端是否建立长连接的 SSE 通道。stateless_http 参数默认为 False，开启独立的 SSE 通道。

（2）控制 MCP 服务端是否跟踪与管理客户端的会话。stateless_http 参数默认为 False，对客户端会话进行跟踪与管理。

json_response 参数的作用如下。

（1）控制对客户端请求的响应消息的形式是否为 JSON 格式的。json_response 参数默认为 False，使用 SSE 流式响应（注意不是走 SSE 通道）。

（2）客户端必须在发起请求的 HTTP 头中声明可同时接收两种形式的响应消息，即做如下声明：

```
"Accept": "application/json, text/event-stream"
```

另外，当 stateless_http 参数与 json_response 参数同时为 False 时，还可具备一项额外的能力——会话恢复，即让 MCP 服务端返回的事件流具备类似"断点续传"的功能。该功能需要自行实现 MCP 服务端事件的持久化接口。

4. 关于 mcp-session-id

mcp-session-id 是使用 Streamable HTTP 传输模式的 MCP 服务端生成的、用来跟踪与管理客户端会话的唯一标识符。客户端可以使用连接时获得的回调方法 get_session_id 来获得 mcp-session-id。mcp-session-id 的规则如下。

（1）只有当 MCP 服务端的参数 stateless_http=False 时，MCP 服务端才会生成 mcp-session-id。

（2）在客户端发起初始化请求时，MCP 服务端会生成 mcp-session-id，并将其放在返回的 HTTP 头中。

（3）后续所有的客户端发起的请求都会自动携带该 mcp-session-id。你也可以开发其他用途，比如用来关联一组与 MCP 服务端的多次交互信息。

（4）当客户端退出 streamablehttp_client 上下文管理器的作用区域时，会自动触发一个 HTTP DELETE 请求，MCP 服务端会删除会话，当前的 mcp-session-id 失效。

（5）mcp-session-id 在 MCP 服务端的主要作用是后续的请求无须每次都建立新的连接与会话，而是从一个"实例池"中查询出已经创建的连接用来处理请求。

5. 代码样例与测试

下面用一个例子来体验 Streamable HTTP 传输模式的效果以便加强认识。首先，我们在 MCP 服务端中创建一个简单的"hello"工具，并使用 Streamable HTTP 传输模式启动 MCP 服务端。该工具的代码如下（源代码文件的路径为"1.9.0/streamableHTTP/simple_server.py"）：

```
......
@app.tool(name='hello')
async def hello(ctx: Context, name: str) -> str:

    steps = 10
    await ctx.report_progress(0.0, steps, 'MCP Server 正在处理请求...')

    # 模拟计算过程的多个步骤
    for step in range(1, steps + 1):
        await asyncio.sleep(1)
        logger.info(f"正在处理第{step}步，发送进度通知消息...")
        await ctx.report_progress(float(step), float(steps),f'正在处理第{step}步...')

    await ctx.report_progress(steps, steps, 'MCP Server 请求处理完成!')

    return f'Hello,{name}'
......
```

这个工具模拟一个长时间处理的任务，并在处理任务的过程中定期报告进度，用来模拟 MCP 服务端发送通知消息的过程。我们继续使用之前的 MCP 测试客户端，但是增加了一种 Streamable HTTP 传输模式的连接方式，并在主菜单中增加了"开启新的会话"选项（如图 7-5 所示）。

```
==================================================
MCP 交互式客户端 - 主菜单
1. 测试工具 (Tools)
2. 测试资源 (Resources)
3. 测试资源模板 (Resource Templates)
4. 测试提示 (Prompts)
5. 刷新功能缓存
r. 开启新的会话 (streamable HTTP传输模式)
q. 退出
```

图 7-5

按照以下步骤进行测试。

（1）设置 MCP 服务端的参数为 stateless_http=Fase、json_response=False。

在这种服务模式下，启动上述客户端，调用"hello"工具，测试过程如图 7-6 所示。可以看到，我们能够获取 MCP 服务端生成的 mcp-session-id

（图 7-6 中的"当前会话 ID"），而且可以接收 MCP 服务端发送的进度通知消息。这表示使用该传输模式成功地建立了 SSE 通道。

```
选择的工具：hello
描述：

该工具需要以下参数：
 - name (string):
请输入参数 'name': World!

当前会话ID：ce7a3db65beb4f969ae3dd73fb02fd5d

正在调用工具 'hello' 参数：{'name': 'World!'}
进度：[▓▓▓▓▓▓▓▓▓▓          ] 20.0% (正在处理第2步...)
```

图 7-6

（2）我们调用另外一个工具，过程如图 7-7 所示。可以看到，mcp-session-id 没有变化。

```
该工具需要以下参数：
 - a (string):
请输入参数 'a': 3
 - b (string):
请输入参数 'b': 5

当前会话ID：ce7a3db65beb4f969ae3dd73fb02fd5d

正在调用工具 'add_numbers' 参数：{'a': '3', 'b': '5'}
调用结果：
[TextContent(type='text', text='3.0 + 5.0 = 8.0', annotations=None)]
```

图 7-7

（3）选择主菜单中的"开启新的会话"功能，会退出当前会话的上下文，并重新连接 MCP 服务端与初始化，如图 7-8 所示。

```
请选择功能：r

================================================
开启新的会话...
正在初始化会话...
会话初始化成功
```

图 7-8

再次测试调用第（2）步中的工具，会看到 mcp-session-id 已经发生变化，如图 7-9 所示。

```
当前会话ID: dafaa80225d44190895eba1c734a1f86
正在调用工具 'add_numbers' 参数: {'a': '3', 'b': '3'}
调用结果:
[TextContent(type='text', text='3.0 + 3.0 = 6.0', annotations=None)]
```

图 7-9

观察 MCP 服务端的后台日志，可以看到如图 7-10 所示的信息。其含义是 MCP 服务端先接收到一个 DELETE 请求，终止了一个会话，然后接收到新的 POST 请求（初始化），并创建了新的 mcp-session-id 与传输模块（transport）。

```
"DELETE /mcp HTTP/1.1" 307 Temporary Redirect
p.server.streamable_http - INFO - Terminating session: ce7a3db65beb4f969ae3dd73fb02fd5d
"DELETE /mcp/ HTTP/1.1" 200 OK
"POST /mcp HTTP/1.1" 307 Temporary Redirect
p.server.streamable_http_manager - INFO - Created new transport with session ID: dafaa802
"POST /mcp/ HTTP/1.1" 200 OK
```

图 7-10

（4）我们切换 MCP 服务端的参数为 stateless_http=True、json_response=False，其他不变。这样就开启了 MCP 服务端的无状态模式。我们仍然测试调用"hello"工具，此时可以发现，尽管仍能获得最终结果，但是无法接收到进度通知消息，如图 7-11 所示。

```
该工具需要以下参数:
 - name (string):
请输入参数 'name': World Again!

当前会话ID: None

正在调用工具 'hello' 参数: {'name': 'World Again! '}

调用结果:
[TextContent(type='text', text='Hello,World Again! ', annotations=None)]
```

图 7-11

观察 MCP 服务端的后台日志，可以看到如图 7-12 所示的信息。该信息表明，MCP 服务端没有找到对应的发送流（MCP 服务端的一种内部通信机制。图 7-12 中的"_GET_stream"是独立的 SSE 通道使用的流名称）。这表明在无状态模式下不会建立 SSE 通道。

```
__main__ - INFO - 正在处理第1步，发送进度通知消息...
root - DEBUG - Request stream _GET_stream not found
       for message. Still processing message as the client
       might reconnect and replay.
__main__ - INFO - 正在处理第2步，发送进度通知消息...
root - DEBUG - Request stream _GET_stream not found
       for message. Still processing message as the client
       might reconnect and replay.
```

图 7-12

所以，这再次证明，在 Streamable HTTP 传输模式下，MCP 服务端发起的通知消息与请求消息只会通过独立的 SSE 通道进行传输，而客户端 POST 请求的响应消息不会"借用"SSE 通道传输（即使是流式响应）。

6. 完整的交互流程

在 Streamable HTTP 模式下，客户端与 MCP 服务端的完整交互过程如图 7-13 所示。虚线代表只有在有状态模式下才会出现的交互或消息。

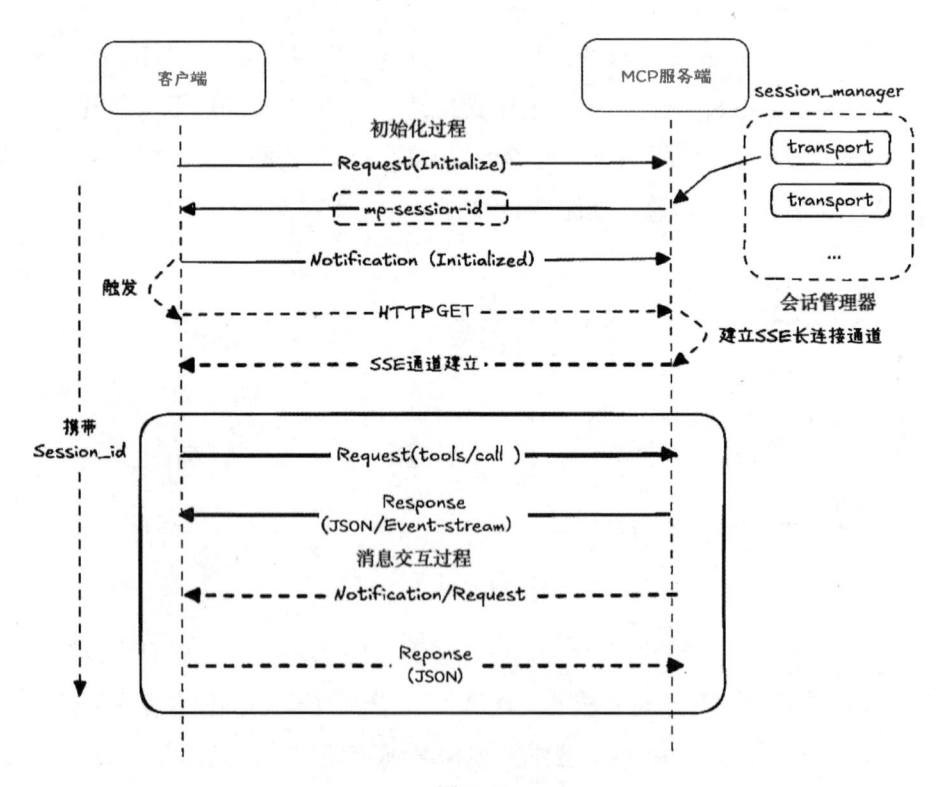

图 7-13

下面对这个交互过程进行解释。

（1）Streamable HTTP 传输模式没有与 SSE 传输模式类似的连接过程（发生在 sse_client 方法调用时），因为无须事先创建 SSE 连接。

（2）客户端发起初始化请求（Initialize）。如果 MCP 服务端是有状态模式的，那么会在返回消息的 HTTP 头中携带 mcp-session-id。

（3）客户端发起初始化确认（Initialized）。此时，如果客户端已经获得了 mcp-session-id（MCP 服务端是有状态模式的），那么会首先发起一次 HTTP GET 请求，该请求会触发 MCP 服务端创建长连接 SSE 通道。

（4）双方正常交互。普通的交互都是通过 POST 通道进行的，只有在两种情况下会使用 SSE 通道完成交互：MCP 服务端向客户端发起通知与请求、会话恢复过程中的事件流。

7. 用低层 API 开发使用 Streamable HTTP 传输模式的 MCP 服务端

用低层 API 开发使用 Streamable HTTP 传输模式的 MCP 服务端，比开发使用 SSE 传输模式的 MCP 服务端更简洁。这是由于 MCP 服务端现在引入了 SessionManager 模块来管理客户端会话。因此，只需要创建 SessionManager 模块，并把所有 /mcp 端点的请求都路由到该模块的 handle_request 方法即可，但需要注意的是 SessionManager 模块需要先通过 run 方法完成初始化，参考代码如下（源代码文件的路径为 "1.9.0/streamableHTTP/simple_server_lowlevel.py"）：

```
……
mcp_server = Server(name="example")

……call_tool 等实现……

try:

    # 创建会话管理器
    session_manager = StreamableHTTPSessionManager(
        app=mcp_server,
        json_response=True,
        stateless=False
    )
```

```
    starlette_app = Starlette(
        debug=True,
        routes=[
            Mount("/mcp", app=session_manager.handle_request),
        ],
        lifespan=lambda app: session_manager.run(),
    )

    config = uvicorn.Config(starlette_app, host="127.0.0.1", port=5050)
    server = uvicorn.Server(config)
    await server.serve()
    logger.info("MCP server is running on http://127.0.0.1:5050")
......
```

8. MCP 服务端的多实例模式

MCP SDK 1.9.0 版本支持 MCP 服务端的多实例模式：我们可以创建多个 FastMCP 的服务实例，不同实例可以采用不同的参数。这有助于灵活地根据不同的场景需求来设计 MCP 服务端。比如，可以把企业 API 访问的工具全部用无状态模式提供，而用有状态模式提供其他需要长连接的工具。参考代码如下（源代码文件的路径为"1.9.0/streamableHTTP/simple_server.py"）：

```
......
app = FastMCP(
    name="SimpleServer",...
    stateless_http=True,
    json_response=False
)

app2 = FastMCP(
    name="SimpleServer2",...
    stateless_http=False,
    json_response=False
)

if __name__ == '__main__':
......
```

```
@asynccontextmanager
async def lifespan(server):
    asyncwith contextlib.AsyncExitStack() as stack:
        await stack.enter_async_context(app.session_manager.run())
        await stack.enter_async_context(app2.session_manager.run())
        yield

server = FastAPI(lifespan=lifespan)
server.mount("/server1", app.streamable_http_app())
server.mount("/server2", app2.streamable_http_app())

print("Starting FastAPI server on http://localhost:5050")
print("- App1 available at: http://localhost:5050/server1")
print("- App2 available at: http://localhost:5050/server2")
uvicorn.run(server, host="0.0.0.0", port=5050)
```

对这段代码的解释如下：

在 MCP 服务端的多实例模式下，不能直接使用 FastMCP 框架提供的 run 方法启动服务端，只能调用 FastMCP 实例的 streamable_http_app 方法获得其内部的 Starlette 模块，然后将其映射到 Web 服务器的不同路径，并直接启动 Web 服务器。需要注意以下两个问题。

（1）每一个 FastMCP 实例内的 session_manager 模块都必须在启动时初始化（注意代码中的 lifespan 生命周期管理器的实现）。

（2）代码中的 mount 方法是将不同的实例挂载到不同的根路径，与 Streamable HTTP 传输模式下默认的 MCP 服务端点/mcp 不矛盾（类似于子路径）。因此，在这种模式下，客户端连接的 URL 要变为（以上面的代码中的 server1 为例）：

```
http://××××:port/server1/mcp
```

MCP 服务端多实例的好处是相互独立，每一个实例都可以有自己的配置信息和生命周期，又可以同时运行在一个 Web 服务器中。

7.2.2 其他的功能增强

在 MCP SDK 1.9.0 版本中，还对 2025-03-26 版本的 MCP 规范的一些其他功能进行了初步实现或增强。下面简单介绍。

1. OAuth 授权

2025-03-26 版本的 MCP 规范中引入了 OAuth 的授权框架，用来增加远程传输模式（SSE 传输模式与 Streamable HTTP 传输模式）下 MCP 服务端访问的安全性。MCP SDK 1.9.0 版本已经支持 MCP 服务端的 OAuth 安全授权功能。下面对 MCP 服务端的开发做简单介绍。

如果需要在 MCP 服务端开启 OAuth 认证，那么可以参考以下代码：

```
……
oauth_provider = SimpleGitHubOAuthProvider()
auth_settings = AuthSettings(
……
    )

    app = FastMCP(
        name="Simple MCP Server",
        instructions="A simple MCP server with OAuth authentication",
        auth_server_provider=oauth_provider,
        auth=auth_settings,
    )
```

我们需要在 FastMCP 实例中增加设置以下两个参数。

（1）auth_server_provider。这是 MCP 服务端实现 OAuth 认证的核心组件。这个组件需要派生自 OAuthAuthorizationServerProvider 类型，并实现其标准接口。标准接口通常包括客户端请求认证的接口、客户端用 Code 交换 Token 的接口等。

（2）auth_settings。一些 OAuth 认证相关的设置，比如是否支持客户端动态注册等。

2. 工具注解

借助 MCP SDK 1.9.0 版本，我们可以增加 MCP 服务端的工具注解信息：使用新的工具注解类型 ToolAnnotations。参考的代码如下：

```
@app.tool(
    name="deep_research",
    annotations=types.ToolAnnotations(
        title="深度研究工具",
        readOnlyHint=True,
        destructiveHint=False,
        idempotentHint=True,
        openWorldHint=True
    )
)
def deep_research(query: str) -> str:
    ......
```

在这个实例中创建的 deep_research 工具具有以下注解与含义：

（1）readOnlyHint（只读提示）=True。告诉客户端此工具只会查询信息，不会产生副作用，调用是安全的。

（2）destructiveHint（破坏性提示）=False。告诉客户端此工具不会执行破坏性操作，如删除数据或进行不可逆的更改。

（3）idempotentHint（幂等性提示）=True。告诉客户端可以安全地重试失败的请求，重复调用此工具不会出现副作用。

（4）openWorldHint（开放世界提示）=True。告诉客户端此工具可能会访问外部世界（如互联网）的信息。

3. 进度通知

5.4.4 节介绍过进度通知的实现，除了在 MCP 服务端通过 report_progress 报告进度以外，还需要在客户端实现对进度通知消息的处理。但是 MCP SDK

1.9.0 之前的版本由于不支持直接设置进度通知消息的回调函数，也无法携带需要的 progressToken 信息，因此处理较麻烦。现在有了更简洁的方法：在调用 call_tool 方法时，设定 progress_callback 参数即可。比如：

```python
#定义进度通知消息处理函数
async def handle_progress_message(progress: float, total: float | None, message: str | None) -> None:

    """处理进度通知消息"""
......
#调用工具时，指定进度通知消息的回调函数
result = await session.call_tool(tool_name, arguments,
          progress_callback=handle_progress_message)
```

设定一个回调函数，可以起到以下作用。

（1）客户端在调用工具时会自动携带 progressToken 信息，以支持 MCP 服务端发送进度通知消息。

（2）后续如果 MCP 服务端发送进度通知消息，将会被指定的回调函数处理，比如展示进度条。

另外，新版 MCP 服务端在发送进度通知消息时，可以携带一个额外的进度描述信息，表示当前任务的处理情况。比如：

```
await ctx.report_progress(steps, steps, 'MCP Server 正在处理...')
```

这里的第三个参数就是传递给客户端的进度描述信息。

7.3 对MCP的未来展望

本章介绍的 2025-03-26 版本的 MCP 规范的若干更新显著提升了 MCP 在多个方面的性能：在安全性方面，引入了基于 OAuth 2.1 的授权框架；在灵活性方面，增加了 Streamable HTTP 传输模式；在功能性方面，新增了工具注解、进度通知消息中的 message 字段、音频类型支持和自动补全等。这些改进不仅

提升了开发者的使用体验，还增加了协议的可扩展性。然而，这些变化也对现有的实现提出了新的要求，如需要更新传输层和消息处理逻辑以适应新的规范。在迁移期间，开发者可以利用协议版本协商和兼容层逐步过渡，以确保新版功能无缝集成。

MCP 的诞生和演进，代表了 AI 应用生态从封闭走向开放，从混乱走向标准，从各自为政走向互联互通。展望未来，MCP 有望在以下几个方面取得进展。

（1）协议的标准化与被广泛采纳。正如 USB-C 已成为硬件通用接口的典范，MCP 有望成为 AI 工具接入的行业标准。目前，众多公司和社区项目已经开始支持 MCP。随着更多工具开发者和 AI 平台的加入，MCP 生态预计会产生巨大的网络效应并良性发展，从而极大地促进 AI 应用，尤其是智能体快速发展。

（2）MCP 与大模型及智能体深度融合。越来越多的智能体将内置对 MCP 的支持，这与浏览器默认支持 HTTP 一样自然。或许在不久的将来，主流的大模型将支持在对话中直接使用简单的指令调用 MCP 服务端的工具，而无须开发者实现编码逻辑。同时，企业场景下的 MCP 集成也将变得更加便捷。

（3）跨模型、跨框架、跨资源兼容。作为集成与互操作的标准，MCP 本身就强调以统一的形式为大模型提供工具与上下文。因此，能够兼容不同的模型（如语言模型、多模态模型等）、不同的开发框架（如底层框架、低代码平台等）、不同的外部资源（如企业应用、智能设备等）是其必然的使命。

（4）更丰富的 MCP 生态系统。随着 MCP 的普及，围绕它可能会诞生一个完整的生态系统。例如，可能会出现集中发布和搜索现成 MCP 服务端工具的商店（类似于 NPM 或 Python PyPI 的包管理平台）、更强大的可视化部署与调试工具、针对 MCP 环境下的安全治理方案，以及高性能的 MCP 服务端的工具调用的路由与缓存服务等。

MCP 表现出了将强大的 AI 模型与外部世界互联的巨大潜能，实现了从"信息孤岛"到"联网协作"的转变。这种开放的互联方式使得开发者能够更便捷地定制功能、整合系统，从而加快 AI 在各个领域的应用。展望未来，MCP 规范将成为 AI 时代的基础连接标准之一。我们有充分的理由相信，随着 MCP 生态系统蓬勃发展，智能体将得到空前的发展与繁荣。MCP 的前景，值得我们共同期待。